电工技能实训指导丛书

电工技能实训基础

（第五版）

张仁醒　编著
陈素芳　主审

西安电子科技大学出版社

内容简介

本书是一本电工基本技能实训教材，着力于帮助读者在掌握电工安全常识和必备基本知识的基础上，强化基本技能训练，使之掌握处理紧急事故的技能，并能运用所学知识完成简单电工操作，为在今后生活、工作中正确运用电工知识，完成电工基本操作打下基础。

全书包括绪论和六章内容。绪论为电的发展简史，主要介绍电和电力设备的产生、世界电力的发展简史及电力的发展趋势。第一章为供配电知识，主要介绍电力系统的基本要求和电能质量。第二章为安全用电知识，主要介绍一般电气事故的起因、预防、紧急处理和火灾逃生知识。第三章为电工工具与电工材料，主要介绍常用电工工具、电工材料的选择和使用。第四章为电工常用仪表，主要介绍万用表、摇表、钳表、接地电阻表的使用方法。第五章为生活用电知识，主要介绍照明器具的选用、照明设备的安装和检修。第六章为电力拖动知识，详细介绍和分析了电力拖动系统的原理、安装方法和常见故障的排除。每章都配有实训项目和一定数量的思考题。

本书可供高职高专院校非机电类学生必修的电工技能实训课使用，也可作为“一专多能”的实训教材，还可供各类职业院校的实践指导教师和从事电气工作的工程人员参考。

图书在版编目(CIP)数据

电工技能实训基础/张仁醒编著. — 5 版.
—西安：西安电子科技大学出版社，2021.10(2024.11 重印)
ISBN 978-7-5606-6140-7

Ⅰ. ① 电… Ⅱ. ① 张… Ⅲ. ① 电工技术—高等职业教育—教材 Ⅳ. ① TM

中国版本图书馆 CIP 数据核字(2021)第 186122 号

责任编辑 雷鸿俊 高 樱
出版发行 西安电子科技大学出版社(西安市太白南路 2 号)
电　　话 (029)88202421 88201467　邮　　编 710071
网　　址 www.xduph.com　电子邮箱 xdupfxb001@163.com
经　　销 新华书店
印刷单位 陕西天意印务有限责任公司
版　　次 2021 年 10 月第 5 版 2024 年 11 月第 8 次印刷
开　　本 787 毫米×1092 毫米 1/16 印张 13.25
字　　数 306 千字
定　　价 32.00 元
ISBN 978-7-5606-6140-7

XDUP 6442005-8

序　　言

随着科学技术的迅猛发展，要求各行各业的从业人员应不同程度地掌握电工的基本知识和基本技能，同时对机电类工程技术人员必须掌握的电工技术和技能提出了更新、更高的要求，为此，国家制定了不同等级的电工职业技能鉴定标准。为帮助大中专院校、技校学生以及相关从业或待业人员更好更快地掌握电工技术和技能，顺利通过电工各等级的职业技能鉴定的考核，根据中华人民共和国职业技能鉴定规范，参考深圳市电工技能职业标准，我们编写了这套《电工技能实训指导丛书》。

本套丛书的编写指导思想是:力求所有实训项目能满足企业生产的实际需要；能体现相应等级电工的实际工作需要和技能水平；能反映本工种新技术的应用；具有很强的操作性，能在实训(或实验)室里完成，便于培训与考核。本书也可供电工技能培训、考证训练和高校学生提高各等级电工技能水平使用。

本书作者中，有长期从事实践教学的教师、高级工程师和高级技师，他们在电工技能实训教学方面积累了丰富的实践经验和独到的见解，经过精心筹划完成了本套丛书的编写。

本套丛书共四册，分为《电工技能实训基础》、《电工初级技能实训》、《电工中级技能实训》和《电工高级技能实训》。丛书在内容编排、取材等方面具有以下特点：

(1) 始终贯彻以学生为主体、以能力培养为中心的教育原则。从符合技能等级考核要求的角度来确定教材的内容，对理论阐述与实训操作两部分内容进行了合理安排，较好地将科学性、实用性、易学性结合起来。在教材的组织上，注意规范化、标准化、实用化。

(2) 遵循由浅入深、由易到难、循序渐进的教学规律，将全部教学内容分为四个分册。其中《电工技能实训基础》分册适用于非机电类学生。其余三册组成三个不同层次的教学平台，学员每学完一个分册，即在原有的基础上提高一个技能等级，形成进阶式教学。

(3) 每一分册都由若干个不同的实训大类组成，如供配电类、民居用电类、电机控制类、电子技术类和新技术应用类等，涵盖了从电工基础实训到高级电工专业技能实训的不同技术类型和层次的要求。每一实训大类又由若干个实训模块组成，使学生既能全面掌握不同实训类型的要求，又能在同一类型的实训中反复训练，迅速提高，体现了组合型、模块化的实训教学思路。

(4) 在实训类型和模块的安排上，注意前后有序、深入浅出；每个实训项目都配有实训目的、控制原理、电气线路、设备与元件、接线技巧、线路检查、故障分析、注意事项、分析思考和应用场合等具体内容。将“理论与实践相结合、教学练相结合、传统技术与新技术相结合”的教育理念落实在具体的实训项目中。

通过本教材的指导，可达到举一反三、融会贯通的目的，能有效地提高学生的实训效率，使学生在理解基本原理、熟悉工艺要求、掌握实践技能、学会故障检查、提高文字表达能力等方面有长足进步。我们期待这套丛书在提高各类人员电工技能培训质量方面发挥积极的作用。

《电工技能实训指导丛书》编委会

“电工技能实训指导丛书”编委会

前　言

本书针对高职高专非机电类学生的特点，以培养学生电工实际操作能力为目的，使学生在了解电工基本知识的基础上，学会电气事故应急处理和逃生技能，掌握电工器件的识别与测试方法，熟悉电工工具和仪器设备的使用，完成简单电气线路的安装与检修。本书能有效地提高非机电类学生的实践能力，使学生能运用所学知识分析和解决后续专业课及生活生产中出现的电气方面的问题。

本书在编写过程中总结了几年来不同院校、不同专业电工技能实训课程的教学经验，以职业能力培养为主线，对内容的编排由易到难，循序渐进，注重教材内容的连贯性、衔接性；力求在实训方法和实训步骤等方面深入浅出、清楚明白。本书具有基础宽、针对性强、适应面广的特点，为学生的后续发展奠定扎实的基础。

书中较全面地介绍了电工基础知识及基本技能要求，将实训内容分成11个项目，把电工技术的主要知识点和技能训练内容都融合在各个实训项目中。本书在第四版的基础上进行了修订和补充，进一步加强了教材内容的实用性和针对性。

本书的参考学时为33学时(含实训)，具体安排为：绪论2学时；第一章2学时；第二章4学时；第三章3学时；第四章3学时；第五章8学时；第六章11学时。老师可根据实训设备情况、专业方向和教学时数的不同，对教材的项目内容和进度做适当灵活的调整。

本书的编写得到不少院校老师的支持，特别是深圳职业技术学院电工技术实训室的老师们，他们提出了不少好的意见和建议。西安电子科技大学出版社的编辑及相关人员为本书的出版也付出了辛勤的劳动。谨在此一并表示衷心的谢意。

限于本人业务水平，书中不足在所难免，敬请使用本书的广大师生和读者批评指正，本人不胜感激。

张仁醒　谨识

2021年7月

目　　录

绪论

绪论课件

电的发展简史

0.1　电的产生

1. 公元前的琥珀和磁石

公元前 600 年前后，希腊的哲学家泰勒斯看到当地的希腊人通过摩擦琥珀吸引羽毛，用磁铁矿石吸引铁片的现象，曾对其原因进行过一番思考。据说他的解释是："万物皆有灵。磁吸铁，故磁有灵。" 这里所说的"磁"就是磁铁矿石。希腊人把琥珀叫做"elektron"(与英文"电"同音)。他们从波罗的海沿岸进口琥珀，用来制作手镯和首饰。当时的宝石商们也知道摩擦琥珀能吸引羽毛，不过他们认为那是神灵或者魔力的作用。在东方，中国人民早在公元前 2500 年前后就已经具有天然的磁石知识。据《吕氏春秋》一书记载，中国在公元前 1000 年前后就已经有了指南针，他们在古代就已经用磁针来辨别方向了。

2. 磁与静电

通常所说的摩擦起电，在公元前人们只知道它是一种现象。很长时间里，关于这一现象的认识并没有进展。而罗盘则在 13 世经就已经在航海中得到了应用。那时的罗盘是把加工成针形的磁铁矿石放在秸秆里，使之能浮在水面上。到了 14 世纪初，又制成了用绳子把磁针吊起来的航海罗盘。这种罗盘在 1492 年哥伦布发现美洲新大陆以及 1519 年麦哲伦发现环绕地球一周的航线时发挥了重要的作用。

1）磁、静电与吉尔伯特

英国人吉尔伯特是伊丽莎白女王的御医，他在当医生的同时，也对磁进行了研究。他总结了多年来关于磁的实验结果，于 1600 年出版了一本名为《论磁学》的书。书中指出地球本身就是一块大磁石，并且阐述了罗盘的磁倾角问题。吉尔伯特还研究了摩擦琥珀吸引羽毛的现象，指出这种现象不仅存在于琥珀上，而且存在于硫黄、毛皮、陶瓷、火漆、纸、丝绸、金属、橡胶等物质上，这些都是摩擦起电物质系列。把这个系列中的两种物质相互摩擦，系列中排在前面的物质将带正电，排在后面的物质将带负电。那时候，主要的研究方法就是思考，而他主张真正的研究应该以实验为基础，他提出这种主张并付诸实践，在这点上，可以说吉尔伯特是近代科学研究方法的开创者。

2）雷与静电

在公元前的中国，打雷被认为是神的行为。说是有五位司雷电的神仙，其长者称为雷祖，雷祖之下是雷公和电母。打雷就是雷公在天上敲大鼓，闪电就是电母用两面镜子把光射向下界。到了亚里士多德时代就已经比较科学了，认为雷的发生是由于大地上的水蒸气上升，形成雷雨云，雷雨云遇到冷空气凝缩而变成雷雨，同时伴随出现强光。认为雷是因静电而产生的是英国人沃尔，那是1708年的事。1748年，富兰克林基于同样的认识设计了避雷针。能不能用什么办法把这种静电收集起来？这个问题很多科学家都考虑过。1746年，莱顿大学教授缪森布鲁克发明了一种存储静电的瓶子，这就是后来很有名的“莱顿瓶”。

缪森布鲁克本来想像往瓶子里装水那样把电装进瓶子里，他首先在瓶子里灌上水，然后用一根金属丝把摩擦玻璃棒扔到水里。就在他的手接触到瓶子和棒的一瞬间，他被重重地“电击”了一下。据说他曾这样说过：“就算是国王命令，我也不想再做这种可怕的实验了！”

富兰克林联想到往莱顿瓶里蓄电的事，于1752年6月做了一个把风筝放到雷雨云里去的实验，其结果发现了雷雨云有时带正电有时带负电的现象。这个风筝实验很有名，许多科学家都很感兴趣，也跟着做。1753年7月，俄罗斯科学家利赫曼在实验中不幸遭电击身亡。通过用各种金属进行实验，意大利帕维亚大学教授伏打证明了锌、铅、锡、铁、铜、银、金、石墨是一个金属电压系列，当这个系列中的两种金属相互接触时，系列中排在前面的金属带正电，排在后面的金属带负电。他把铜和锌作为两个电极置于稀硫酸中，从而发明了伏打电池。电压的单位“伏特”就是以他的名字命名的。19世纪初，法国大革命完成后进入拿破仑时代。拿破仑从意大利归来，在1801年把伏打召到巴黎，让他做电实验，伏打也因此获得了拿破仑授予的金质奖章和莱吉诺-多诺尔勋章。

3）伏打电池的利用与电磁学的发展

伏打电池发明之后，各国利用这种电池进行了各种各样的实验和研究。德国进行了电解水的研究，英国化学家戴维把2000个伏打电池连在一起，进行了电弧放电实验。戴维的实验是在正负电极上安装木炭，通过调整电极间距离使之产生放电而发出强光，这就是电用于照明的开始。

1820年，丹麦哥本哈根大学教授奥斯特在一篇论文中公布了他的一个发现：在与伏打电池连接的导线旁边放一个磁针，磁针马上就会发生偏转。俄罗斯的西林格读了这篇论文，他把线圈和磁针组合在一起，发明了电报机(1831年)，这就是电报的开始。其后，法国的安培发现了关于电流周围产生的磁场方向问题的安培定律(1820年)，法拉第发现了划时代的电磁感应现象(1831年)，电磁学得到了飞速发展。

0.2　电力设备的产生

可以说，1820年奥斯特发现的电磁作用就是电动机的起源，1831年法拉第发现的电磁感应就是发电机变压器的起源。

1. 发电机

1832年，法国人毕克西发明了手摇式直流发电机，其原理是通过转动永磁体使磁通发生变化而在线圈中产生感应电动势，并把这种电动势以直流电压形式输出。

1866年，德国的西门子发明了自励式直流发电机。

1869年，比利时的格拉姆制成了环形电枢，发明了环形电枢发电机。这种发电机是用水力来转动发电机转子的，经过反复改进，于1847年得到了32 kW的输出功率。

1882年，美国的戈登制造出了输出功率447 kW、高3 m、重22吨的两相式巨型发电机。

美国的特斯拉在爱迪生公司的时候就决心开发交流电机，但由于爱迪生坚持只搞直流方式，因此他就把两相交流发电机和电动机的专利权卖给了西屋公司。

1896年，特斯拉的两相交流发电机在尼亚拉发电厂开始营运，3750 kW、5000 V的交流电一直送到40 km外的布法罗市。

1889年，西屋公司在俄勒冈州建设了发电厂，1892年成功地将15 000 V电压送到了皮茨菲尔德。

2. 电动机

1834年，俄罗斯的雅可比试制出了由电磁铁构成的直流电动机。1838年，这种电动机开动了一艘船，电动机电源用了320个电池。此外，美国的文波特和英国的戴比德逊也造出了直流电动机(1836年)，用作印刷机的动力设备。由于这些电动机都以电池作为电源，所以未能广泛普及。

1887年，特斯拉两相电动机作为实用化感应电动机的发展计划开始启动。1897年，西屋公司制成了感应电动机，设立专业公司致力于电动机的普及。

3. 变压器

发电端在向外输送交流电的时候，要先把交流电压升高，到了用电端，又得把送来的交流电压降低。因此，变压器是必不可少的。

1831年，法拉第发现磁可以感应生成电，这就是变压器诞生的基础。

1882年，英国的吉布斯获得了“照明与动力用配电方式”专利，其内容就是将变压器用于配电，当时所用的变压器是磁路开放式变压器。

西屋引进了吉布斯的变压器，经过研究，于1885年开发出实用的变压器。此外，在此前一年的1884年，英国的霍普金森制成了闭合磁路式变压器。

0.3 电力工业的兴起

电力工业就是将一次能源如煤炭、石油、天然气、核燃料、水能、风能、太阳能等经发电设施转换成电能，再通过输电、变电与配电系统供给用户作能源的工业部门。

1850年，马克思在看到一台电力机车模型后，就曾预言：“蒸汽大王在前一个世纪中翻转了整个世界，现在它的统治已到末日，另外一个更大得无比的革命力量——电力将取而代之。”一百多年来的历史充分证实了马克思预言的正确性。

1875年，巴黎北火车站建成世界上第一座火电厂，安装经过改装的格拉姆直流发电机为附近照明供电。

1879年，美国旧金山实验电厂开始发电，这是世界上最早出售电力的电厂。

1882年，美国建成纽约珍珠街电厂，装有6台直流发电机，总容量900马力(约670 kW)，以110 V直流电供电灯照明。这是世界上第一座较正规的电厂。

在此前后，世界各国陆续建成几座容量为千千瓦级的电厂。其中，著名的有伦敦德特福德火电厂，如图 0-1 所示。

图 0-1　伦敦德特福德火电厂

1881 年，在英国的戈德尔明建成了世界上第一座水电站。

1882 年，美国在威斯康星州的福克斯河上建成了世界上第二座水电站，水头 3 m，装机容量 10.5 kW。

进入 19 世纪 90 年代，水电站的规模发展到万千瓦级乃至十万千瓦级。如美国尼亚加拉水电站(1895 年)的设计容量为 14.7 万千瓦，这是商业性水电站的发端。

20 世纪巴西和巴拉圭合建的伊泰普水电站是当时世界上最大的水电站，装机容量 1260 万千瓦，年发电量 710 千瓦时，如图 0-2 所示。

图 0-2　伊泰普水电站

20 世纪初，为适应电力工业发展的需要，电工制造业生产出万千瓦级的机组，如瑞士勃朗-鲍威力有限公司生产的 1.5 万千瓦机组(1902 年)、美国西屋电气公司的 1 万千瓦机组等。

1912 年，汽轮发电机组的容量达到 2.5 万千瓦。进入 20 世纪 20 年代，美国已制成 10

万千瓦的机组。电力工业已从萌芽发展到初具规模。

1913 年，全世界的年发电量已达 500 亿千瓦时。电力工业已作为一个独立的工业部门，进入人类的生产活动领域。

0.4　我国 70 年电力发展史

我国电力 70 年发展之路大致可分为四个阶段。其中，前两个阶段为供需从短缺向基本平衡过渡，资源配置机制从计划向市场过渡；后两个阶段为供需从基本平衡向供需宽松转变，资源配置机制走向市场化。表 0-1 为 2011—2020 年我国电力装机容量。

表 0-1　2011—2020 年我国电力装机容量(单位：万千瓦)

	2011	2012	2013	2014	2015	2016	2017	2018	2019	2020
水电	23298	24947	28044	30486	31953	33207	34411	35259	35804	37016
火电	76834	81968	87009	93232	100050	106094	111009	114408	118957	124517
核电	1257	1257	1466	2008	2717	3364	3582	4466	4874	4989
风电	4623	6142	7652	9657	13057	14747	16400	18427	20915	28153
太阳能发电	212	341	1589	2486	4318	7631	13042	17433	20418	25343

第一阶段：计划平衡下的电力短缺

第一阶段是从 1949 年新中国成立到 1978 年改革开放，30 年来我国电力长期处于紧缺阶段。我国电力工业虽然与欧美国家几乎同时起步，但新中国成立前，我国电力工业发展缓慢。1949 年，我国电网最高电压等级为 220 kV，全国发电装机容量 185 万千瓦，年发电量 43 亿千瓦时，在全球分别排名第 21 位和第 25 位，人均年用电量仅不到 8 千瓦时。

从新中国成立到实行改革开放的前 30 年，我国电力工业艰苦创业并初步建成较完备的电力工业生产与设备制造体系。1978 年年底，我国发电装机容量 5712 万千瓦，全年发电量 2565 亿千瓦时，分别位列世界第八位和第七位，但人均装机容量仅为 0.06 kW，年人均发电量和用电量分别为 268 千瓦时和 247 千瓦时，大大低于世界平均水平。从结构来看，1978 年年底电力装机火电、水电占比分别为 69.7%、30.3%，全年发电量火电、水电占比分别为 82.6%、17.4%。当时，水电站基本都是径流式、中小型规模；燃煤发电大多是单机 20 万千瓦以下煤耗高、效率低、污染重的小机组，其中许多还是煤耗特别高的超期服役机组，全国火电机组供电煤耗 471 克/千瓦时；电网最高电压等级 330 kV，主要以相对孤立的省级电网、城市电网为主，省与省之间联系很少，并且很多地区没有电网覆盖，落后于世界电网发展进程。

第二阶段：实现电力供需阶段性缓解

第二阶段是从 1978 年改革开放到 1998 年前后，电力短缺问题得到阶段性初步化解，20 年间我国电力供应实现了从“紧缺到初级温饱的水平”。

1978 年改革开放使中国的面貌焕然一新，也使我国电力工业的面貌焕然一新。“六五”

“七五”“八五”“九五”期间，全国发电装机容量年均增速分别达到5.7%、9.6%、9.5%、8%，发电量年均增速分别达到6.4%、8.6%、10.1%、6.3%。从“九五”第一年即1996年开始，我国电力供需紧张形势有所缓解，到1998年年底，经过改革开放以来20年的快速发展，我国发电装机容量达到2.77亿千瓦，年发电量11 577亿千瓦时，双双跃居世界第二位，初步满足了当时经济对电力的需求。从发电结构和效率看，1983年、1986年、1991年我国先后实现光伏电站、并网风电、核电零的突破；1998年年底电力装机火电、水电、核电占比分别为75.7%、23.5%、0.8%，全年发电量火电、水电、核电占比分别为81.1%、17.6%、1.2%；1998年全国火电机组供电煤耗下降到404克/千瓦时。电网方面，最高电压等级达到500 kV，六大区域电网基本形成，跨区联网拉开大幕，我国进入超高压大电网时代。

第三阶段：发电市场化改革推动电力供需由基本平衡转向宽松

第三阶段是从1998年前后电力短缺问题得到初步的、阶段性化解，到2015年前后电力产能出现相对富余。此阶段我国电力从初级温饱到相对富裕水平，成长为电力大国。

这一时期，一系列数据、标志性事件和“世界之最”充分表明，我国电力已成长为名副其实的电力大国，并在部分领域领先世界。2009年和2010年，我国首个1000 kV特高压交流和首个±800 kV高压直流工程先后投运，国家电网成为世界上运行电压等级最高的交直流混合大电网；2010年，全国220 kV及以上输电线路回路长度、公用变设备容量分别达到44.27万千米、19.74亿千伏安，电网规模跃居世界第一；2011年，全国发电量达到4.72万亿千瓦时，跃居世界第一，同时随着青藏联网工程投运，我国内地电网全面互联；2013年，我国发电装机容量达到12.5亿千瓦，全社会用电量达到5.32万亿千瓦时，二者均跃居世界第一；2015年，我国人均发电装机历史性突破1 kW，达到1.11 kW，人均用电量约4142千瓦时，均超世界平均水平。2015年12月，随着青海省最后3.98万无电人口结束没有“长明电”的历史，我国无电人口全部用上电，实现了“电力富裕”路上“一个也没落下”的目标。随着电力产能总量规模的持续扩张，我国电力产业结构调整迈出坚实步伐。2015年年底，全国发电装机容量15.3亿千瓦，发电量5.60万亿千瓦时，其中火电、水电(含抽水蓄能)、核电、风电、太阳能发电、生物质能发电装机占比分别为64.9%、20.9%、1.7%、8.6%、2.8%、0.8%，全年发电量火电、水电、核电、风电占比分别为73.1%、19.9%、3.0%、3.3%，非化石能源发电装机容量和发电量占比较前两个阶段实现较大幅度提高。

第四阶段：新常态下的低碳电力供需高效平衡和能源电力产业高质量发展

第四阶段，从2015年前后电力产能相对富余到如今全面推进电力高质量发展，我国电力正在“从相对富裕向富强”的电力强国迈进。

虽然自新中国成立尤其是2008年后电力供需实现基本平衡甚至略有富余以来，我国电力始终沿着质量提高、效率提升、结构优化的方向努力，但只有在经济转型、绿色发展新常态环境下，国家提出着力推进供给侧结构性改革，我国电力高质量发展才具备了向高质量发展转型的投资、运行空间，在低碳电力优先原则、市场化优化调节下的供需总体平衡政策环境下，我国电力才真正开始由高速增长阶段转向高质量发展阶段。

一是针对煤电产能过剩精准发力，加快建设国际领先的高效清洁煤电体系。“十三五”

期间，全国停建和缓建煤电产能 1.5 亿千瓦，淘汰落后产能 0.2 亿千瓦以上，实施煤电超低排放改造 4.2 亿千瓦、节能改造 3.4 亿千瓦、灵活性改造 2.2 亿千瓦；到 2020 年，全国煤电装机规模控制在 11 亿千瓦以内，具备条件的煤电机组完成超低排放改造，煤电平均供电煤耗降至 310 克/千瓦时。二是针对弃水弃风弃光精准发力，大力促进可再生能源持续健康发展，推动建立清洁能源消纳的长效机制。三是围绕推动能源革命与数字革命融合发展精准发力，加快建设世界一流能源互联网。以智能化为基础，促进能源和信息深度融合，推动能源互联网新技术、新模式和新业态发展，推动能源领域供给侧结构性改革，建设以智能电网为基础，与热力管网、天然气管网、交通网络等多种类型网络互联互通，多种能源形态协同转化、集中式与分布式能源协调运行的综合能源网络，为实现我国从能源大国向能源强国转变和经济提质增效升级奠定坚实基础。提出电网转型发展新思路：以坚强智能电网、智慧化数字信息系统相结合，构建“枢纽型、平台型、共享型”电网，推进泛在物联网建设，标志着国家能源互联网战略生根落地。

经过几十年的发展，中国电力成为了世界第一，享誉世界。那么，我国有哪些电力技术是领先世界的呢？

首先是特高压技术。这里解释一下什么是特高压技术。电分为直流电和交流电，1000 kV 以上的交流输电技术或者 800 kV 以上的直流输电技术都是特高压技术，具有输送容量大、距离远、效率高和损耗低等技术优势。特高压技术的优点很多，因此也被列为我国的“新基建”之一。新基建包括特高压、5G、新能源汽车充电桩、城际高速铁路和城际轨道交通、人工智能和工业互联网、大数据中心，其中特高压就是基础，是最重要的一环。我国掌握的特高压技术是完全拥有自主知识产权的，而且我国也把特高压技术和设备卖到了国外，全球几十个国家采用我国的技术。图 0-3 为特高压输电线路。

图 0-3　特高压输电线路

其次是智能电网技术。智能电网是未来电网的发展方向，就像人工智能是未来的趋势一样，极其重要，中国就是智能电网技术的强国。到2019年年底，国家电网新能源并网容量达到3.5亿千瓦，世界第一。2020年，世界首个具有网络特性的张北四端柔性直流工程建设完成，创造了12项世界第一。国家电网目前已经制定了几十项电力标准，中国已经成为国际标准的主导者。国家电网甚至提出了全球能源互联网的设想，取北极的风能、赤道的太阳能，然后建立洲级的电网，通过特高压技术输送全球。

0.5 电力的发展趋势

目前世界各国都在关注未来电力工业的发展，关注的重点有以下两大方面：

首先关注的是非再生一次能源和发电技术。欧盟出于环境保护的考虑，在哥本哈根气候峰会要求世界各国 CO_2 排放量逐年减少，我国领导人正式宣布中国将力争2030年前实现碳达峰，2060年前实现碳中和。这是中国基于推动构建人类命运共同体的责任担当和实现可持续发展的内在要求作出的重大战略决策。中国承诺实现从碳达峰到碳中和的时间，远远短于发达国家所用时间，需要我们付出艰苦努力。所以很多国家倾向于天然气发电，但天然气成本较高，储量有限，不可能取代燃煤，大功率的燃气轮机(10～15万千瓦)作为大的电力系统中的高峰负荷机组最有竞争力，设有注水装置或干式低氮燃烧器的机组可减少排放的污染。目前较多注意联合循环的燃气轮机，火力发电厂中烧煤和烧油仍占很大比例。烧煤电厂的技术改造受到各国重视，如松煤发电厂的烟气处理、循环流化床、加压流化床燃烧等。煤的气化可取代不足的天然气并满足环境要求，但投资费用很高。因为对核能发电有安全的顾虑，意大利就曾停止了部分核电厂的建设，前苏联切尔诺贝利核电厂发生事故后，也部分关闭和改造了核电厂。随着安全保护措施的提高，仍有很多国家优先考虑核电，法国的发电量中有70%以上为核电，并正在发展一种法德方案的欧洲压水堆(EPR)。意大利将重新考虑发展核电，计划达到2500万千瓦。

其次关注的是节能措施。热电联供可节省一次能源，减少环境污染。建议将热电联供纳入电力工业的规划，以免影响全系统出力的优化，电价政策可促使合理用电，改变系统负荷曲线，有效地利用装机容量，减少对电力工业的压力，达到节电目的。如意大利对可切断负荷实行优惠电价，从20世纪80年代就开始对工业和民用负荷实行每天和每年间的不同时间不同电价制，以调节负荷，同时在输配电系统中实行功率的地区平衡，采用合理的无功功率补偿装置和低损耗的变压器，均可降低线损。在再生能源方面，当前仍以水电为主。但一些发达国家的水力资源已濒临殆尽，水电在整个电力工业中的比重越来越小。太阳能、风能和潮汐能到2020年也只占很小的比例。电力系统间的跨地区和跨国互联将进一步得到重视和发展。

0.6 我国电力发展目标

我国电力工业走过了极不平凡的历程，取得了举世瞩目的辉煌成就。然而，成就终将载入史册，更加艰巨的任务摆在面前，当前电力改革问题、绿色发展问题依然艰巨。党的二十大报告对“中国式现代化”进行了全面系统深入阐述，从不同方面论述了新时代实现能源电力高质量发展的重点任务和方略，确定了推进能源生产和消费革命，建立清洁低碳、安全高效的能源体系的总体目标。

1. 积极稳妥推进碳达峰碳中和

党的二十大报告中指出，积极稳妥推进碳达峰碳中和，立足我国能源资源禀赋，坚持先立后破，有计划分步骤实施碳达峰行动。

目前我国因能源燃烧产生的碳排放总量占我国碳排放总量近九成，其中火电行业的碳排放总量占比超半。由此可见，要想实现"3060"双碳目标，能源是主阵地，电力是主战场，煤电是主力军，电企是主推手。

实现碳达峰碳中和要寻求中国方案而并非照搬西方模式。作为一个人口多、底子薄的发展中大国，我国的现实国情决定了我们不能照搬西方发达国家自然达峰后逐渐实现碳中和，必须尊重我国以煤炭煤电消费为主的具体国情，必须把握能源电力产业发展的客观规律，全面系统推进发展理念、产业结构、生产方式、消费模式、能源体系等方面变革，努力探索出一套既能推动经济社会高质量发展又能主动加速碳中和进程并具有自身特色的中国方案，贡献中国智慧。

2. 守住能源安全底线

党的二十大报告提出，加强重点领域安全能力建设，确保粮食、能源资源、重要产业链供应链安全。能源安全作为总体国家安全观的重要组成部分，关系到经济社会发展全局性、战略性问题，对国家经济发展、人民生活改善、社会长治久安至关重要。要按照以我为主、托底保供、有序替代的要求，深入贯彻"四个革命、一个合作"能源安全新战略，持续提升能源稳定供应能力和风险管控水平，"把能源饭碗牢牢端在自己手里"，切实筑牢能源安全底线。

首先，要立足于国内为主的方针。一方面要加大核心技术攻关，积极采取新工艺、新技术、新方法，不断提升煤气油等化石能源勘测和开发水平，推动油气增储上产，切实夯实国内产量产能基础，逐步提高自我保障能力；另一方面要积极推进能源基础设施建设，稳步推动油气电管网和储油储气储能等基础设施建设，尽快补强补全油气电互联互通和输送能力"短板"，加快形成"全国一张网"，进一步完善能源产供储销体系，确保能源供应保持合理的弹性裕度。

其次，要发挥煤电托底保供作用。煤炭消费在我国能源消费中处于支配地位，占一次能源消费总量近60%的比重。要依托我国以煤为主的基本国情，有效发挥煤电基础性调节性作用，下大力抓好煤炭煤电的清洁高效和深加工利用，积极推动煤电节能降碳改造、灵活性改造、供热改造等"三改联动"，保持煤电动态合理装机规模，有序发展现代煤化工产业，最大限度地发挥好煤电煤炭在电力和能源结构中的"顶梁柱"和"压舱石"。

再者，要做好能源的有序替代。一是终端能源电能替代传统用能，积极开展以电代煤、以电代油、以电代气等工程，让电能成为终端能源消费的"主阵地"；二是新能源替代传统能源，大力构建风光水核氢储生等为代表的清洁能源供应体系，把清洁能源打造成为我国能源供应的"主力军"；三是分布式能源替代集中式能源，大力发展分散式风能、分布式光伏和分布式天然气，加快能源去中心化，实现能源就地取"材"、就近消纳，让分布式能源成为新能源发展的"主战场"。

3. 推进能源电力高水平对外开放

党的二十大报告提出，要推进高水平对外开放，稳步扩大规则、规制、管理、标准等制度型开放，加快建设贸易强国，推动共建“一带一路”高质量发展，维护多元稳定的国际经济格局和经贸关系。能源合作是我国对外合作不可或缺的一环，能源电力是“一带一路”重点投资领域。

一方面受新冠肺炎疫情冲击、俄乌冲突、美元加息等因素叠加影响，全球经济正陷入自“大萧条”以来最严重衰退。一些发达国家贸易保护主义重新抬头，全球产业链供应链的本地化、区域化、分散化趋势加速呈现，经济全球化正遭遇前所未有的逆流，给国际能源合作带来极大不确定性。尤其是俄乌冲突导致世界能源格局发生重大转换，使全球同时面临石油、天然气和电力三重危机，很有可能让世界分裂成用俄罗斯能源和不用俄罗斯能源的两大阵营对立局面。

另一方面，随着5G、互联网、物联网、人工智能、大数据等新科技应用日益广泛，全球互联互通趋势更加明显，使全球经济社会的联系越来越紧密，而不是脱钩、对抗、阻断、重构，还有因温室气体排放过量而造成的全球气候变暖等世纪难题待解，需要各国携手努力、通力合作、同舟共济、共同应对，经济全球化的根基并没有动摇，能源一体化的总格局并没有被打破，加强能源合作、推动能源变革仍是大势所趋、人心所向。

面对百年未有之大变局，能源电力行业要以更加积极的姿态拥抱全球化、融入全球能源大循环，科学统筹好国内国际两个大局，切实把握好能源发展内在逻辑，坚持在更大范围、更宽领域、更深层次推行对外开放合作，加快同周边国家在能源电力领域的互联互通建设，主动加入全球能源治理体系，深度参与全球能源转型变革，积极引领全球能源绿色发展，用高超的智慧打破个别国家的脱钩断供、极限施压、单边制裁、贸易壁垒、全球产业链与供应链断链等各种“伎俩”，形成安全稳定的能源供需格局、打造互利共赢的能源合作关系、推广绿色环保的能源发展方式、共建普适高效的能源治理体系，构建开放共赢的能源国际合作新格局，全面提高我国在国际能源电力领域的话语权和影响力。

供 配 电 知 识

第一章课件

今天我们已步入一个电气化时代，电如同我们每天呼吸的空气一般，与我们形影不离，无时无刻不在影响和支配着我们的工作和生活。现在，电的使用已渗透到社会生产的各个领域和人类生活的各个方面，离开了电，人类的一切活动都将难以顺利进行。电是促进社会发展的重要动力之一，它推动生产、方便大众。一个企业若没有充足电力作为后盾，其生产必将受阻，甚至停顿，所创造的物质财富必将大为减少。一个现代办公场所，若时常受断电的困扰，它与外界的通信联系势必会中断，从而影响其正常工作。而一个家庭若供电不足，家庭的乐趣将逊色许多。如果没有电，我们怎能听到工厂隆隆的“生产交响乐”，怎能享受万家灯火的温馨，怎能拥有霓虹交映的浪漫。总之，没有了电，我们只能在黑暗与沉寂中艰难摸索着生活。

1.1 电力系统概述

1.1.1 电力系统

1. 电力系统的概念

由于电能不能大量储存，电能的生产、传输、分配和使用就必须在同一时间内完成。“由各种电压的电力线路将一些发电厂、变电所和电力用户联系起来”的一个发电、变电、输电、配电和用电的整体，称为电力系统。

电力系统加上发电厂的动力部分及其热能系统和热能用户，就是动力系统。

在整个动力系统中，除发电厂的锅炉、汽轮机等动力设备外的所有电气设备都属于电力系统的范畴，主要包括发电机、变压器、架空线路、电缆线路、配电装置、各类用电设备。图 1 - 1 所示是电力整体结构示意图，图 1 - 2 所示是从发电厂到电力用户的输、配电过程示意图。

2. 电力系统的优点

现在各国建立的电力系统越来越大，甚至出现了跨国电力系统。建立大型的电力系统可以更经济合理地利用动力资源，减少电能损耗，降低发电成本，保证供电质量，并大大提高供电可靠性，有利于整个国民经济的发展。为了充分利用动力资源，减少燃料运输，降低发电成本，可以在有水力资源的地方建造水电站，在有燃料资源的地方建造火电厂。但是，这些有动力资源的地方，往往离用电中心地区较远，必须用高压输电线路进行远距离输电。这就需要各种升压、降压变电所和输配电线路。特别是在构成环网后，对重要用

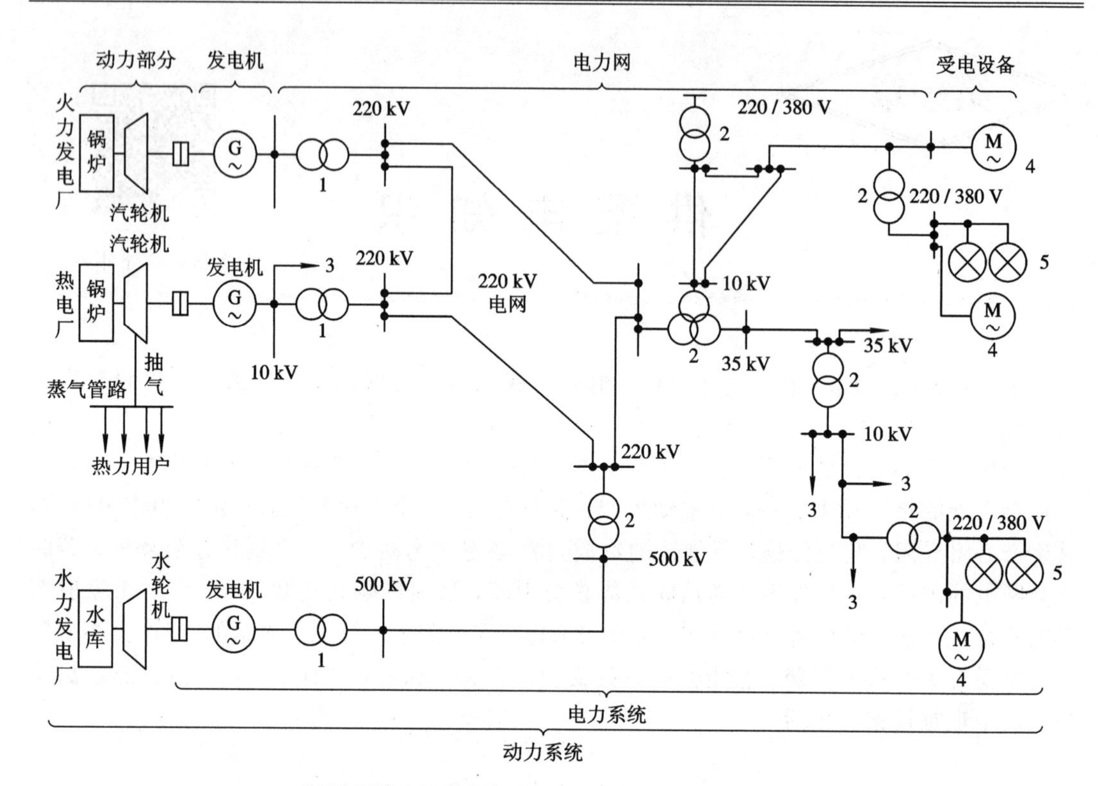

1—升压变压器；2—降压变压器；3—负荷；4—电动机；5—电灯

图 1-1　电力整体结构示意图

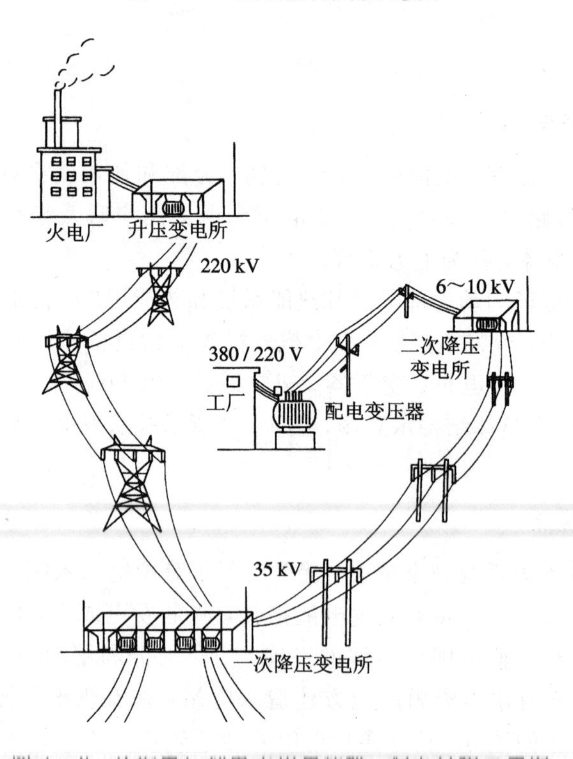

图 1-2　从发电厂到电力用户的输、配电过程示意图

户的供电就有了保证，当系统中某局部设备故障或某部分线路检修时，可以通过变更电力网的运行方式，对用户连续供电，这就减少了由于停电所造成的损失，减少了系统的备用容量，使电力系统的运行更具有灵活性。另外，各地区也可以通过电力网互相支援，电网所必需的备用机组数量可大大地减少。

1.1.2 发电厂

1. 发电厂类型

自然界中存在的电能只有雷电。人类使用的所有电能都不能从一次能源中直接获得，而必须由其他形式的能源(如水能、热能、风能、光能等)转化而来。发电厂是实现这种能源转化的场所。它是电力系统的中心环节。发电厂按照所利用的能源种类可分为水力、火力、风力、核能、太阳能发电厂等。现阶段我国的发电厂主要是火力发电厂和水力发电厂，同时核电厂也在大力发展中。近年来，国家也开始建立起一批利用绿色能源和再生能源进行发电的发电厂，如风力发电厂、潮汐发电厂、太阳能发电厂、地热发电厂和垃圾发电厂等，以逐步缓解未来能源短缺和绿色环保问题并做到因地制宜，合理利用。

根据电厂容量大小及其供电范围，发电厂可分为区域性发电厂、地方性发电厂和自备电厂等。区域性发电厂大多建在水力或煤矿资源丰富的地区附近，其容量大，距离用电中心远(往往有几百千米甚至一千千米以上)，需要超高压输电线路进行远距离输电。地方性发电厂一般为中小型电厂，建在用户附近。自备电厂建在大型厂矿企业，作为自备电源，对重要的大型厂矿企业和电力系统起到后备作用。

2. 发电厂的电压、频率

一般发电厂的发电机发出的电是对称的三相正弦交流电(有效值相等，相位分别相差120°，三相电压为e_U、e_V、e_W，如图 1-3 所示)。在我国，发电厂发出的电压等级主要有10.5 kV、13.8 kV、15.75 kV、18 kV 等，频率为 50 Hz(此频率称为“工频”)。工频的频率偏差一般不得超过±0.5 Hz。频率的调整主要是依靠发电厂调节发电机的转速来实现的。电力系统中的所有电气设备，都是在一定的电压和频率下工作的。能够使电气设备正常工作的电压就是它的额定电压。各种电气设备在额定电压下运行时，其技术性能和经济性最佳。频率和电压是衡量电能质量的两个基本参数。由于发电厂发出的电压不能满足各种用户的需要，同时电能在输送过程中会产生不同的损失，所以需要在发电厂和用户之间建立电力网，将电能安全、可靠、经济地输送、分配给用户。

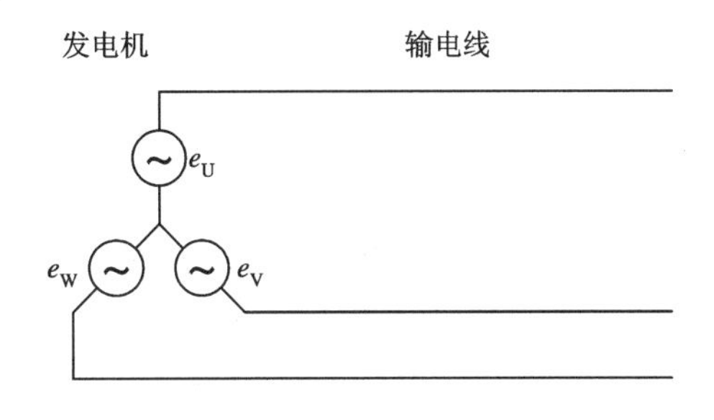

图 1-3 对称的三相电源

1.1.3　电力网

1. 电力网的概念

电力系统中，在各个发电厂、变电所和电力用户之间，用不同电压的电力线路将它们连接起来，这些不同电压的电力线路和变电所的组合，称为电力网。电力网的任务是输送和分配电能，即把由各发电厂发出的电能经过输电线路传送并分配给用户。

2. 电力网的分类

电力网按其电压、用途和特征可分为：直流电力网和交流电力网，低压电力网和高压电力网，城市电力网、工矿电力网和农村电力网，户外电力网和户内电力网等。

通常为了便于分析研究，把电力网分成区域电力网和地方电力网。电压在 35 kV 以上，供电区域较大的电力网叫区域电力网。电压在 35 kV 以下，供电范围不大的电力网叫地方电力网。至于 35 kV 的电力网，可属于区域电力网，也可属于地方电力网。

电力网按其在电力系统中的作用不同，又可分为供电网和配电网。如果电能是先从电源输送到供、配电中心，然后从供、配电中心再引出配电网，则这种电力网叫供电网，它是电力系统中的主网，又称网架，电压通常在 35 kV 以上。如果电能是由电源侧直接引向用户变电所，它的作用是把电能分配给配电所和用户，则这种电力网叫配电网，电压通常在 10 kV 以下。

电力网往往按电压等级来区分，如 10 kV 电力网、220/380 V 电力网等，这里的电力网实际指的是电力线路。

3. 输电线路

高压、超高压远距离输电是各国普遍采用的输电形式。在传输容量相同的条件下，高电压输电能减少输电电流，从而减少电能消耗。送电距离愈远，要求输电线的电压愈高。目前我国国家标准中规定的输电电压等级有 35 kV、110 kV、220 kV、330 kV、500 kV、750 kV 等多种。输送电能通常采用三相三线制交流输电方式。随着电能输送的距离愈来愈长，输送的电压也愈来愈高，有些国家已经开始使用直流高压输电方式，把交流电转化成直流电后再进行输送。

电力输电线路一般都采用钢芯铝绞线，通过高架线路把电能送到远方的变电所。但在跨越江河和通过闹市区以及不允许采用架空线路的区域，则需采用电缆线路。电缆线路投资较大且维护困难。

4. 变电所

变电所有升压与降压之分。升压变电所通常与大型发电厂结合在一起，在发电厂电气部分中装有升压变压器，把发电厂发出的电压升高，通过高压输电网络将电能送向远方。降压变电所设在用电中心，将高压的电能适当降压后，向该地区用户供电。

根据供电的范围不同，降压变电所可分为一次(枢纽)变电所和二次变电所。一次变电所是从 110 kV 以上的输电网络受电，将电压降到 35 kV～110 kV，供给一个大的区域用电。二次变电所大多数从 35 kV～110 kV 输电网络受电，将电压降到 6 kV～10 kV，向较小范围供电。

5. 配电线路

“配电”就是电力的分配，从配电变电站到用户终端的线路称为配电线路。配电线路上的电压，简称配电电压。电力系统电压高低的划分有不同的方法，但通常以 1 kV 为界限来划分。额定电压在 1 kV 及以下的系统为低压系统；额定电压在 1 kV 以上的系统为高压系统。常用的高压配电线的额定电压有 3 kV、6 kV 和 10 kV 三种，常用的低压配电线的额定电压有 380 V/220 V。

1.1.4 电力负荷

1. 电力负荷的概念

电力负荷是指电路中的电功率。在交流电路中，电功率包含有功功率和无功功率。有功功率又称为有功负荷，单位为千瓦(kW)；无功功率又称为无功负荷，单位为千乏(kVar)。视在功率包含着有功、无功两部分，往往以负荷电流取而代之。由于系统电压比较稳定，电压乘电流就是视在功率。因此，系统中的电力负荷，也可以通过负荷电流反映出来。

2. 电力负荷的分类

1) 按负荷发生的不同部位分类

(1) 发电负荷：指电力系统中，发电厂的发电机向电网输出的电力。对电力系统来说，是发电厂向电网的总供电负荷。

(2) 供电负荷：指电力系统向电网输出的发电负荷扣除厂用电、发电厂变压器损耗以及线路损耗以后的负荷。

(3) 线损负荷：指电力网在输送和分配电能的过程中，线路和变压器功率损耗的总和。

(4) 用电负荷：指电力系统中，用户实际消耗的负荷。

2) 按负荷发生的不同时间分类

(1) 高峰负荷：又称最高负荷，是指电网或用户在一天时间内所发生的最高负荷值。为了分析的方便常以小时用电量作为负荷。高峰负荷又分为日高峰负荷和晚高峰负荷。在分析某单位的负荷率时，选择一天 24 小时中用电量最高的一个小时的平均负荷作为高峰负荷。

(2) 低谷负荷：又称最低负荷，是指电网或用户在 24 小时内发生的用电量最少的一个小时的平均电量。为了合理用电，尽量减少发生低谷负荷的时间，对于电力系统来说，峰、谷负荷差越小，用电则越趋近于合理。

(3) 平均负荷：指电网或用户在某一确定时间段的平均小时用电量。为了分析负荷率，常用日平均负荷，即一天的用电量被一天的用电小时来除。为了安排用电量，做好用电计划，往往也用月平均负荷和年平均负荷。

3) 按用电性质及重要性分类

电力系统中的所有用电部门均为电力系统的用户。根据用户的重要程度和对供电的可靠性来分级，用电负荷可分为三个级别，针对各级别的负荷分别采用对应的方式供电。

(1) Ⅰ类负荷。其主要包括下列类型：

① 停电会造成人身伤亡、火灾、爆炸等恶性事故的用电设备的负荷。例如，炼钢厂、医院手术室、煤矿等井下工作场所的用电负荷。

② 停电将造成巨大的甚至不可挽回的政治或经济损失的用电设备和用电单位的负荷。例如，电视台、电台、大使馆或重要的活动场所的用电负荷。

③ 重要交通枢纽、通信枢纽及国际、国内带有政治性的公共活动场所的用电负荷。

对Ⅰ类负荷供电电源的要求如下：

① 应由两个或两个以上的独立电源供电，当一个电源发生故障时，其他电源仍可保证重要负荷的连续供电。必要时，应安装柴油发电机组作为紧急备用电源。

② 为保证重要负荷用电，严禁将其他非重要用电的负荷与重要用电负荷接入同一个供电系统。

(2) Ⅱ类负荷。其主要包括下列类型：

① 停电将大量减产或破坏生产设备，在经济上造成较大损失的用电负荷。

② 停电会造成较大政治影响的重要用电单位正常工作的用电负荷。

③ 大型影剧院、商店、体育馆及公共场所的用电负荷。

对于Ⅱ类负荷，应尽可能由两个独立的电源供电。

(3) Ⅲ类负荷。这是指不属于Ⅰ、Ⅱ类的用电负荷。Ⅲ类负荷对供电没有什么特别要求，可以非连续性地供电，如市镇公共用电，以及生产单位一般的辅助车间、小型加工作坊和农村照明负荷等，通常用一个电源供电。

1.2　供电系统的基本要求和电能质量

1.2.1　供电系统的基本要求

1. 供电可靠性

用户要求供电系统有足够的可靠性，特别是连续供电。要求供电系统能在任何时间内都能满足用户用电的需要，即使在供电系统局部出现故障的情况下，也不能对某些重要用户的供电有很大的影响。因此，为了满足供电系统的供电可靠性，要求电力系统至少具备10%～15%的备用容量。

2. 供电质量

供电质量的优劣直接关系到用电设备的安全经济运行和生产的正常运行，对国民经济的发展有着重要的意义。无论是供电的电压还是频率，哪一方面达不到标准，都会对用户造成不良的后果。因此，应确保供电系统对用户供电的电能质量。

3. 供电的安全性、经济性与合理性

供电系统要能够安全、经济、合理地供电，这也是供、用电双方要求达到的目标。为达到这一目标，就需要供、用电双方共同加强运行的管理，做好技术管理工作，同时还要求用户积极配合和密切协作，提供必要的方便条件。例如负荷、电量的管理，电压、无功功率的管理工作等。

4. 电力网运行调度的灵活性

对于一个庞大的电力系统和电力网，必须做到运行方式灵活，调度管理先进。只有这样，才能做到系统的安全可靠运行。只有灵活调度，才能在系统局部出现故障时及时检修，从而使系统安全、可靠、经济和合理地运行。

1.2.2 电能质量指标

1. 电压

供电系统向用户供电首先应保持额定电压运行，受电端电压变动的幅度不应超过以下数值：

(1) 35 kV 及以上电压供电，电压正、负误差的绝对值之和不超过额定电压的±10%。

(2) 10 kV 及以下高压电力用户和低压电力用户供电电压误差为额定电压的±7%。

(3) 低压照明用户受电端电压变动幅度为额定电压的+7%～−10%。

供电部门应定期对用户受电端的电压进行调查和测量，发现不符合质量标准时应及时采取措施，加以改善。

电压变动幅度可按下式计算：

$$\Delta U\% = \frac{U_L - U_n}{U_n} \times 100\%$$

式中：U_L 为用户受电端实际电压；U_n 为供电额定电压。

2. 额定电压

额定电压是指电气设备正常工作的电压，是保证电气设备在规定的使用年限内达到额定输出，使其长期安全、经济运行的工作电压。

变压器、发电机、电动机等电气设备均有规定的额定电压，并且在额定电压下运行其经济效果最佳。

实际上电力系统因其电气设备在系统中所处的位置不同，其额定电压也有不同的规定。例如，在系统中运行的电力变压器有升压变压器、降压变压器，有主变压器也有配电变压器，由于在系统中所处的位置和作用不同，相应的额定电压的规定也不同。

(1) 电力变压器一次侧直接与发电机相连接时(即升压变压器)，其额定电压与发电机额定电压相同，即高于同级线路额定电压的 5%。如果变压器直接与线路连接，则一次侧额定电压与同级线路的额定电压相同。

(2) 电力变压器二次侧的额定电压是指二次侧开路时的电压，即空载电压。如果变压器二次侧供电线路较长(即主变压器)，则变压器的二次侧额定电压比线路额定电压高10%；而若二次侧线路不长(配电变压器)，则变压器额定电压只需高于同级线路额定电压的 5%。

我国交流电力网电气设备的额定电压如表 1－1 所示。

表 1-1　我国电力网电气设备的额定电压

	电力网和用电设备额定电压	发电机额定电压	电力变压器额定电压	
			一次绕组	二次绕组
高压/kV	3	3.15	3，3.15	3.15，3.3
	6	6.3	6，6.3	6.3，6.6
	10	10.5	10，10.5	10.5，11
		13.8，15.75，18.20		
	35		35	38.5
	63		63	69
	110		110	121
	220		220	242
	330		330	363
	500		500	550
	750		750	
低压/V	220/127	230	220/127	230/133
	380/220	400	380/220	400/230
	660/380	690	660/380	690/400

我国对用户供电的额定电压，低压供电的为 380 V，照明用电为 220 V。高压供电的为 10 kV、35 kV、63 kV、110 kV、220 kV、330 kV、500 kV。除发电厂直配供电可采用 3 kV、6 kV 外，其他等级电压应逐步过渡到上列额定电压。

用户的用电设备容量在 250 kW 或变压器容量在 160 kV·A 及以下者，应以低压方式供电，特殊情况也可以高压方式供电。

在电力网中，额定电压的选定是一项很重要的技术管理工作，对不同容量的用户及不同规模的变、配电所，要求选择不同的额定电压供电。额定电压的确定与供电方式、供电负荷、供电距离等因素有关，额定电压的选择可参考表 1-2 中的数值。

表 1-2　供电电压与输送容量的关系

额定电压/kV	线路种类	极限容量/kW	输送距离/km
6	架空	2000	3～10
	电缆	2000	8
10	架空	3000	5～15
	电缆	5000	10
35	架空	2000～10 000	20～50
110	架空	10 000～50 000	50～150
220	架空	50 000～200 000	150～300
500	架空	200 000 以上	300 以上

电力系统的运行，不但需要有功功率随时达到供需平衡，而且要求无功功率也要随时平衡，以保证电力网电压的质量。如果无功功率的使用大于供给，就会造成电网的电压下降，这样会使用户的受电电压达不到额定电压，造成下述危害：

(1) 发电、供电设备的出力下降。

(2) 电力系统的稳定性下降，严重时可能导致电压崩溃，使系统解列，造成大面积停电。

(3) 电力网的线损增大，浪费电能。

(4) 电动机启动困难，甚至不能启动。

(5) 电动机转速下降，电流增大，温度升高，严重时烧毁电动机。

(6) 用电设备达不到额定功率。

(7) 电动机由于不能按额定转速工作，使产品产量、质量下降，甚至出现残次品。

(8) 安装失压控制的设备，可能由于电压降低而动作，造成停电的损失。

(9) 荧光灯不能启动，白炽灯等照明设备发光效率降低。

(10) 对广播、通信、电视的播放质量有严重的影响。

3. 频率

1) 额定频率

额定频率是指电力系统中的电气设备，特别是电感性、电容性设备，能保证长期正常运行的工作频率。

电力系统是以三相正弦交流电向用户供电，一个国家或地区电气设备的额定频率是统一的。当前世界上的通用频率为50 Hz和60 Hz两种。我国和世界上大多数国家的额定频率为50 Hz。美国、加拿大、朝鲜、古巴等国家以及日本中部和西部地区为60 Hz。

供电系统应保持额定频率运行，供电频率容许偏差为：

(1) 电力网容量在3×10^6 kW及以上者，要求频率偏差绝对值不大于0.2 Hz。

(2) 电力网容量在3×10^6 kW以下者，要求频率偏差绝对值不大于0.5 Hz。

2) 额定频率降低运行时对用户的危害

电力系统必须保证在额定频率状态下运行。由于供、用电之间有功功率的不平衡，将会使系统的运行频率与额定频率有较大的偏差。一般当需用有功功率超过供电的有功功率时，则造成频率下降，而达不到额定频率。

因此，为保证系统在额定频率状态下运行，就需要采取必要的调荷措施，以保证电力系统能在额定频率下正常运行。如果系统的频率低于额定频率将会对用户和系统的运行造成下述不良影响：

(1) 频率降低将会造成发电厂的汽轮机叶片共振面断裂，严重时会造成发电机被迫停机，加剧供电出力的减少。

(2) 造成用户电动机转速下降，电动机不能在额定转速的情况下运转。

(3) 当频率严重降低时，还会造成电力系统应付事故的能力减弱，易引起大面积停电。

(4) 发电厂出力下降，一般每降低1 Hz，电厂出力降低3%。

(5) 增加了损耗，使产品的单耗上升。

(6) 使生产的产品质量降低，甚至有些行业的生产会出现残次品。

4. 可靠性

为保证对用户供电的连续性，尽量减少对用户的停电，供电系统与用户设备的计划检修应相互配合，尽量做到统一检修。供电部门的检修实验应该统一安排，一般 35 kV 以上的供电系统每年停电不超过一次，10 kV 的供电系统每年不超过三次。

1.3　工业与民用供电系统

1.3.1　供电系统接线方式

在三相交流电力系统中，作为供电电源的发电机和变压器的三相绕组的接法通常采用星形连接方式，如图 1 - 4 所示。将三相绕组的三个末端连在一起，形成一个中性点，用 O 表示。从始端 U、V、W 引出三根导线作为电源线，称为相线或端线，俗称火线。从中性点引出一根导线，与三根相线分别形成单相供电回路，这根导线称为中性线(N)。以这种方式供电的系统称为三相四线制系统。通常 U、V、W 三根相线分别用黄、绿、红三种颜色的电线给予区分，而中性线则用黑色线表示。

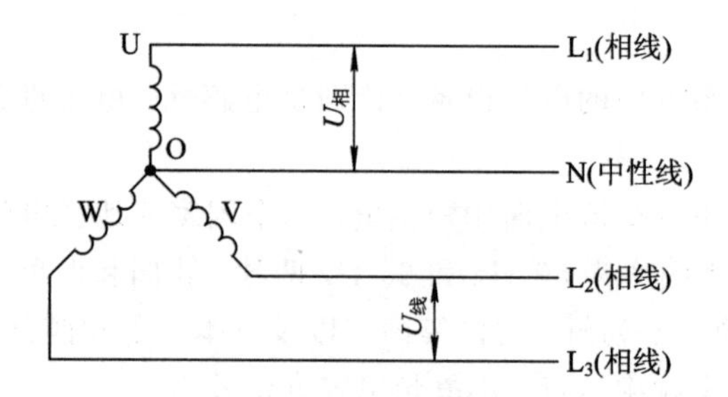

图 1 - 4　三相四线制系统

发电机(或变压器)每相绕组始端与末端的电压，即相线与中性线间的电压称为相电压，而任意两始端的电压即相线与相线间的电压称为线电压。这样，三相四线制系统就能为负载提供两种电压——相电压与线电压。

1. 三相三线制系统

当发电机(或变压器)的绕组接成星形接法，但不引出中性线时，就形成了三相三线制系统，如图 1 - 5 所示。这种接法只能提供一种电压，即线电压。

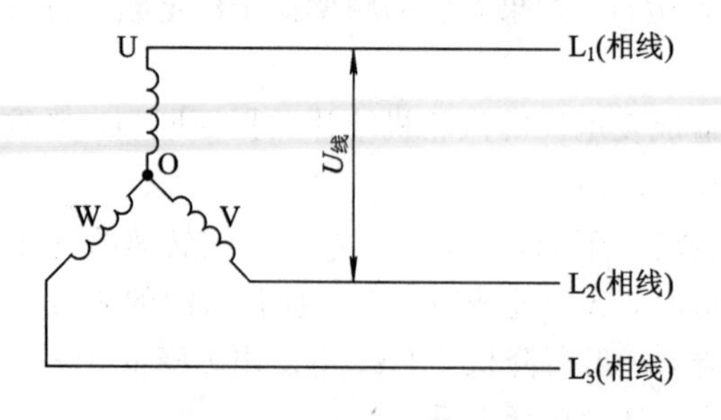

图 1 - 5　三相三线制系统

2. 三相四线制系统

通常我国的低压配电系统是采用相电压为 220 V，线电压为 380 V 的三相四线制配电系统。负载如何与电源连接，必须根据其额定电压而定，具体如图 1－6 所示。额定电压为 220 V 的单相负载(如电灯)，应接在相线与中性线之间。额定电压为 380 V 的单相负载，应接在相线与相线之间。对于额定电压为 380 V 的三相负载(如三相电动机)，则必须要与三根电源相线相接。如果负载的额定电压不等于电源电压，还必须用变压器。

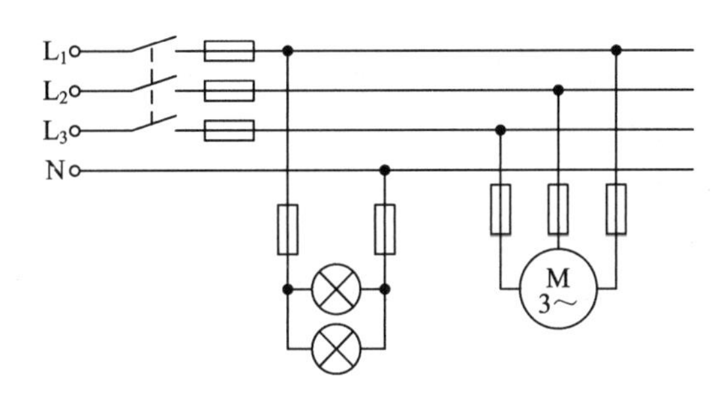

图 1－6 负载与电源的连接

3. 三相五线制系统

由于运行和安全的需要，我国的 380 V/220 V 低压供配电系统广泛采用电源中性点直接接地的运行方式(这种接地方式称为工作接地)，同时还引出中性线(N)和保护线(PE)，形成三相五线制系统，国际上称为 TN－S 系统，如图 1－7 所示。中性线应该经过漏电保护开关，作为通过单相回路电流和三相不平衡电流之用。保护线是为保障人身安全、防止发生触电事故用的接地线，专门通过单相短路电流和漏电电流。

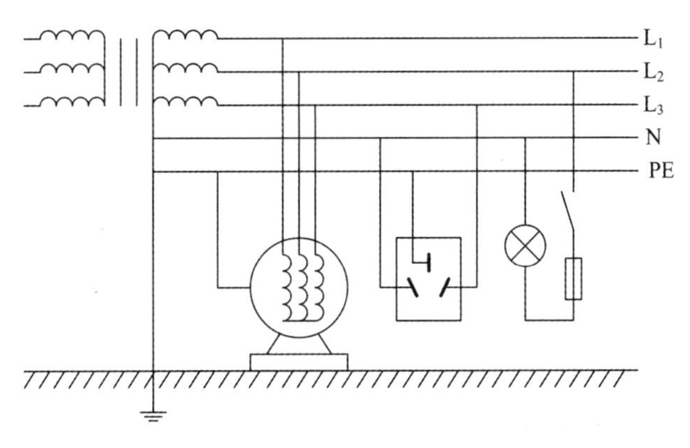

图 1－7 三相五线制系统

1.3.2 变、配电所的类型

安装有受电、变电和配电设备的场所叫变电所，只安装有受电和配电设备的场所叫配电所。对于低压供电用户一般只需设立配电所，对于中小型企业和民用建筑供电一般设车间(建筑物)变电所。

用电单位常用的供电系统，按其用电性质和客观条件不同而采用不同类型变、配电所供电。按其安装地点来看，变电所可分为以下几种类型。

1）室外变电所

室外变电所一般称为变电站，变压器安装于室外。其结构特点如下：

（1）占地面积大，建筑面积小，土建费用少。

（2）适用于电压等级较高、土建需要工程量很大，而且环境条件粉尘较少、污染小的开阔地带。

（3）受环境污染影响严重，不宜建在沿海地区、化工和水泥厂附近。

2）室内变电所

在人口比较密集的地区和环境不太好的地区宜采用室内变电所，这种变电所的高压设备和变压器装于室内。其结构特点如下：

（1）建设费用高，占地面积小。

（2）适用于电压不超过 110 kV 的地区。

（3）受环境污染影响小，减少了清扫的工作量。

3）地下变电所

地下变电所的结构特点如下：

（1）适合于人口比较密集的地区。

（2）节省占地，土建工程量大，设备造价高。

（3）保密性好，但使用电缆较多，故障的机会多。

4）移动式变电所

移动式变电所的结构特点如下：

（1）电气设备和变压器装在车上，又叫列车变电所。

（2）容量不大，电压不高。

（3）设备简单，使用灵活。

5）箱式变电所

箱式变电所是近几年发展研制而成的，所有高、低压电气设备全部装在定型的铁箱内。其结构特点如下：

（1）占地面积小，无需土建工程，建设费用低。

（2）使用灵活，不需值班，操作方便。

（3）适合于工地用电或临时建设用电。

（4）节省投资，操作安全。

1.3.3　变、配电所的主接线图

电气接线图按其作用可分为主接线图和副接线图两种。主接线图又叫一次接线图，它是表示电能传送和分配路线的接线图。与它直接相连的变压器、高压开关、高压熔断器、低压开关、互感器等电气设备，叫做一次设备。副接线图又叫二次接线图，它是表示控制、测量和保护装置等的接线圈。与它直接相连的测量仪表、继电保护电器等电气设备，叫做二次设备。

1. 对变、配电所主接线的基本要求

（1）变、配电所主接线应根据实际情况和用电的需要，尽量达到简单，供电方式可靠，

主设备齐全。

(2) 设备选择合理，运行安全经济，灵活方便，并适当考虑将来的发展。

(3) 便于维护检修，操作步骤简单、方便。

(4) 在故障处理时能保证安全。

(5) 考虑备用电源、进线方式、功率因数补偿等问题。

2. 变、配电所常用的主接线图

对于负荷特大的工业企业和建筑设施，根据具体条件可设置二三个配电所。配电所的设置，对于供电系统的结构形式影响很大。配电所的进出线数，与要求的供电可靠性、输送容量和电压等级有关。

一般的工业企业、大型楼宇、生活小区等大容量用电单位，都是直接从电力网引入高压电源，经过变电和配电送给基层用户使用。大型企业用电量大，进线电压为 35 kV，需要两级变电：第一级在总变电所(中央变电所)进行，将 35 kV 电压变为 6～10 kV 电压；第二级变压在车间变电所进行，将 6～10 kV 电压变为 400 V 电压；中小型企业进线电压多为 6～10 kV，只需一级变电。有些更小的企业，直接引进低压电，只要设置一个低压配电屏就可以了。对于深圳市，配电变压器高压电源统一为 10 kV。工厂一般如何从电力系统得到供电呢？图 1 - 8 所示是一个比较典型的中型工厂供电系统的电气主接线示意图。

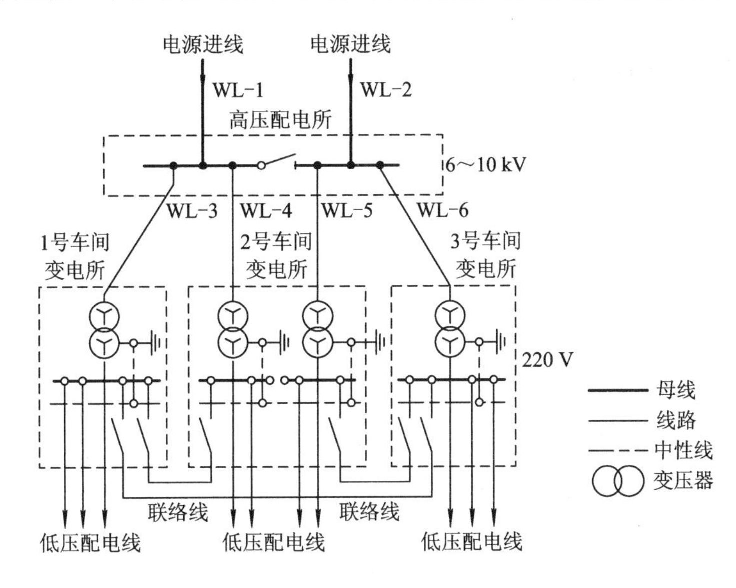

图 1 - 8 中型工厂供电系统主接线示意图

由图 1 - 8 可以看出，这个工厂的高压配电所有两条 6～10 kV 的电源进线(WL - 1、WL - 2)，分别接在高压配电所的两段母线上，电源进线的另一端接在电力系统中的其他变电所，工厂通过这两条电源线从电力系统获得供电。

这个高压配电所有四条高压配电线(WL - 3～WL - 6)供电给三个车间变电所，车间变电所设有变压器，将 6～10 kV 的电压变为低压，低压侧设有低压母线，低压母线将电源引出到低压配电线，送至各低压用电设备。

对于小型工厂，一般只设一个简单的降压变电所，如图 1 - 8 所示。用电量在100 kW

以下的小型工厂，还可采用低电压供电，工厂只需一个车间变电所。

对于大型及某些中型工厂，它们由 35 kV 及以上电网中的变电所获得供电，这种工厂一般设总降压变电所，将 35 kV 及以上的电压降为 6～10 kV 电压，然后通过高压配电线将电能送到各个车间变电所，再降到一般低压用电设备所需的电压，供用电设备使用，如图 1－9 所示。但也有 35 kV 进线的工厂，只经一次降压，直接降为低压，供用电设备使用，这种供电方式叫做高压深入负荷中心的直配方式。

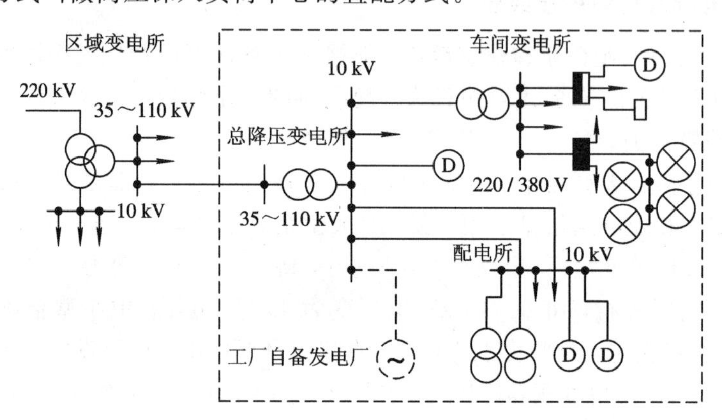

图 1－9　大中型工厂供电系统主接线示意图

1.3.4　变、配电所的主要电气设备

变、配电所装设有大量的高、低压开关设备，变换设备(如变压器、电流互感器和电压互感器)，保护设备(如熔断器和避雷器)，高、低压母线和成套设备(如高压开关柜、低压配电屏、动力和照明配电箱等)，如图 1－10 所示。常用的高压一次电气设备有：高压断路器、高压隔离开关、高压负荷开关、高压熔断器、高压开关柜等。常用的低压一次电气设备有：低压刀开关、低压负荷开关、低压自动开关、低压熔断器、低压配电屏等。通过这些设备可以进行送、配电时升压、降压和保护。

1. 高压断路器

高压断路器又称高压开关或高压遮断器，它的作用是接通和切断高压负荷电流，同时也能切断过载电流和短路电流。6～10 kV 供电系统户内高压配电装置中采用少油断路器，少油断路器的油量只有几千克，是用来灭弧的，外壳一般是带电的。少油断路器的老型号有 SN1－10、SN2－10 等，新型号有 SN8－10、SN10－10 等。户外式多油断路器为 10 型，又叫柱上油开关，常安装在电杆上。

2. 高压隔离开关

高压隔离开关的作用是用来隔离电源并造成明显的断开点，以保证电气设备能安全进行检修。因为隔离开关没有专门的灭弧装置，所以不允许它带负荷断开和接入电路，必须等高压断路器切断电路后才能断开隔离开关和等隔离开关闭合后高压断路器才能接通电路。6～10 kV 隔离开关的户外式有 GW1－6、GW1－10、GW4－10 型等，户内式有 GN1－6、GN2－10、GN6－10、GN8－10 型等。

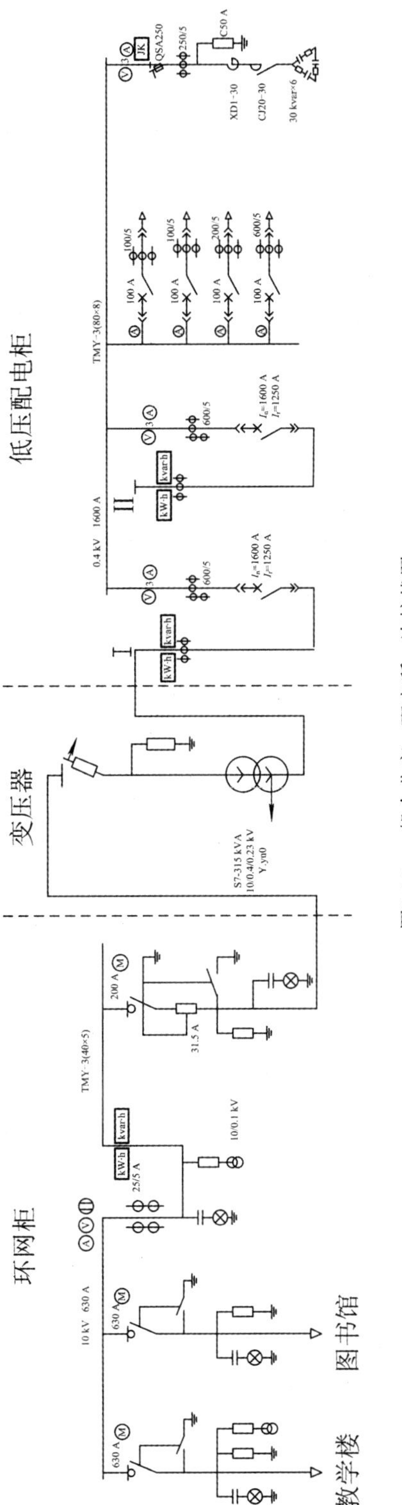

图1-10 一般企业变、配电所一次接线图

3. 高压负荷开关

高压负荷开关的作用是用来切断和闭合负荷电流，所以它具有灭弧装置。但是，它的灭弧能力不高，断流能力亦不大，故不能切断事故短路电流，它必须和高压熔断器配合使用，熔断器起切断短路电流的作用。6～10 kV 常用的户内式负荷开关为 FN 型，户外式为 FW 型。

4. 高压熔断器

高压熔断器能用来保护电气设备免受过载电流和短路电流的危害。由于它简单、便宜、体积小、重量轻、使用方便，所以 6～10 kV 供电系统中广泛用它来保护线路、变压器等电气设备。RN1、RN2 型管式熔断器是户内广泛采用的充石英砂填料的熔断器。RW4 型户外高压跌落式熔断器广泛用于短路和过载保护。

5. 高压开关柜

高压开关柜是一种柜式的成套配电设备，它按一定的接线方式将所需的一、二次设备，如各种开关、监察测量仪表、保护电器及一些操作辅助设备组成一个总体，在变、配电所中作为控制电力变压器和电力线路之用，同时还可作为高压电动机的控制保护屏。这种成套配电设备结构紧凑，运行安全，安装和运输方便，对工地现场施工使用尤为适宜。

6. 低压配电柜

一套典型的低压配电系统设备主要包括计量柜、进线柜、联络柜、电容补偿柜、出线柜等。配电变压器将 10 kV 电压降压为 380 V/220 V，经过计量柜送至进线柜，再由出线柜分别送到各用户。对于工业与民用建筑设施中的 6～10 kV 供电系统，当配电变压器停电或发生故障时，通过联络柜可将另外一路备用电源投入使用。图 1－11 给出一个典型的低压配电柜线路图。

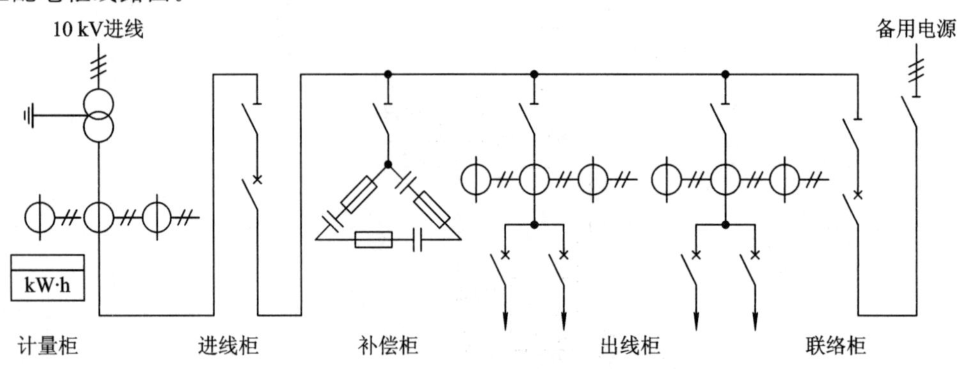

图 1－11　一个典型的低压配电系统图

(1) 进线柜：通断变压器低压侧到低压配电屏的主要装置，它主要由断路器和刀闸组成，其母线上串有计量回路的电流互感器。

(2) 计量柜：计量电能的装置，它由电力部门安装校验，分有功计量和无功计量。有功计量是实际用电量乘以电流互感器的倍数，按照峰、谷、平电价收费。无功计量是衡量用户单位负载的功率因数情况。

(3) 联络柜：连接其他线路电源的装置，主要由断路器和刀闸组成。

(4) 电容补偿柜：由许多电容器组、接触器、无功功率自动补偿器组成。其主要作用是对感性负载进行无功功率因数补偿。

(5) 出线柜：由许多断路器对多路低压负载供电的组合装置。

1.3.5　低压配电线路

低压配电线路是指经配电变压器，将高压 10 kV 降低到 380 V/220 V 等级的线路。从车间变电所(配电室)到用电设备的线路就属于低压配电线路。通常一个低压配电线路的容量在几十千伏安到几百千伏安的范围，负责几十个用户的供电。为了合理地分配电能，一般都采用分级供电的方式，即按照用户地域或空间的分布，将用户划分成若干个供电区或片，通过干线、支线向片区供电。整个供电线路形成一个分级的网状结构。低压配电线路连接方式主要有放射式和树干式两种。放射式配电线路(如图 1-12 所示)线路可靠性高，但投资费用较大。当负载点比较分散而各个负载点又具有很大的集中负载时，可采用这种线路。

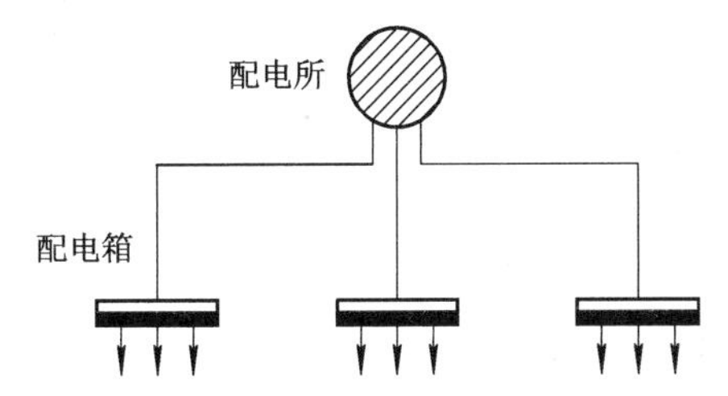

图 1-12　放射式配电线路

树干式配电线路(如图 1-13 所示)敷设费用低廉，灵活性大，所以它得到了广泛的应用。但是采用树干式配电可靠性比较低。图 1-14 是某校实验楼树干式配电线路的示意图。

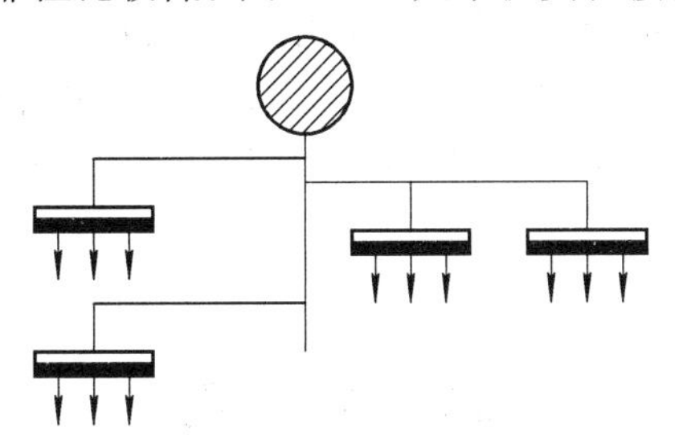

图 1-13　树干式配电线路

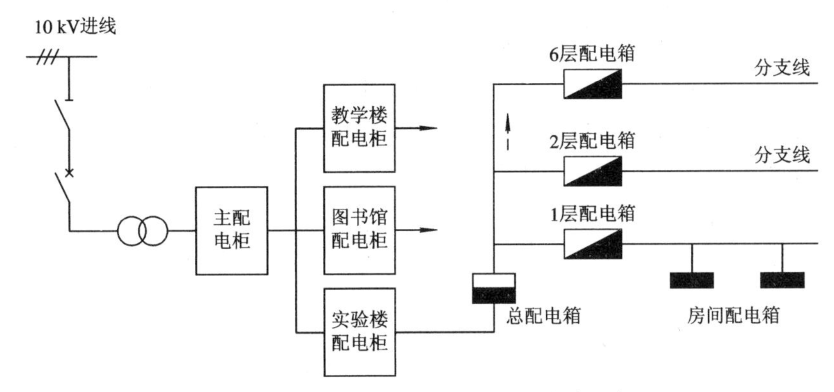

图 1-14　某校实验楼树干式配电线路示意图

1.4　实训——电力系统及变配电所

1. 实训目的

(1) 通过讲解和参观，了解电力系统和电力网的基本知识及概念。

(2) 通过讲解和参观，熟悉和认识变、配电所的作用和结构组成。

(3) 通过讲解和参观，熟悉和认识低压线路接线方式。

2. 实训设备

(1) 城市高、低压供电系统模拟屏。

(2) 成套高、低压配电柜。

(3) 各种低压配电箱。

(4) 电力变压器。

3. 实训前的准备

(1) 了解电力系统的结构及基本知识。

(2) 了解高、低压配电设备的作用。

4. 实训内容

(1) 进行以“安全、规范、严格、有序”教育为主的实训动员，明确任务和要求。参观过程中只容许看、听、问，不许乱窜走动和指手画脚，以免造成触电事故。

(2) 到某变电所现场参观，听取技术人员的介绍和讲解。

(3) 通过看、听、问，熟悉电力系统，电力网和变、配电所的工作运行情况。

(4) 了解电力负荷等级和变、配电所类型方面的有关知识。

(5) 加强电力设备认识。

思　考　题

1-1　什么叫电力系统和电力网？各有何用？

1-2　什么叫三相四线制？在什么情况下采用它？

1-3　为什么变压器二次电压要高于电网额定电压5%或10%？

1-4　Ⅰ类负荷和Ⅱ类负荷有什么区别？如何保证Ⅰ类负荷？

1-5　变电所和配电所的区别在哪里？

1-6　Ⅰ类负荷对变压器和主接线有什么要求？

1-7　企、事业单位供电系统的组成和主要设备的作用是什么？

第二章 安全用电知识

第二章课件

电是人类光明与幸福的使者，它带来了财富，推动了进步。但是，电虽然与人类的繁荣发展息息相关，却也能给人类活动蒙上阴影，甚至酿成灾难。在生产活动与日常生活中，因为不小心或操作不慎都会使电"勃然大怒"，从而导致破坏性的严重后果。有多少人因触电事故而身亡，有多少个家庭因用电不当而支离破碎，在泪水与灰烬中后悔不已，又有多少工厂企业因用电疏忽大意而使数亿财富付诸东流。因此，正确地使用电、支配电，避免类似事件再次发生，是人们应引以高度重视的。电是人类光明与财富的使者，但也会变成光明与财富的破坏者。所以请大家注意安全用电。

电气事故主要包括触电事故、电磁场伤害事故、静电事故、雷击事故、电路故障引发的电气火灾和爆炸事故以及危及人身安全的电气线路事故。由于物体带电不像机械危险部位那样容易被人们觉察，因此电更具有危险性。

2.1 安全作业常识

现代化生产和生活都离不开电能。但是，由于电气作业的危险和特殊性，从事电气工作的人员必须经过专门的安全技术培训和考核。经考试合格取得安全生产综合管理部门核发的"特种作业操作证"后，才能独立作业。电工作业人员要严格遵守电工作业安全操作规程和遵守各种安全规章制度，养成良好的工作习惯，严禁违章作业。坚持维护检修制度，特别是高压检修工作的安全，必须坚持工作票、工作监护等工作制度。

2.1.1 电工安全操作基本要求

电工安全操作的基本要求如下：

(1) 电工在进行安装和维修电气设备时，应严格遵守各项安全操作规程，如"电气设备维修安全操作规程""手提移动电动工具安全操作规程"，等等。

(2) 做好操作前的准备工作，如检查工具的绝缘情况，并穿戴好劳动防护用品(如绝缘鞋、绝缘手套)等。

(3) 严格禁止带电操作，应遵守停电操作的规定，操作前要断开电源，然后检查电器、线路是否已停电，未经检查的都应视为有电。

(4) 切断电源后，应及时挂上"禁止合闸，有人工作"的警告牌，必要时应加锁，带走电源开关内的熔断器，然后才能工作。

(5) 工作结束后应遵守停电、送电制度，禁止约时送电，同时应取下警告牌，装上电源开关的熔断器。

(6) 低压线路带电操作时，应设专人监护，使用有绝缘柄的工具，必须穿长袖衣服和长裤，扣紧袖口，穿绝缘鞋，戴绝缘手套，工作时站在绝缘垫上。

(7) 发现有人触电，应立即采取抢救措施，绝不允许临危逃离现场。

2.1.2　电气设备安全运行的基本要求

电气设备安全运行的基本要求如下：

(1) 对各种电气设备应根据环境的特点建立相适应的电气设备运行管理规程和电气设备的安装规程，以保证设备处于良好的安全工作状态。

(2) 为了保持电气设备正常运行，必须制定维护检修规程。定期对各种电气设备进行维护检修，消除隐患，防止设备和人身事故的发生。

(3) 应建立各种安全操作规程，如变配电室值班安全操作规程，电气装置安装规程，电气装置检修、安全操作规程，手持式电动工具的管理、使用、检查和维修安全技术规程等等。

(4) 对电气设备制定的安全检查制度应认真执行。例如，定期检查电气设备的绝缘情况，保护接零和保护接地是否牢靠，灭火器材是否齐全，电气连接部位是否完好，等等。发现问题应及时维护检修。

(5) 应遵守负荷开关和隔离开关操作顺序：断开电源时应先断开负荷开关，再断开隔离开关；而接通电源时顺序相反，即先合上隔离开关，再合上负荷开关。

(6) 为了尽快排除故障和各种不正常运行情况，电气设备一般都应装有过载保护、短路保护、欠压和失压保护以及断相保护和防止误操作保护等装置。

(7) 凡有可能遭雷击的电气设备，都应装有防雷装置。

(8) 对于使用中的电气设备，应定期测定其绝缘电阻；接地装置定期测定接地电阻；对安全工具、避雷器、变压器油等也应定期检查、测定或进行耐压试验。

2.1.3　安全使用电气设备基本知识

安全使用电气设备的基本知识如下：

(1) 为了保证高压检修工作的安全，必须坚持必要的安全工作制度，如工作票制度、工作监护制度等。

(2) 使用手提移动电器、机床和钳台上的局部照明灯及行灯等，都应使用 36 V 及以下的低电压；在金属容器(如锅炉)、管道内使用手提移动电器及行灯时，电压不允许超过 12 V，并要加接临时开关，还应有专人在容器外监护。

(3) 有多人同时进行停电作业时，必须由电工组长负责及指挥。工作结束应由组长发令合闸通电。

(4) 对断落在地面的带电导线，为了防止触电及“跨步电压”，应撤离电线落地点 15～20 m，并设专人看守，直到事故处理完毕。若人已在跨步电压区域，则应立即用单脚或双脚并拢迅速跳到 15～20 m 以外地区。但千万不能大步奔跑，以防跨步电压触电。

(5) 电灯分路线每一分路装接的电灯数和插座数一般不超过 25 只，最大电流不应超过 15 A。而电热分路每一分路安装插座数一般不超过 6 只，最大电流不应超过 30 A。

(6) 在一个插座上不可接过多用电器具，大功率用电器应单独装接相应电流的插座。

(7) 装接熔断器应完好无损，接触应紧密可靠。熔断器的熔体大小应根据工作电流的大小来选择，不能随意安装。各级熔体相互配合，下一级应比上一级小，以免越级断电。

(8) 敷设导线时应将导线穿在金属或塑料套管中间，然后埋在墙内或地下；严禁将导线直接埋设在墙内或地下。

2.1.4 停送电原则

在电气设备中，断路器有灭弧装置，它具有接通及断开电流和切断短路电流的能力。而隔离开关即闸刀开关没有灭弧装置，则不能断开负荷电流，它的作用是在断开时能看到有明显的断点，以满足检修设备安全需要。所以在执行停送电操作时，操作的基本原则是切记不能带负荷拉、合隔离开关。停送电应遵循下列基本原则：停电操作时，必须先用断路器断开负荷电流或短路电流，再断开隔离开关；合闸时，先合隔离开关，再合断路器；绝对禁止用隔离开关接通或断开负荷电流。

1. 隔离开关操作安全技术

(1) 手动合隔离开关时，先拔出联锁销子，开始要缓慢，当刀片接近刀嘴时，要迅速果断合上，以防产生弧光。但在合到终了时，不得用力过猛，防止冲击力过大而损坏隔离开关绝缘。

(2) 手动拉闸时，应按“慢一快一慢”的过程进行。开始时，将动触头从固定触头中缓慢拉出，使之有一小间隙。若有较大电弧(错拉)，应迅速合上；若电弧较小，则迅速将动触头拉开，以利灭弧。拉至接近终了，应缓慢，防止冲击力过大，损坏隔离开关绝缘子和操作机构。

(3) 隔离开关操作完毕，应检查其开、合位置，三相同期情况及触头接触插入深度均应正常。

2. 断路器操作安全技术

操作控制开关时，操作应到位，停留时间以灯光亮或灭为限，不要过快松开控制开关，防止分、合闸操作失灵。操作控制开关时，不要用力过猛，以免损坏控制开关。断路器操作完毕，应检查断路器位置状态。

为了防止带负荷拉(合)刀闸，缩小事故范围，在进行倒闸操作时要求遵循下列顺序：送电应该由电源端往负荷端一级一级送电，停电顺序相反，即由负荷端往电源端一级一级停电。如图 2 - 1 所示为停、送电操作模拟电路。QS 为闸刀开关，QF 为自动开关(断路

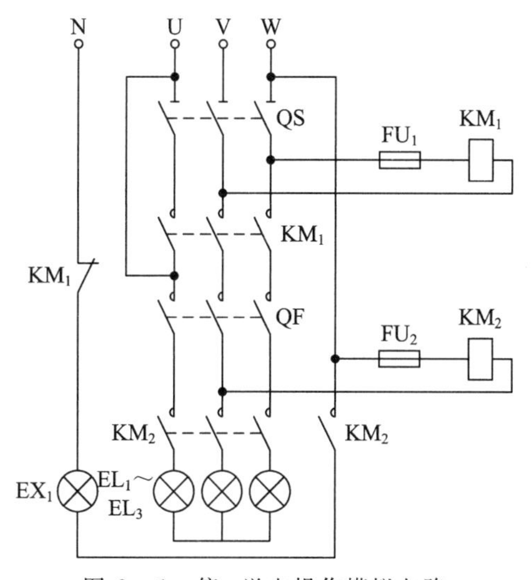

图 2 - 1 停、送电操作模拟电路

器)，KM 为控制用接触器，EL_1～EL_3 为三相负载，EX_1 为操作错误报警指示灯。送电顺序：合上 QS→合上 QF；停电顺序：断开 QF→断开 QS。

应指出的是：在倒闸操作过程中，若发现带负荷误拉、合隔离开关，则误拉的隔离开关不得再合上，误合的隔离开关不得再拉开。

2.2　电流对人体的作用

触电一般是指人体触及带电体时，电流对人体所造成的伤害。电流对人体的伤害是多方面的。根据伤害性质不同，触电可分为电伤和电击两种。

2.2.1　电伤

电伤是指由于电流的热效应、化学效应和机械效应对人体的外表造成的局部伤害，如电灼伤、电烙印、皮肤金属化等。对于高于 1000 V 的高压电气设备，当人体过分接近它时，高压电可将空气电离，然后通过空气进入人体，此时还伴有高电弧，能把人烧伤。

1. 电灼伤

电灼伤一般分接触灼伤和电弧灼伤两种。接触灼伤发生在高压触电事故时电流流过的人体皮肤进出口处。一般进口处比出口处灼伤严重。接触灼伤的面积较小，但深度大，大多为 3 度灼伤，灼伤处呈现黄色或褐黑色，并可累及皮下组织、肌腱、肌肉及血管，甚至使骨骼呈现碳化状态，一般需要治疗的时间较长。

当发生带负荷误拉、合隔离开关及带地线合隔离开关时，所产生的强烈电弧都可能引起电弧灼伤，其情况与火焰烧伤相似，会使皮肤发红、起泡，组织烧焦、坏死。

2. 电烙印

电烙印发生在人体与带电体之间有良好接触的部位处，在人体不被电击的情况下，在皮肤表面留下与带电接触体形状相似的肿块痕迹。电烙印边缘明显，颜色呈灰黄色，有时在触电后，电烙印并不立即出现，而在相隔一段时间后才出现。电烙印一般不发炎或化脓，但往往会造成局部麻木和失去知觉。

3. 皮肤金属化

皮肤金属化是由于高温电弧使周围金属熔化、蒸发并飞溅渗透到皮肤表面形成的伤害。皮肤金属化以后，表面粗糙、坚硬。金属化后的皮肤经过一段时间后方能自行脱离，对身体机能不会造成不良的后果。

电伤在不是很严重的情况下，一般无致命危险。

2.2.2　电击

电击是指电流流过人体内部造成人体内部器官的伤害。当电流流过人体时造成人体内部器官，如呼吸系统、血液循环系统、中枢神经系统等发生变化，机能紊乱，严重时会导致休克乃至死亡。

电击使人致死的原因有三个方面：第一是流过心脏的电流过大、持续时间过长，引起

“心室纤维性颤动”而致死；第二是因电流作用使人产生窒息而死亡；第三是因电流作用使心脏停止跳动而死亡。研究表明“心室纤维性颤动”致死是最根本、占比例最大的原因。

电击是触电事故中后果最严重的一种，绝大部分触电死亡事故都是电击造成的。通常所说的触电事故，主要就是指电击。

调查表明，绝大部分的触电事故都是由电击造成的。电击伤害的严重程度取决于通过人体电流的大小、电压高低、持续时间、电流的频率、电流通过人体的途径以及人体的状况等因素。

1. 伤害程度与电流大小的关系

通过人体的电流越大，人体的生理反应越明显，致命的危险性也就越大。按照工频交流电通过人体时对人体产生的作用，可将电流划分为以下三级：

(1) 感知电流。引起人感觉的最小电流叫感知电流。成年男性平均感知电流的有效值大约为 1.1 mA，女性为 0.7 mA。感知电流一般不会对人体造成伤害。

(2) 摆脱电流。人触电后能自主摆脱电源的最大电流称为摆脱电流。男性的摆脱电流为 9 mA，女性为 6 mA，儿童较成人小。摆脱电流的能力是随触电时间的延长而减弱的。一旦触电后，不能摆脱电源，后果是比较严重的。

(3) 致命电流。在较短时间内危及生命的电流称为致命电流。电击致命的主要原因是电流引起心室颤动。引起心室颤动的电流一般在数百毫安以上。

一般情况下可以把摆脱电流作为流经人体的允许电流。男性的允许电流为 9 mA，女性的为 6 mA。在线路或设备安装有防止触电的速断保护的情况下，人体的允许电流可按 30 mA 考虑。工频电流对人体的影响见表 2-1。

表 2-1　电流对人体的影响

电流/mA	通电时间	人体反应	
		交流电/50 Hz	直流电
0～0.5	连续	无感觉	无感觉
0.5～5	连续	有麻刺、疼痛感，无痉挛	无感觉
5～10	数分钟内	痉挛、剧痛，但可摆脱电源	有针刺、压迫及灼热感
10～30	数分钟内	迅速麻痹，呼吸困难，不能自由	压痛、刺痛，灼热强烈，有痉挛
30～50	数秒至数分钟	心跳不规则，昏迷，强烈痉挛	感觉强烈，有剧痛痉挛
50～100	超过 3 秒	心室颤动，呼吸麻痹，心脏麻痹而停跳	剧痛，强烈痉挛，呼吸困难或死亡

2. 电压高低对人体的影响

人体接触的电压越高，流经人体的电流越大，对人体的伤害就越重，见表 2-2。但在触电事例的分析统计中，70%以上死亡者是在对地电压为 220 V 电压下触电。而高压虽然危险性更大，但由于人们对高压的戒心，触电死亡的大事故反而在 30%以下。

表 2-2　电压对人体的影响

接触时的情况		可接近的距离	
电压/V	对人体的影响	电压/kV	设备不停电时的安全距离/m
10	全身在水中时跨步电压界限为 10 V/m	10 及以下	0.7
20	湿手的安全界限	20～35	1.0
30	干燥手的安全界限	44	1.2
50	对人的生命无危险界限	60～110	1.5
100～200	危险性急剧增大	154	2.0
200 以上	对人的生命发生危险	220	3.0
3000	被带电体吸引	330	4.0
10 000 以上	有被弹开而脱险的可能	500	5.0

3. 伤害程度与通电时间的关系

电流对人体的伤害与流过人体电流的持续时间有密切的关系。电流持续时间越长，其对应的致颤阈值越小，对人体的危害越严重。这是因为时间越长，体内积累的外能量越多，人体电阻因出汗及电流对人体组织的电解作用而变小，使伤害程度进一步增加；另外，人的心脏每收缩、舒张一次，中间约有 0.1 s 的间隙，在这 0.1 s 的时间内，心脏对电流最敏感，若电流在这一瞬间通过心脏，即使电流很小(几十毫安)，也会引起心室颤动。显然，电流持续时间越长，重合这段危险期的概率就越大，危险性也就越大。一般认为，工频电流 15～20 mA 以下及直流 50 mA 以下，对人体是安全的，但如果电流流过人体的持续时间很长，即使电流小到8～10 mA，也可能使人致命。因此，一旦发生触电事故，要尽可能快地使触电者脱离电源。

4. 伤害程度与电流途径的关系

电流通过心脏时会导致心跳停止，血液循环中断，所以危险性最大，会引起心室颤动，较大的电流会导致心脏停止跳动；电流通过头部会使人昏迷，严重的会使人不醒而死亡；电流通过脊髓会导致肢体瘫痪；电流通过中枢神经有关部分，会引起中枢神经系统强烈失调而致残。电流路径与流经心脏的电流比例关系见表 2-3。实践证明，左手至前胸是最危险的电流途径，此外，右手至前胸、单手至单脚、单手至双脚、双手至双脚等也是很危险的电流途径，电流从左脚至右脚这一电流路径危险性小，但人体可能因痉挛而摔倒，导致电流通过全身或发生二次事故而产生严重后果。

表 2-3　电流路径与通过人体心脏电流的比例关系

电流路径	左手至脚	右手至脚	左手至右手	左脚至右脚
流经心脏的电流与通过人体总电流的比例/%	6.4	3.7	3.3	0.4

5. 伤害程度与电流种类的关系

电流种类不同，对人体的伤害程度也不一样。当电压在250～300 V以内时，触及频率为50 Hz的交流电，比触及相同电压的直流电的危险性大3～4倍。不同频率的交流电流对人体的影响也不相同。通常，50～60 Hz的交流电对人体的危险性最大。低于或高于此频率的电流对人体的伤害程度要显著减轻。但是高频率的电流通常以电弧的形式出现，因此有灼伤人体的危险。频率在20 kHz以上的交流小电流，对人体已无危害，所以在医学上用于理疗。

6. 伤害程度与人体电阻大小的关系

人体触电时，流过人体的电流在接触电压一定时由人体的电阻决定，人体电阻愈小，流过的电流则愈大，人体所遭受的伤害也愈大。人体的不同部分(如皮肤、血液、肌肉及关节等)对电流呈现出一定的阻抗，即人体电阻。其大小不是固定不变的，它取决于许多因素，如接触电压、电流途径、持续时间、接触面积、温度、压力、皮肤厚薄及完好程度、潮湿度、脏污程度等。总的来讲，人体电阻由体内电阻和表皮电阻组成。

体内电阻是指电流流过人体时，人体内部器官呈现的电阻。它的数值主要取决于电流的通路。当电流流过人体内不同部位时，体内电阻呈现的数值也不同。电阻最大的通路是从一只手到另一只手，或从一只手到另一只脚或到双脚，这两种电阻基本相同；电流流过人体其他部位时，呈现的体内电阻都小于此两种电阻。一般认为人体的体内电阻为500 Ω左右。

表皮电阻指电流流过人体时，两个不同触电部位皮肤上的电阻和皮下导电细胞之间的电阻之和。表皮电阻随外界条件不同而在较大范围内变化。当电流、电压、电流频率及持续时间、接触压力、接触面积、温度增加时，表皮电阻会下降，当皮肤受伤甚至破裂时，表皮电阻会随之下降，甚至降为零。

可见，人体电阻是一个变化范围较大，且取决于许多因素的变量，只有在特定条件下才能测定。不同条件下的人体电阻见表2-4。一般情况下，人体电阻可按1000～2000 Ω考虑，在安全程度要求较高的场合，人体电阻可按不受外界因素影响的体内电阻(500 Ω)来考虑。

表2-4　不同条件下的人体电阻

加于人体的电压/V	人体电阻/Ω			
	皮肤干燥	皮肤潮湿	皮肤湿润	皮肤浸入水中
10	7000	3500	1200	600
25	5000	2500	1000	500
50	4000	2000	875	440
100	3000	1500	770	375
250	2000	1000	650	325

当人体电阻一定时，作用于人体电压越高，则流过人体的电流越大，其危险性也越大。

实际上，通过人体电流的大小并不与作用于人体的电压成正比。由表 2－4 可知，随着作用于人体电压的升高，因皮肤破裂及体液电解使人体电阻下降，导致流过人体的电流迅速增加，对人体的伤害也就更加严重。

2.3　触电事故产生的原因

触电事故发生的原因是多方面的，同时也有一定的规律。了解这些原因和规律有助于防止触电，做到安全用电。

引起触电的原因主要有以下几方面。

(1) 缺乏电气安全知识。在日常生活中，有很多触电事故是由于缺乏电气安全知识而造成的，例如儿童玩耍带电导线、在高压电线附近放风筝等。

(2) 违章操作。由于电气设备种类繁多和电工工种的特殊性，国家各有关部门根据各行业、各工种及特定种类设备制订出具体的安全操作规程，但还是有很多从业人员由于违章操作而发生触电事故。例如：违反“停电检修安全工作制度”，因误合闸造成维修人员触电；违反“带电检修安全操作规程”，使操作人员触及电器的带电部分；带电乱拉临时照明线等。

(3) 设备不合格。市面上流通的大多数假冒伪劣产品使用劣质材料，粗制滥造，使设备的绝缘等级、抗老化能力很低，这就很容易造成触电。

(4) 维修不善。如大风刮断的低压线路和刮倒的电杆未能得到及时处理，电动机接线破损而使外壳长期带电等。

(5) 偶然因素。如大风刮断电力线而落到人体上等。

调查研究发现大部分的触电事故发生在分支线和线路末端即用电设备上。同时触电事故还具有明显的季节性(春、夏季事故较多，6～9 月最集中)，低压触电多于高压触电，农村触电事故多于城市，中、青年人触电事故多，单相触电事故多，“事故点”多数发生在电气连接部位等。掌握这些规律对于安排和进行安全检查以及考虑和实施安全技术措施具有很大的意义。

2.4　触 电 方 式

按照人体触及带电体的方式和电流通过人体的途径，触电可分为单相触电、两相触电和跨步电压触电三种情况。

1. 单相触电

单相触电是指人体在地面上或其他接地导线上，人体某一部位触及一相带电体的事故。大部分触电事故是单相触电事故。一般情况下，接地电网比不接地电网的单相触电危险性大。

图 2－2 为电源中性点接地系统的单相触电示意，这时人体处于相电压的作用下，危险性较大。图 2－3 为电源中性点不接地系统的单相触电情况，通过人体的电流取决于人体电阻与输电线对地绝缘电阻的大小。若输电线绝缘良好，绝缘电阻较大，则这种触电对

人体的危害性就比较小。

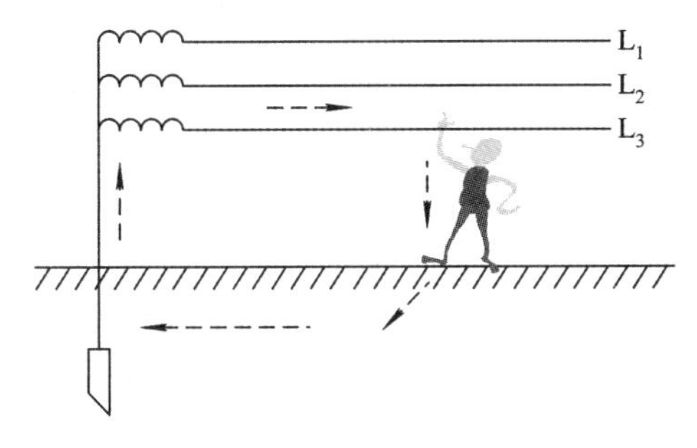

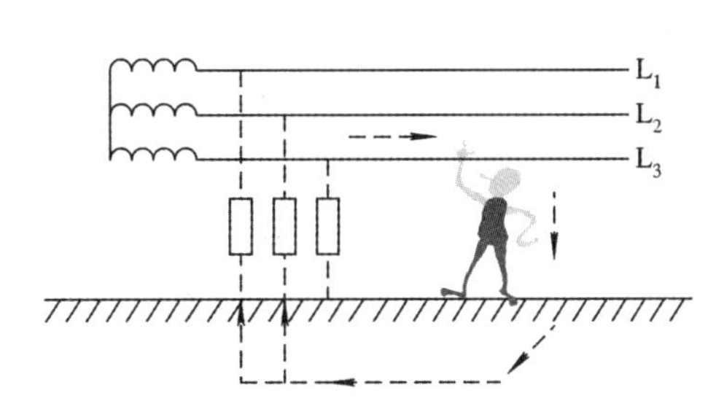

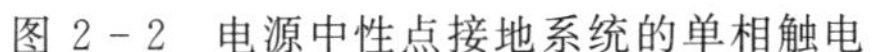

图 2-2　电源中性点接地系统的单相触电　　　图 2-3　电源中性点不接地系统的单相触电

2. 两相触电

两相触电是指人体同时触及两相带电体的触电事故，如图 2-4 所示。这种情况下，人体在电源线电压的作用下，危险性比单相触电危险性大。

3. 跨步电压触电

当带电体接地有电流流入地下时，电流在接地点周围土壤中产生电压降，人在接地点周围，两脚之间出现的电压即跨步电压，由此引起的触电事故叫跨步电压触电，如图 2-5 所示。高压故障接地处，或有大电流流过的接地装置附近都可能出现较高的跨步电压。一般情况下在离开接地 20 m 处，跨步电压就接近于零。人的跨步一般按 0.8 m 考虑。

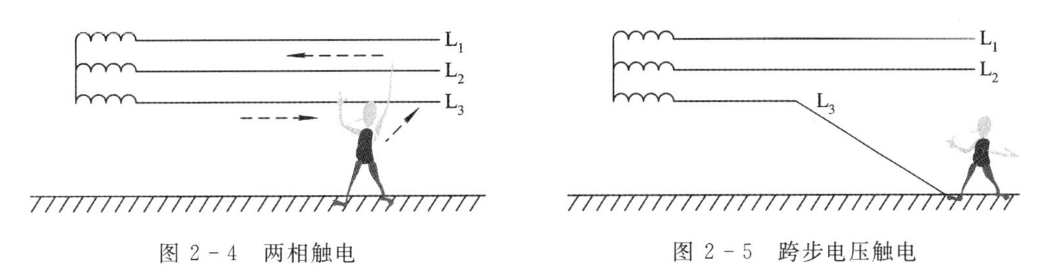

图 2-4　两相触电　　　图 2-5　跨步电压触电

2.5　预防触电事故的措施

预防触电事故，保证电气工作的安全措施可分为组织措施和技术措施两个方面。在电气设备上工作，保证安全的组织措施为认真执行工作票制度、工作许可制度、工作监护制度以及工作间断、转移和终结制度四项制度。保证安全的技术措施主要有：停电；验电；挂接地线；挂告示牌及设遮拦。为了防止偶然触及或过分接近带电体造成的直接电击，可采取绝缘、屏护、间距等安全措施。为了防止触及正常不带电而意外带电的导电体造成的直接电击，可采取接地、接零和应用漏电保护等安全措施。

2.5.1　绝缘、屏护和间距

1. 绝缘

绝缘就是用绝缘材料把带电体封闭起来。瓷、玻璃、云母、橡胶、木材、胶木、塑料、布、纸和矿物油等都是常用的绝缘材料。应当注意，很多绝缘材料受潮后会丧失绝缘性能，或在强电场作用下会遭到破坏，丧失绝缘性能。良好的绝缘能保证设备正常运行，还能保证人体不致接触带电部分。设备或线路的绝缘必须与所采用的电压等级相符合，还必须与周围的环境和运行条件相适应。绝缘的好坏，主要由绝缘材料所具有的电阻大小来反映。绝缘材料的绝缘电阻是指加于绝缘材料的直流电压与流经绝缘材料的电流(泄露电流)之比。足够的绝缘电阻能把泄露电流限制在很小的范围内，能防止漏电造成的触电事故。不同线路或设备对绝缘电阻有不同的要求。比如新装和大修后的低压电力线路和照明线路，要求绝缘电阻值不低于 0.5 MΩ，运行中的线路可降低到每伏 1000 Ω(即每千伏不小于 1 MΩ)。绝缘电阻通常用摇表(兆欧表)测定。

2. 屏护

屏护是指采用遮拦、护罩、护盖、箱匣等把带电体同外界隔绝开来，以防止人身触电的措施。例如，开关电器的可动部分一般不能包以绝缘材料，所以需要屏护。对于高压设备，不论是否有绝缘，均应采取屏护或其他防止接近的措施。除防止触电的作用之外，有的屏护装置还起到了防止电弧伤人、防止弧光短路或便利检修工作的作用。

3. 间距

间距就是指保证人体与带电体之间安全的距离。为了避免车辆或其他器具碰撞或过分接近带电体造成事故，以及为了防止火灾、防止过电压放电和各种短路事故，在带电体与地面之间，带电体与其他设施和设备之间，带电体与带电体之间均需保证留有一定的安全距离。例如：10 kV 架空线路经过居民区时与地面(或水面)的最小距离为 6.5 m；常用开关设备安装高度为 1.3～1.5 m；明装插座离地面高度应为 1.3～1.5 m；暗装插座离地距离可取 0.2～0.3 m；在低压操作中，人体或其携带工具与带电体之间的最小距离不应小于 0.1 m。

2.5.2　接地和接零

电气设备一旦漏电，其金属外壳、支架以及与其相连的金属部分都会呈现一定的对地电压。人体接触到这种非正常带电部位就会造成触电事故。电网中采取了各种接地措施以防止或减轻这种间接触电的危害。

接地就是把电源或用电设备的某一部分，通常是其金属外壳，用接地装置同大地作电的紧密连接。接地装置由埋入地下的金属接地体和接地线组成。接地分为正常接地和故障接地。正常接地即人为接地，有工作接地和安全接地之分。安全接地主要包括防止触电的保护接地、防雷接地、防静电接地及屏蔽接地等。故障接地即电气装置或电气线路的带电部分与大地之间意外的连接。

1. 工作接地

在三相交流电力系统中，作为供电电源的变压器低压中性点接地称为工作接地，如图 2-6 所示。工作接地有如下作用。

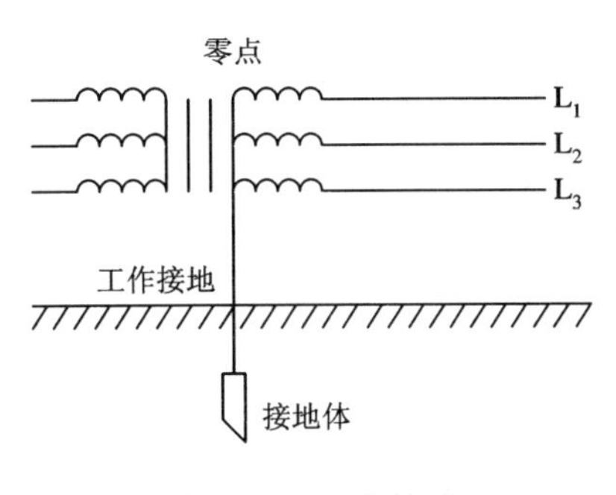

图 2-6　工作接地

1）减轻高压窜入低压的危险

配电变压器中存在高压绕组窜入低压绕组的可能性。一旦高压窜入低压，整个低压系统都将带上非常危险的对地电压。但有了工作接地，就能稳定低压电网的对地电压，在高压窜入低压时将低压系统的对地电压限制在规定的 120 V 以下。

2）减低低压一相接地时的触电危险

在中性点不接地系统中，当一相接地时，因为导线和地面之间存在电容和绝缘电阻，可构成电流的通路，但由于阻抗很大，接地电流很小，不足使保护装置动作而切断电源，所以接地故障不易被发现，可能长时间存在。而在中性点接地的系统中，一相接地后的接地电流较大，接近单相短路，保护装置迅速动作，断开故障点。

我国的 380 V/220 V 低压配电系统，都采用了中性点直接接地的运行方式。工作接地是低压电网运行的主要安全设施。工作接地电阻不能大于 4 Ω。

2. 保护接地

为了防止电气设备外露的不带电导体意外带电造成危险，将该电气设备经保护接地线与深埋在地下的接地体紧密连接起来的做法叫保护接地。

由于绝缘破坏或其他原因而可能呈现危险电压的金属部分，都应采取保护接地措施。如电机、变压器、开关设备、照明器具及其他电气设备的金属外壳都应予以接地。一般低压系统中，保护接地电阻应小于 4 Ω。如图 2-7 所示是保护接地的示意图。保护接地是中性点不接地低压系统的主要安全措施。

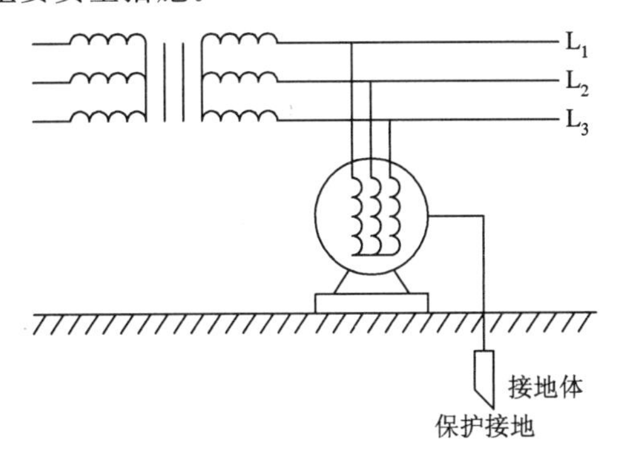

图 2-7　保护接地

当设备的绝缘损坏（如电动机某一相绕组的绝缘受损）而使外壳带电，在外壳未接地的情况下人体触及外壳就相当于单相触电，如图 2 - 8 所示。这时接地电流 I_e(经过故障点流入大地中的电流)大小取决于人体电阻 R_b 和线路绝缘电阻 R_0。当系统的绝缘性能下降时，就有触电的危险。

当设备的绝缘损坏(如电动机某一相绕组的绝缘受损)而使外壳带电，在外壳进行接地的情况下人体触及外壳时(如图 2 - 9 所示)，由于人体电阻 R_b 与接地电阻 R_e 并联，通常接地电阻远远小于人体电阻，所以通过人体的电流很小，不会有危险。

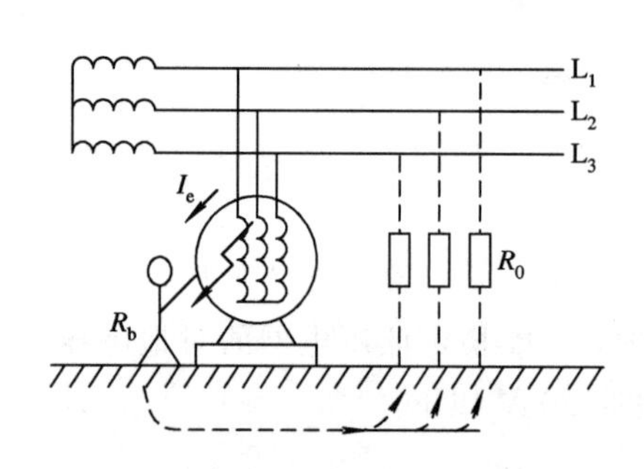

图 2 - 8　没有保护接地时的触电危险

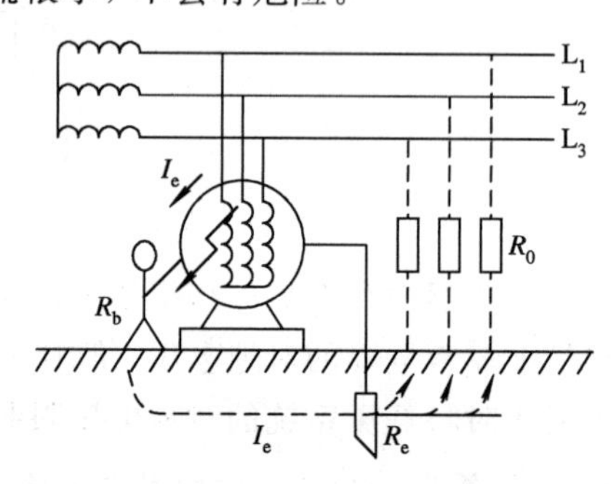

图 2 - 9　有保护接地时的触电危险

3. 保护接零

把电气设备在正常情况下不带电的金属部分与电网的零线(或中性线)紧密地连接起来就是保护接零。应当注意的是，在三相四线制的电力系统中，通常是把电气设备的金属外壳同时接地、接零，这就是所谓的重复接地保护措施。但还应该注意，零线回路中不允许装设熔断器和开关。如图 2 - 10 所示是中性点接地的三相四线和五线制低压配电电网采取的最主要的安全措施，当电动机某一相绕组的绝缘损坏而与外壳相接时，就形成相应相线电源的直接短路。很大的短路电流(通常可以到达数百安培)就促使电路上的保护装置迅速动作，例如使熔断器烧断或使自动开关跳闸，从而及时切断电源，外壳不再带电。

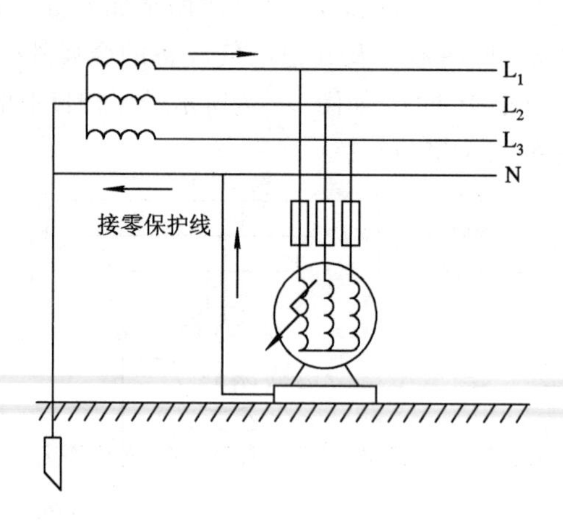

图 2 - 10　保护接零

2.5.3　安装漏电保护装置

为了保证在故障情况下人身和设备的安全，应尽量装设漏电流动作保护器。它可以在设备及线路漏电时通过保护装置的检测机构取得异常信号，经中间机构转换和传递，然后促使执行机构动作，自动切断电源来起保护作用。漏电保护装置可以防止设备漏电引起的触电、火灾和爆炸事故。它广泛应用于低压电网，也可用于高压电网。当漏电保护装置与自动开关组装在一起时，就成为漏电自动开关。这种开关同时具备短路、过载、欠压、失压和漏电等多种保护功能。

当设备漏电时，通常出现两种异常现象：三相电流的平衡遭到破坏，出现零序电流；某些正常状态下不带电的金属部分出现对地电压。漏电保护装置就是通过检测机构取得这两种异常信号，通过一些机构断开电源。漏电保护装置的种类很多，按照反应信号的种类，可分为电压型漏电保护装置和电流型漏电保护装置。电压型漏电保护装置的主要参数是动作时间和动作电压；电流型漏电保护装置的主要参数是动作电流和动作时间。以防止人身触电为目的的漏电保护装置，应该选用高灵敏度快速型的(动作电流为 30 mA)。

电流型漏电保护装置又可分为单相双极式、三相三极式和三相四极式三类。三相三极式漏电保护开关应用于三相动力电路，而在动力、照明混用的三相电路中则应选用四极漏电保护开关。对于居民住宅及其他单相电路，应用最广泛的就是单相双极电流型漏电保护开关，其动作原理如图 2 - 11 所示。

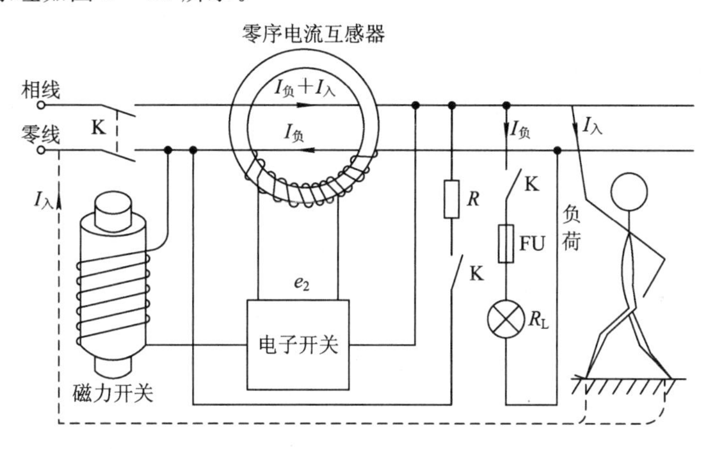

图 2 - 11　单相漏电保护开关原理图

线路和设备正常运行时，流过相线和零线的电流相等，穿过互感器铁芯的电流在任何时刻全等于穿过铁芯返回的电流，铁芯内无交变磁通，电子开关没有输入漏电信号而不导通，磁力开关线圈无电流，不跳闸，电路正常工作。当有人在相线触电或相线漏电(包括漏电触电)时，线路就对地产生漏电电流，流过相线的电流大于零线电流，互感器铁芯中有交变磁通，次级线圈就产生漏电信号输至电子开关输入端，促使电子开关导通，于是磁力开关得电，产生吸力拉闸，完成人身触电或漏电的保护。

在三相五线制配电系统中，零线一分为二：工作零线(N)和保护零线(PE)。工作零线与相线一同穿过漏电保护开关的互感器铁芯，只通过单相回路电流和三相不平衡电流。工作零线末端和中端均不可重复接地。保护零线只作为短路电流和漏电电流的主要回路，与所有设备的接零保护线相接。它不能经过漏电保护开关，末端必须进行重复接地。图2 - 12 为漏电保护与接零保护共用时的正确接法。漏电保护器必须正确安装接线。错误地安装接线可能导致漏电保护器的误动作或拒动作。

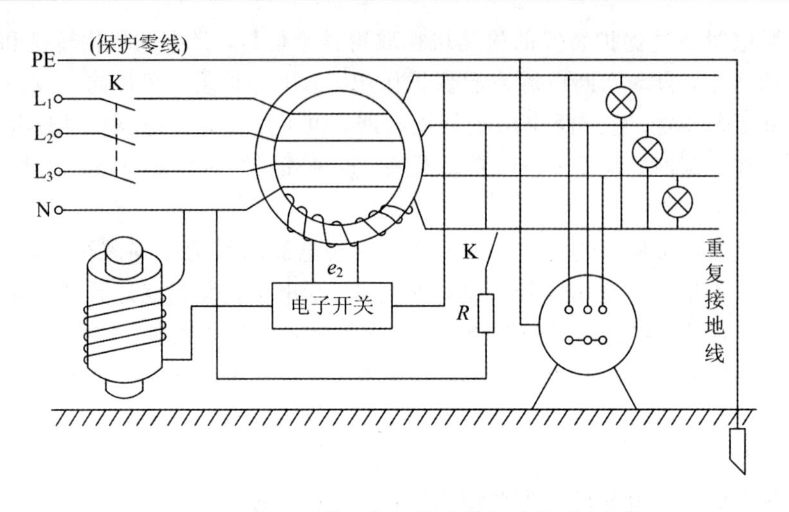

图 2-12　漏电保护与接零保护共用时的正确接法

2.5.4　采用安全电压

采用安全电压是用于小型电气设备或小容量电气线路的安全措施。根据欧姆定律，电压越大，电流也就越大。因此，可以把可能加在人身上的电压限制在某一范围内，使得在这种电压下，通过人体的电流不超过允许范围，这一电压就叫做安全电压。安全电压的工频有效值不超过 50 V，直流不超过 120 V。我国规定安全电压的工频有效值的等级为 42 V、36 V、24 V、12 V 和 6 V，见表 2-5。为了防止因触电而造成的人身直接伤害，在一些容易触电和有触电危险的特殊场所必须采取特定电源供电的电压系列。根据我国国家标准规定，凡手提照明灯、危险环境下的携带式电动工具、高度不足 2.5 m 的一般照明灯，如果没有特殊安全结构或安全措施，应采用 42 V 或 36 V 安全电压。凡金属容器内、隧道内、矿井内等工作地点狭窄、行动不便，以及周围有大面积接地导体的环境，使用手提照明灯时应采用 12 V 安全电压。

表 2-5　安全电压等级标准(根据 GB3805－1983)

安全电压(交流有效值)		选用举例
额定值/V	空载上限值/V	
42	50	在有触电危险的场所使用手持式电动工具
36	43	潮湿场所，如矿井及多导电粉尘环境所使用的行灯等
24	29	可使某些具有人体可能偶然触及的带电体的设备选用
12	15	
6	8	

安全电压与人体的电阻存在一定的关系。从人身安全的角度考虑，人体电阻一般按 1700 Ω 计算。由于人体允许电流取 30 mA，因此人体允许持续接触的安全电压为

$$U_{saf} = 30\ \text{mA} \times 1700\ \Omega \approx 50\ \text{V}$$

2.5.5　防止触电的关键问题

我国规定 1 kV 以下电压称为低压，大多数的人们平时接触的都是低压的电气设备，比如日常家居照明电路的电压为 220 V，最高也是企业动力用电线电压 380 V，触电属于低压触电类型。为了避免触电事故的发生，关键要做到以下三点：

(1) 切断电流回路。人体接触火线或其他带电体，可使人体、大地和电网中的火线构成闭合的电流回路。要切断电流回路，关键要区分绝缘体和导体。常见的绝缘体有陶瓷、橡胶、干布、干木头、塑料制品、空气、玻璃等。金属、带有水的物体一般都是导体。

(2) 潮湿时不动电气设备。潮湿包括人体潮湿和周边环境潮湿的情况。一般认为干燥的皮肤在低电压下具有相当高的电阻，约 30～40 kΩ，当人体出汗、淋湿时电阻只有几百到几千欧姆。电阻越小，通过人体的电流就越大，危险就越高，所以尽量不要在下雨天或身体潮湿时去接触电气设备，否则触电的风险会成倍数增加。

(3) 不摸电气设备。自己不懂的电气设备尽量不去触摸。对于低压的电气设备，若人体不碰到金属带电体是不会触电的。

我们除了理解“回路、湿手、触摸”三个关键问题，还要做好以下工作：

(1) 不得随便乱动或私自修理电气设备。

(2) 经常接触和使用的配电箱、配电板、闸刀开关、按钮开关、插座、插销以及导线等，必须保持完好、安全，不得有破损或将带电部分裸露出来。

(3) 不得用铜丝等代替保险丝，并保持闸刀开关、磁力开关等盖面完整，以防短路时发生电弧或保险丝熔断飞溅伤人。

(4) 经常检查电气设备的保护接地、接零装置，保证连接牢固。

(5) 在使用手电钻、电砂轮等手持电动工具时，必须安装漏电保护器，工具外壳进行防护性接地或接零，并要防止移动工具时导线被拉断。操作时应戴好绝缘手套并站在绝缘板上。

(6) 在移动电风扇、照明灯、电焊机等电气设备时，必须先切断电源，并保护好导线，以免磨损或拉断。

(7) 在雷雨天，不要走进高压电杆、铁塔、避雷针的接地导线周围 20 m 之内。当遇到高压线断落时，周围 10 m 之内禁止人员入内；若已经在 10 m 范围之内，应单足或并足跳出危险区。

(8) 对设备进行维修时，一定要切断电源，并在明显处放置“禁止合闸 有人工作”的警示牌。

2.6　触 电 急 救

人触电以后，有些伤害程度较轻，神志清醒，有些程度严重，会出现神经麻痹、呼吸中断、心脏停止跳动等症状。如果处理及时和正确，则因触电而假死的人有可能获救。触电急救一定要做到动作迅速，方法得当。从触电后一分钟开始救治者，90%有良好的效果。但如果从触电后十几分钟才开始救治，则救活的可能性就很小了。由于广大群众普遍缺乏必要的电气安全知识，一旦发现人身触电事故往往惊慌失措，所以国家规定电业从业人员都必须具备触电急救的知识和能力。

2.6.1 脱离电源

人触电以后，如果流过人体的电流大于摆脱电流，则人体不能自行摆脱电源。所以使触电者尽快脱离电源是救护触电者的首要步骤。

1. 低压触电脱离

对于低压触电事故，如果触电者触及电压带电设备，救护人员应设法迅速拉开电源开关或电源插头，或者使用带有绝缘柄的电工钳切断电源。当电线搭接在触电者身上或被压在身下时，可用干燥的衣服、手套、木棒等绝缘物作为工具，拉开触电者或挑开电线，使触电者脱离电源。

2. 高压触电脱离

对于高压触电事故，救护人应带上绝缘手套，穿上绝缘靴，使用相应电压等级的绝缘工具拉开电源开关；或者抛掷金属线使线路短路、接地，迫使保护装置动作，切断电源。对于没有救护条件的，应该立即电话通知有关部门停电。

救护人既要救人，也要注意保护自己。救护人员可站在绝缘垫上或干木板上进行救护。触电者未脱离电源之前，不得直接用手触及触电者，也不能抓他的鞋，而且最好用一只手进行救护。当触电者处在高处时，应考虑触电者脱离电源后可能会从高处坠落，所以要同时做好防摔措施。

2.6.2 急救处理

当触电者脱离电源以后，必须迅速判断触电程度的轻重，立即对症救治，同时通知医生前来抢救。

(1) 如果触电者神志清醒，则应使之就地平躺，严密观察，暂时不要站立或走动，同时也要注意保暖和保持空气新鲜。

(2) 如果触电者已神志不清，则应使之就地平躺，确保气道通畅，特别要注意他的呼吸、心跳状况。注意不要摇动伤员头部呼叫伤员。

(3) 如果触电者失去知觉，停止呼吸，但心脏微有跳动，应在通畅气道后立即施行口对口(或鼻)人工呼吸急救法。

(4) 如果触电者伤势非常严重，呼吸和心跳都已停止，通常对触电者立即就地采用心肺复苏(CPR)和除颤仪(AED)进行抢救。有时应根据具体情况采用摇臂压胸呼吸法或俯卧压背呼吸法进行抢救。

2.6.3 口对口人工呼吸法

口对口人工呼吸法的具体操作步骤如下：

(1) 迅速松开触电者的上衣、裤带或其他妨碍呼吸的装饰物，使其胸部能自由扩张。

(2) 使触电者仰卧，清除触电者口腔中的血块、痰唾或口沫，取下义齿等物，然后将其头部尽量往后仰(最好用一只手托在触电者颈后)，鼻孔朝天，使其呼吸道畅通，如图2－13所示。

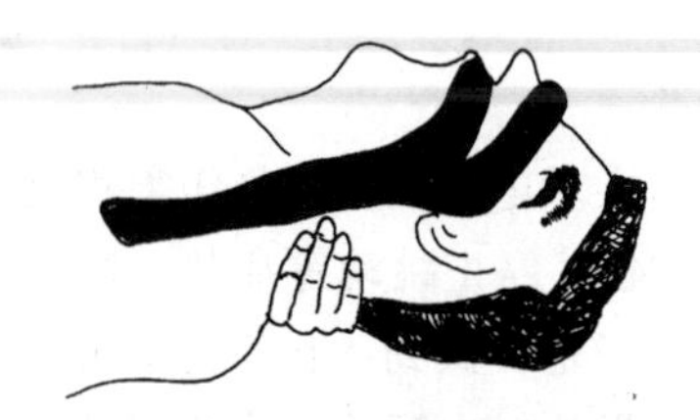

图 2－13　保证呼吸道畅通的姿势

(3) 如图 2-14(a)所示，救护人员捏紧触电者鼻子，深深吸气后向触电者口中吹入 500～600 mL 的潮气量，为时约 2 s。吹气完毕后救护人员应立即离开触电者的嘴巴，放松触电者的鼻子，使之自身呼气，为时约 3 s，如图 2-14(b)所示。

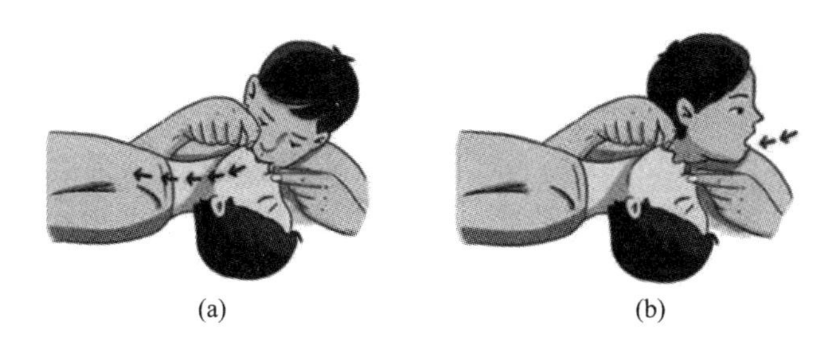

图 2-14 口对口人工呼吸法
(a) 贴紧捏鼻吹气；(b) 放松呼气

按照上述要求对触电者反复吹气、换气，每分钟约 12 次。对儿童使用人工呼吸法时，只可小口吹气，以免使其肺泡破裂。如果触电者的口无法张开，则改用口对鼻人工呼吸法进行抢救。

2.6.4 胸外心脏按压法

胸外心脏按压法的具体操作步骤如下：

(1) 解开触电者的衣服和腰带，清除口腔内异物，使呼吸道通畅。

(2) 使触电者仰天平卧，头部往后仰，后背着地处的地面必须平整牢固，如硬地或木板之类。

(3) 救护人员位于触电者的一侧，最好是跪跨在触电者臀部位置，两手相叠，左手掌按图 2-15(a)所示的位置放在触电者心窝稍高一点的地方，大约胸骨下三分之一至二分之一处，右手掌复压在左手背上。

(4) 救护人员向触电者的胸部垂直用力向下挤压，压出心脏里的血液。应将成人胸骨按下至少 5 cm，如图 2-15(b)所示。

(5) 按压后，掌根迅速放松，但手掌不要离开胸部，让触电者胸部自动复原，心脏扩张，血液又回到心脏，如图 2-15(c)所示。

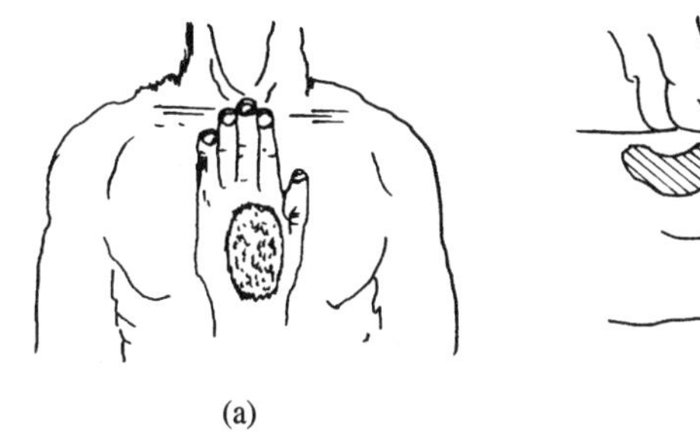

(a)

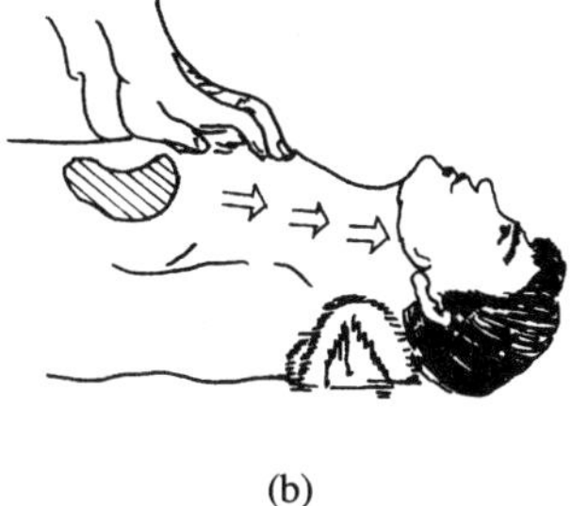

(b)

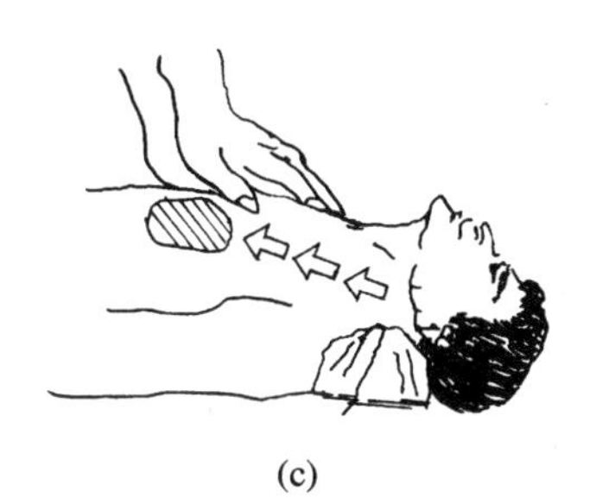

(c)

图 2-15 胸外心脏按压法
(a) 正确压点；(b) 向下挤压图；(c) 放松回流

按照上述要求反复地对触电者的心脏进行按压和放松。每分钟至少 100 次按压速率较为合理。急救者在挤压时，切忌用力过猛，以防造成触电者内伤，但也不可用力过小，而使挤压无效。如果触电者是儿童，则可用一只手按压，用力要轻，以免损伤胸骨。

注意对心跳和呼吸都停止的触电者的急救要同时采用人工呼吸法和胸外心脏按压法。如果现场只有一人，可采用单人操作。先有效胸外按压 30 次，再进行 2 次有效人工吹气，30：2 循环周期操作，如图 2-16(a)所示，接着交替重复进行。如果由两人合作进行抢救则更为适宜，方法是上述两种方法的组合，但在吹气时应将其胸部放松，挤压只可在换气时进行，如图 2-16(b)所示。

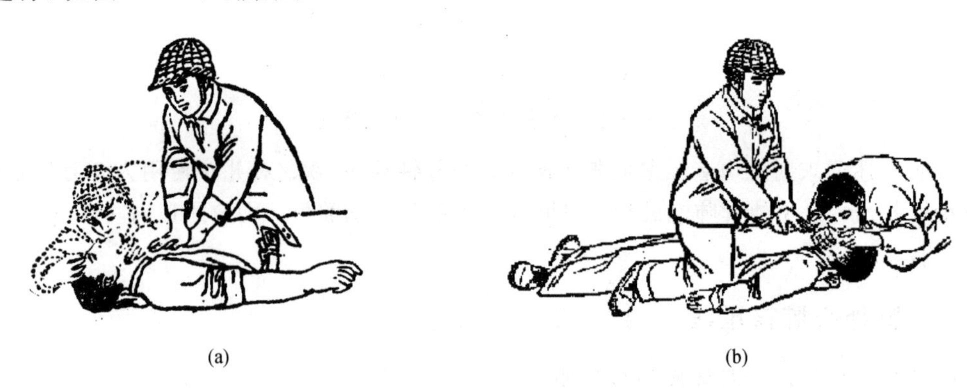

图 2-16　对心跳和呼吸均停止者的急救
(a) 单人操作法；(b) 双人操作法

2.6.5　急救注意事项

急救时应注意下列事项：

(1) 任何药物都不能替代口对口人工呼吸和胸外心脏按压法抢救触电者，这是对触电者最基本的两种急救方法。

(2) 抢救触电者应迅速而持久地进行抢救，在没有确定触电者确已死亡的情况下，不要轻易放弃，以免错过机会。

(3) 要慎重使用肾上腺素。只有经过心电图仪鉴定心脏确已停止跳动且配备有心脏除颤装置时，才允许使用肾上腺素。

(4) 对于与触电同时发生的外伤，应分情况酌情处理。

2.6.6　CPR 与 AED 急救方法

要有效抢救心脏骤停患者，最重要的便是利用人工心脏按压，使血液持续循环，为身体重要器官提供氧气，并且利用电击除颤使心脏恢复正常运作，施行 CPR 与 AED 急救。

CPR(Cardio Pulmonary Resuscitation，心肺复苏术)的目的是尽快建立有效通气与有效循环，保证重要脏器及早恢复血供与氧供，是在事发现场对心脏骤停患者采取及时有效的急救措施和技术。2010 年心肺复苏操作顺序发生了变化：由 A－B－C 改为 C－A－B，即 C(Compression，胸外按压)、A(Airway，开放气道)、B(Breathing，人工呼吸)。

AED(Automated External Defibrillator，自动体外除颤仪)是通过电流直接或间接冲击患者的心脏，以消除室颤和心律失常，恢复窦性节律，即通过“放电”促使心脏重新恢复正常有序的搏动。对于心脏骤停患者，早期电除颤对患者的心脏复苏可起到关键作用。深圳市人群密集的场所都配备有 AED，也可用导航地图搜索清晰 AED 的分布，以便紧急时快速获取。图 2－17 为常见的便携式除颤仪，图 2－18 为除颤仪的结构图。

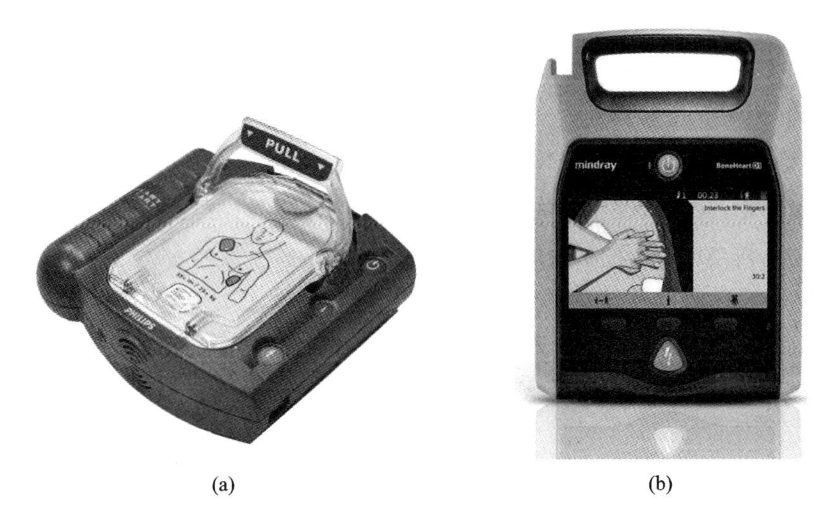

(a)　　(b)

图 2－17　常见的便携式除颤仪

(a) 飞利浦除颤仪；(b) 迈瑞除颤仪

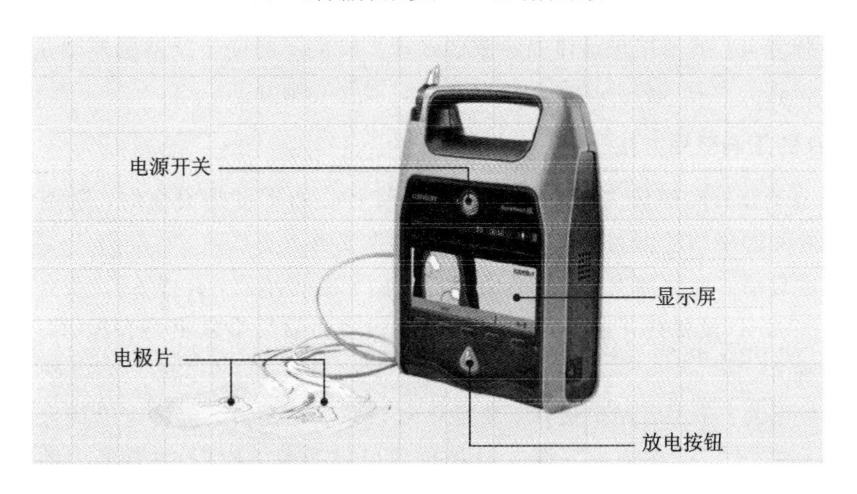

图 2－18　除颤仪结构图

下面介绍 CPR 与 AED 的急救方法。

1. 急救口诀“叫-叫-C－A－B－D”的含义

(1) 叫：确认病人有没有反应，有没有呼吸。

(2) 叫：叫人拨打急救电话，并拿取 AED。

(3) C：胸部按压。按压四大原则：用力压、快快压、胸回弹、莫中断；压胸的位置为两乳头连线的中央，双手交叉十指交扣，下方手的手指往上翘。不要碰触到病人，手掌打直，双手与病人胸部成 90°，用上半身的力量向下按压，胸深度至少 5 cm，速度为 100～120 下/分钟，约每秒两下。记得每次下压后，要使胸部回弹至原本的厚度，才能使胸廓完全扩张。按胸过程中尽量不要中断硬中断，10 s 以上病人的血压会瞬间降到零点。

(4) A：畅通呼吸道。压额、抬下巴、清除口中异物。

(5) B：人工呼吸，胸部按压与人工呼吸的比例为 30∶2。压 30 下后吹两口气，捏紧鼻孔，将病人的嘴巴完全罩住，先吹一口气，持续 2 s，并看病人胸部有没有起伏，再紧接着吹入第二口气，吹气步骤相同。

(6) D：使用 AED 自动体外心脏除颤仪。

2. 判断伤者是否出现心脏骤停的 3 个特征

(1) 意识丧失。患者突然出现意识丧失，轻拍、轻摇患者双肩并呼唤，无任何反应。

(2) 颈动脉搏动消失。大动脉搏动消失是心脏骤停的主要特征，可以通过颈动脉和股动脉进行判断。由于颈动脉位置好找，通常以颈动脉搏动消失作为判断标准。

颈动脉位置：将食指和中指并拢，向一侧滑动触摸喉结处旁边的凹陷部位，即可触摸到颈动脉，一般检查时间为 5 s，且不进行第二次检查。如果确定颈动脉搏动消失，应立即进行心肺复苏或体外除颤。

(3) 呼吸停止。将耳朵贴在患者口鼻处，同时观察患者是否有胸廓起伏，也可以将棉花或羽毛放在患者鼻孔处确定是否有气体呼出。

需要注意的是：如果患者突然出现意识丧失，首先要大声呼救，求助身边的人打急救电话，并想办法取得 AED 设备。一旦确定颈动脉搏动消失，不管患者是否存在呼吸，都应立即进行心肺复苏，或使用自动体外除颤仪除颤。如果不能确定颈动脉搏动是否消失，患者有突然意识丧失和呼吸停止的情况，也要及时进行心肺复苏。

3. AED 的正确使用方法

在使用自动体外除颤仪之前要确保患者当前所处的环境是安全的，避免引起二次伤害。自动体外除颤仪的使用主要包括以下 5 个操作要点。

(1) 开启自动体外除颤仪。打开 AED 电源(由于品牌不同，有些 AED 设备开机需要按开关键，有些 AED 设备打开盖子即自动开机)，设备开启后会发出语音提示，根据语音提示进行后续操作。

(2) 连接贴片。给患者贴电极片，装置中自带 2 个电极片，应将电极片分别贴在患者的左乳外侧和右胸上部(右锁骨下侧)，具体位置可以参考 AED 设备外壳上的图样或电极片上的图片说明。注意电极片要紧密贴合患者皮肤。如果患者胸部皮肤较湿，应先擦拭干净后再贴电极片。注意避开伤口和植入物(如心脏起搏器)。

(3) 按提示将电机线插入 AED 设备的相应插口处。

(4) 双手离开患者，AED 设备自动分析心律。按下“分析”键，AED 设备开始分析心律，需要 5～15 s。在分析心律的过程中，一定不要触碰患者，以免影响 AED 设备的分析结果。分析完成后，如果 AED 设备提示需要除颤，应立即按下“除颤”按钮，AED 设备将自动进行电击除颤。此时，设备会提示附近的人要远离患者。目前，有部分 AED 设备会在分析心律完成后自行除颤，不需要施救者按下除颤按钮。

(5) 配合进行心肺复苏。除颤结束后，AED要经过2分钟充电才能进行第2次除颤，AED设备会再次分析心律。如果进行一次除颤后，患者没有恢复有效的心脏搏动，应立即进行5个周期的心肺复苏，30次胸外心脏按压加2次人工呼吸为一个周期。继续重复分析心律→除颤→心肺复苏的操作。如果AED设备分析不需要除颤，则要一直进行心肺复苏操作，直到急救人员到达现场。

2.7　实训——触电急救

1. 实训目的

(1) 通过安全用电知识教育，增强安全防范意识，掌握安全用电的方法；

(2) 掌握使触电者尽快脱离电源的方法；

(3) 了解触电急救的有关知识，学会触电急救的方法和急救要领；

(4) 掌握胸外挤压急救手法和口对口人工呼吸法的动作和节奏。

2. 实训材料与工具

(1) 模拟的低压触电现场；

(2) 各种工具(含绝缘工具和非绝缘工具)；

(3) 绝缘垫1张；

(4) 心肺复苏急救模拟人一套。

3. 实训前的准备

(1) 了解电流对人体的伤害、人体触电的形式及相关因素；

(2) 了解触电急救的方法(脱离电源、抢救准备与心肺复苏)。

4. 实训内容

1) 使触电者尽快脱离电源的实训步骤

(1) 在模拟的低压触电现场让一学生模拟被触电的各种情况，要求两名学生用正确的绝缘工具，使用安全快捷的方法使触电者脱离电源；

(2) 将已脱离电源的触电者按急救要求放置在绝缘垫上。

2) 心肺复苏急救方法的实训步骤

(1) 要求学生在工位上练习胸外挤压急救手法和口对口人工呼吸法的动作和节奏；

(2) 让学生用心肺复苏模拟人进行心肺复苏训练，根据打印输出的训练结果，检查学生急救手法的力度和节奏是否符合要求(若采用的模拟人无打印输出，可由指导教师计时和观察学生的手法以判断其正确性)，直至学生掌握急救方法为止。

2.8　电气火灾知识

电气火灾是指由电气原因引发燃烧而造成的灾害。以短路、过载、漏电、接触不良为代表的几乎所有电气故障都能导致火灾。设备自身缺陷，施工安装不当，电气接触不良，雷击、静电引起的高温，电弧和电火花等是导致电气火灾的直接原因。周围存放易燃易爆物是电气火灾的环境条件。

2.8.1　电气火灾的主要原因

1. 设备或线路发生短路故障

短路电流可达正常电流的几十倍甚至上百倍，产生的热量(正比于电流的平方)使温度上升超过自身和周围可燃物的燃点引起燃烧，从而导致火灾。造成短路的原因主要有绝缘损坏、电路年久失修、疏忽大意、操作失误及设备安装不合格等。

1）安装、接线疏忽引起的相间短路

断路器进线接线端子的连接螺钉比较短，未达到国家标准规定值，连接松弛(特别是有振动的场所)，使接触电阻增大，时间略长，便爆出火花，进而引起相间短路。这种短路电流因为发生在断路器前面，不流过断路器，故断路器无法保护；而有些短路电流值又未达到上一级保护断路器的动作整定值，上一级断路器不动作(比如仅为上一级断路器额定电流的 7 倍，它属于延时范围，动作时间为 7 s 左右)，即在上一级断路器跳闸之前导线已被烧毁，导致电气火灾。

2）安装环境潮湿

安装断路器的场所潮湿严重，断路器虽未合闸，但其上的刀开关因疏忽合上，则在断路器电源端的相间(如连接为裸铜排)因布满水汽，引起相间击穿而短路，配电箱被烧，楼房建筑物起火。

3）泄漏电流

因绝缘受损或线路对地电容大，相对产生泄漏电流。如泄漏电流达 300 mA(对额定电流为 40 A 的线路，泄漏电流是 100 mA)，故障处的消耗功率约为 20 W，时间延续 2 h，将使绝缘进一步遭损，从而造成相对地短路(若不使用剩余电流动作保护器 RCD，而使用熔断器或小型断路器动作)。如果时间略长，则会引起火花放电，酿成火灾。

2. 过载或不平衡引起电气设备过热

选用线路或设备不合理，线路的负载电流量超过了导线额定的安全载流量，电气设备长期超载(超过额定负载能力)，会引起线路或设备过热而导致火灾。

1）断路器(熔断器)的额定电流偏大

由于设计时选择的断路器(熔断器)额定电流比线路的允许持续载流量、配电保护整定值大很多，当发生过载时，断路器在规定的时间内不动作，线路就长期处于过载状态，对绝缘、接线端子和周围物体形成损害，严重时将引起短路。

2）线缆电流密度偏大

IEC354－3－523 标准对 2.5 mm^2 的铜芯塑料线的载流量规定为 26 A，而我国的标准是取 32 A，则电流密度高出 IEC 标准 23%。电流密度偏大引起过载，若再加上保护不当，也易引起短路。

3）线路实际载流量超过设计载流量

当线路实际载流量超过设计载流量时，断路器将频繁跳闸，无法用电。如强行使用(如用铜丝代替熔丝或拆除断路器）就会因过载造成短路。

4）三相负载不平衡

对于大量的单相设备，由于三相负载不平衡，引起某相电压升高，严重时将烧毁单相用电设备，导致起火。通常表现为以下三种形式：

（1）负载阻抗大小相等而功率因数不相等，则某相出现过电压，严重时可达到额定电压的 1.27 倍。

（2）负载阻抗大小不等而功率因数相等，负载阻抗大的一相电压最高，最大值可达到额定电压的 1.73 倍。

（3）如果三相负载阻抗和功率因数都不相等，则最大相的负载过电压有可能达到额定电压的 2.36 倍。

3. 接触不良或断线引起过热

例如，接头连接不牢或不紧密，动触头压力过小等使接触电阻过大，都可在接触部位发生过热。

1）中性线断裂引起电气设备烧毁的原因

（1）因装设马虎、受风雨侵袭或某些机械原因使中性线断开。

（2）一些非线性负荷（如舞台调光用晶闸管、家用电器中的微波炉、电子镇流器等）的三次谐波很大，最大将超过 30%额定电流，加上三相负载不平衡，N 线的电流最大可达额定电流的 2 倍多。

（3）N 线的截面积设计为 1/2 甚至 1/3 相线截面积，使 N 线烧断。中性线断裂后，如保护不当，则电气设备绝缘受损，引起单相设备烧坏，产生电气火灾。

2）单相接地故障

对于 TI 系统，相线碰外壳或金属管道等而引起的短路，通常受接地电阻的限制，短路的电流约为 15.7 A，多数熔断器或断路器无法在如此小的电流下熔断或跳闸，就会引起打火或接弧；TN 系统的 PE 线端子和接头发生接触不良，不易察觉，一旦发生磁壳等接地故障，将迸发高阻抗的电火花或拉电弧，限制了短路电流，使保护电器不能及时动作。而电弧、电火花的局部高温将使易燃物起火。由于线路短路电流大大超过额定电流，导线的电流密度剧增。按我国标准，PVC 铜芯绝缘导线的安全电流密度是：1～5 mm^2 导线为 18～9 A/mm^2；6～95 mm^2 导线为 8.33～3.26 A/mm^2。

4. 通风散热不良

大功率设备缺少通风散热设施或通风散热设施损坏，会造成过热。

5. 电炉使用不当

电炉使用不当是指电炉、电熨斗、电烙铁等未按要求使用，或用后忘记断开电源。

6. 电火花和电弧

有些电气设备正常运行时就能产生电火花和电弧，如大容量开关，接触器触头的分、合操作等，都会产生电火花和电弧。电火花温度可达数千度，遇可燃物便可点燃，遇可燃气体会发生爆炸。

2.8.2　电气火灾的防护措施

电气火灾的防护措施主要是要消除隐患，提高用电安全性。具体措施可从以下几个方面着手。

1. 了解易燃易爆环境

日常生活和生产的各个场所中，广泛存在着易燃易爆物质，如石油液化气、煤气、天然气、汽油、柴油、酒精、棉、麻、化纤织物、木材、塑料等等。另外，一些设备本身可能会产生易燃易爆物质，如设备的绝缘油在电弧作用下分解和气化，喷出大量的油雾和可燃气体，酸性电池排出氢气并形成爆炸性混合物等。一旦这些易燃易爆环境遇到电气设备和线路故障导致的火源，便会立刻着火燃烧。

2. 正确设计，防止电气火灾发生

(1) 对正常运行条件下可能产生电热效应的设备要采取隔热等结构，并注重耐热、防火材料的使用。

(2) 按规程要求设置包括短路、过载、漏电等完备的电气保护，并校验其动作的灵敏性和可靠性。对电气设备和线路正确设置接地或接零保护，为防雷电应安装避雷器及接地装置。

(3) 设计选择电气设备应考虑使用环境和条件。例如：恶劣的自然环境和有导电尘埃的地方应选择有抗绝缘老化功能的产品，或增加相应的措施；对易燃易爆场所则必须使用防爆电气产品。

3. 正确安装，防止电气火灾发生

因安装不符合规程规定，造成电气火灾的情况为数较多，特别是容易引发电气火灾的设备的安装应符合以下规定：

(1) 当固定式设备的表面温度能够引燃邻近物料时，应将其安装在能承受这种温度且具有低热度的物料之上或之中，或用低导热的物料将其与邻近的易燃物料隔开，或选择安装位置与邻近易燃物之间保持足够的安全距离，以便热量顺利扩散。

(2) 对于在正常工作中能够产生电弧或火花的电气设备，应使用灭弧材料将其全部围隔起来，或将其与可能被引燃的物料用耐弧材料隔开，或与可能引起火灾的物料之间保持足够的距离，以便安全消弧。

(3) 安装和使用有局部热聚焦或热集中的电气设备时，在局部热聚焦或热集中方向与易燃物料必须保持足够的距离以防引燃。

(4) 电气设备周围的防护屏障材料，必须能承受电气设备产生的高温(包括故障情况下)。应根据具体情况选择不可燃、阻燃材料或在可燃性材料表面喷涂防火涂料。

4. 正确使用，防止电气火灾发生

为了避免由于电气设备使用不当造成的电气火灾，应做到按设备使用说明书的规定进行操作。一些典型电气设备的操作应符合下面的要求：

(1) 带冷却或加热辅助系统的电气设备，开机前先开辅助系统，再开主机。

（2）电热设备用后要随手断电。

（3）意外停电时，应及时关断设备的电源开关，恢复供电后再重新开启。对无人照管的设备须装配停电时自动分闸、来电时人工合闸的停电保安装置，以防恢复供电时用电设备持续运转，发生意外事故。

（4）严格执行停送电操作规程，杜绝诸如隔离开关带负载拉闸等错误操作。

（5）一般情况下，电气设备不得带故障或超载运行。

（6）电加热设备或其他大功率设备须设温度保护。

2.8.3　高层楼宇火灾

随着国家经济建设的迅速发展，改革开放的深入，人民生活水平的不断提高，其他各项事业的兴旺发达，城市用地日益紧张，因而促进了高层建筑的发展，高层楼宇将会越来越多。高层楼宇一旦发生火灾，后果不堪设想。

1. 高层楼宇的火灾危险性

1）火势蔓延快

高层建筑的楼梯间、电梯井、管道井、风道、电缆井、排气道等竖向井道，如果防火分隔或防火处理不好，发生火灾时好像一座座高耸的烟囱，成为火势迅速蔓延的途径。尤其是高级旅馆、综合楼以及重要的图书楼、档案楼、办公楼、科研楼等高层建筑，一般室内可燃物较多，有的高层建筑还有可燃物品库房，一旦起火，燃烧猛烈，容易蔓延。据测定，在火灾初起阶段，因空气对流，在水平方向造成的烟气扩散速度为 0.3 m/s；在火灾燃烧猛烈阶段，由于高温状态下的热对流而造成的水平方向烟气扩散速度为 0.5～3 m/s。烟气沿楼梯间或其他竖向管井扩散速度为 3～4 m/s。如一座高度为 100 m 的高层建筑，在无阻挡的情况下，半分钟左右，烟气就能顺竖向管井扩散到顶层。例如，韩国汉城 22 层的“大然阁”旅馆，二楼咖啡间的液化石油气瓶爆炸起火，烟火很快蔓延到整个咖啡间和休息厅，并相继通过楼梯和其他竖向管井迅速向上蔓延，顷刻之间全楼变成一座“火塔”。大火烧了约 9 h，烧死 163 人，烧伤 60 人，烧毁大楼内全部家具、装修等，造成了严重损失。助长火势蔓延的因素较多，其中风对高层建筑火灾就有较大的影响。因为风速是随着建筑物的高度增加而相应加大的。据测定，在建筑物 10 m 高处的风速为 5 m/s 时，在 30 m 高处的风速为 8.7 m/s，在 60 m 高处的风速为 12.3 m/s，在 90 m 高处的风速为 15.0 m/s。由于风速增大，势必会加速火势的蔓延扩大。

2）疏散困难

高层建筑的特点：一是层数多，垂直距离长，疏散到地面或其他安全场所的时间也会长些；二是人员集中；三是发生火灾时由于各种竖井拔气力大，火势和烟雾向上蔓延快，增加了疏散的困难。有些城市从国外购置了为数很有限的登高消防车，而大多数建有高层建筑的城市尚无登高消防车，即使有，高度也不是很高，不能满足高层建筑安全疏散和扑救的需要。普通电梯在火灾时由于切断电源等原因往往停止运转，因此，多数高层建筑安全疏散主要是靠楼梯，而楼梯间内一旦窜入烟气，就会严重影响疏散。这些都是高层建筑的不利条件。

3）扑救难度大

高层建筑高达几十米，甚至超过二三百米，发生火灾时从室外进行扑救相当困难，一般要立足于自救，即主要靠室内消防设施。但由于目前我国经济技术条件所限，高层建筑内部的消防设施还不可能很完善，尤其是二类高层建筑仍以消火栓系统扑救为主，因此，扑救高层建筑火灾往往遇到较大困难。例如：热辐射强，烟雾浓，火势向上蔓延的速度快和途径多，消防人员难以堵截火势蔓延；扑救高层建筑火灾缺乏实战经验，指挥水平不高；高层建筑的消防用水量是根据我国目前的技术经济水平，按一般的火灾规模考虑的，当形成大面积火灾时，其消防用水量显然不足，需要利用消防车向高楼供水，建筑物内如果没有安装消防电梯，消防队员因攀登高楼体力不够，不能及时到达起火层进行扑救，消防器材也不能随时补充，均会影响扑救。

4）火险隐患多

一些高层综合性的建筑，功能复杂，可燃物多，消防安全管理不严，火险隐患多。如有的建筑设有商业营业厅、可燃物仓库及人员密集的礼堂、餐厅等；有的办公建筑，出租给十几家或几十家单位使用，安全管理不统一，潜在火险隐患多，一旦起火，容易造成大面积火灾。火灾实例证明，这类建筑发生火灾，火势蔓延更快，扑救疏散更为困难，容易造成更大的损失。

2. 高层楼宇消防装置简介

高层建筑发生火灾时，主要利用建筑物本身的消防设施进行灭火和疏散人员、物资，故都设有较完善的消防系统。一般有以下装置：

（1）自动报警系统。该系统由烟雾感应器、光敏感应器或温度感应器作为火灾探测头，根据不同的场合，选用不同的探头。当感应器探测到有火灾现象时，向消防中央控制室发出火灾报警信号，并向本层及上、下层发出信号驱动警铃，中央控制室根据火灾信号的区域显示，可启动监控进行确认。

（2）手动报警系统。该系统由多个红色小方盒按钮组成，当发生火灾时，只要按下该按钮，则该层的火灾警铃被驱动，发出报警信号，并向消防中心传递火灾报警的区域。

（3）自动喷淋系统。该系统由喷淋水泵、管道、水流开关、喷淋头、水流警铃等组成。当温度上升到喷淋头的熔化点时，喷淋头的阀门被打开，水向外喷出，达到自动灭火的目的。水流动后，水流开关动作，启动喷淋泵，以保喷淋管道的水压。动作温度的高低取决于喷淋头的材料，一般以各种不同的颜色来区分不同的动作温度。例如：红色的喷淋头，动作温度为68°，用在普通场合；绿色的动作温度为93°，用于厨房；黄色的动作温度为102°（也有117°），用于锅炉房等。

（4）消防栓系统。该系统由消防水泵、消防管道、消防栓、水带、水枪和打烂玻璃按钮组成。它的作用是为灭火提供水源及工具，灭火时，只需连接好消防栓、水带、水枪，开启消防栓的水阀，水就可从水枪头喷出。为了保证消防水管水压，此时可将玻璃按钮的玻璃打烂，消防水泵即可自动启动为水管加压。采用水枪灭火时，应在停电后进行。

（5）排烟系统。该系统由轴流风机、排烟阀及通风管道组成。当有火灾报警信号时，消防中心控制系统发出指令打开排烟阀，排烟阀打开后，启动排烟风机，抽走烟雾，以减小走火通道的烟雾浓度，为人们逃生创造条件。排烟机的出口端装有温度感应元件，当出口温度达到 280°时，证明火灾已达到较高的级别，排烟风机停止工作，以免给火灾现场加氧而加大火势。

(6) 诱导灯系统。该系统主要由带有光源的箭头指示器组成，用来指示人们安全逃生的方向。

(7) 广播系统。该系统由功率放大器、扬声器及线路网络组成。通过广播，使人们了解火灾的基本情况，指挥及引导逃生。

(8) 事故照明系统。当接到火灾报警信号后，该系统将自动切断本层电源，以控制火势的迅速蔓延，同时事故照明开启，给逃生及灭火提供光源。

(9) 监控系统。该系统由摄像头、监视器、录像机等设备组成。可通过监控来确认火灾信号的真伪或确定火灾位置及火灾的情况，为消防中心发出疏散和灭火指令提供依据。

当有火灾信号发出时，可通过消防中心使各系统协调动作。例如，排烟阀打开，排烟风机启动，中央空调的新风送风机停止送风，电梯取消所有召唤及指令，返回基站并关闭轿门、厅门，火灾层电源断开，事故照明灯及诱导灯打开等。所有这些设备都需要电源供电，如没有可靠的电源，就不能及时报警、灭火，不能有效地疏散人员、转移物资和控制火势蔓延，势必造成重大的损失。因此，合理地确定负荷等级，保障高层建筑消防用电设备的供电可靠性是非常重要的。根据我国的具体情况，对高层建筑的消防用电负荷起码要求Ⅱ类负荷供电。

3. 火灾现场逃生

发现火灾后第一件事就是有条件的要迅速打电话报警，报警时要简明扼要地把发生火灾的确切地址、单位、起火部位、燃烧物和着火程度说清楚。

当火灾发生后，若判断已经无法扑灭时，应该马上逃生。特别是在人员集中的较封闭的厂房、车间、工棚内发生火灾和在公共场所(如影剧院、宾馆、办公大楼、高层集体宿舍等)发生火灾时，更要尽快逃离火区。火场逃生要注意以下几点：

(1) 不要惊慌，要尽可能做到沉着、冷静，更不要拥挤、大吵大叫。

(2) 正确判断火源、火势和蔓延方向，以便选择合适的逃离路线。

(3) 回忆和判断安全出口的方向、位置(这要平时养成良好的习惯，每到一个新场所，先要观察安全通道、安全出口的位置，以防不测时能够正确逃生)，以便能在最短时间内找到安全出口。

(4) 准备好各种救生设备。疏散时，不能争先恐后，先确认火灾的方位，找准出口就近从消防通道逃生，切不可乘坐电梯。

(5) 要有互相友爱精神，听从指挥，有秩序地撤离火场。例如，1994 年 12 月 8 日发生的克拉玛依火灾事故，由于没有统一指挥，不少人挤到安全出口时乱作一团，不少小学生惨死在出口处，这是一个惨痛的教训。

(6) 火势较大伴有浓烟，撤离较困难时必须采取措施。因为火灾现场浓烟是有毒的，而且浓烟在室内的上方聚集，越低的地方越安全。逃生者要就地将衣服、帽子、手帕等物弄湿，捂住自己的嘴、鼻，防止烟气呛入或毒气中毒，采用低姿或爬行的方法逃离；视线不清时，手摸着墙徐徐撤离。

(7) 楼道内烟雾过浓无法撤离时，应利用窗户、阳台逃生，拴上安全绳、床单并沿管道逃生，如不具备条件，切不可盲目跳楼。应将门关好用湿布塞住门缝，用水给门降温。

(8) 无法逃离火场时，要选择相对安全的地方。若火是从楼道方向蔓延的，可以关紧房门，向门上泼水降温，挥动醒目的标志向外求救或设法呼救，同时尽量找一个安全的地方躲避，等待援救。注意不要鲁莽行事，造成其他伤害。

4. 火灾逃生面具

火灾逃生面具又称消防过滤式自救呼吸器，它是由多种特种化学药剂合成，在佩戴时药剂与外界毒气反应，具有一定的自供氧作用，从而达到防毒效果。它是宾馆、办公、娱乐场所和住宅预防火灾必备的个人防护呼吸保护装置。

1) 结构特点

一般过滤式自救呼吸器由全头罩和滤毒罐组成，如图 2-19 所示。头罩由阻燃隔热铝箔材料制成，除了达到防火耐高温作用外，还使用了特殊的反光材料，夜光标志明显，增强了火场中的识别能力。头罩上有单眼式大眼窗，眼窗镜片由光学塑料制成，表面经特殊处理，具有耐磨、耐冲击和良好的光性能，表面为弧面结构，视野广阔，防雾。口鼻罩由软橡胶制成，适合各种头型曲面，吻合严密，漏气系数小。滤毒罐可有效地防护由于各种材料燃烧产生的有毒有害气体和烟气，例如氨、氯化氢、硫化氢等，特别对 CO(一氧化碳)和 HCN(氰氢酸)及烟气有很好的防护性能。滤毒罐进出气孔采用软橡胶密封，密封长期保持，确保产品在有效期内性能不变。

图 2-19　火灾逃生面具

2) 使用方法

自救呼吸器的使用方法为：打开盒盖，取出真空包装袋；撕开真空包装袋，拔掉前后两个罐塞；戴上头罩，拉紧头带，并确保口鼻罩与面部吻合严密，不漏气，如图 2-20 所示。然后选择路径，果断逃生。

图 2-20　自救呼吸器佩戴方法

3) 注意事项

(1) 火灾发生时，应立即佩戴逃生面具，以免受毒气和烟雾的威胁。

(2) 在使用火灾逃生面具的过程中，由于 CO 的存在会使人在呼吸时产生燥热不舒服的感觉，但绝不要因此脱下面具，一定要坚持逃离火场。

(3) 注意防毒时间，一般防毒时间不大于 40 分钟。

(4) 火灾逃生面具为真空包装，一次性使用，平时切勿打开。

(5) 面具应放在通风干燥处。

2.8.4　电气火灾的扑救

电气火灾是电路短路、过载、接触电阻增大、设备绝缘老化、电路产生火花或电弧，以及操作人员或维护人员违反规程而造成的。它会造成严重的设备损坏及人员伤亡事故，给国家带来极大的损失。因此，在电气设备管理和电气操作中严格遵守电气防火规程，是每一个从事电气工作的人员必须时刻谨记之事。

1. 发生电气火灾时的消防方法

(1) 电气设备发生火灾，首先要马上切断电源，然后进行灭火，并立即拨打电话报警，向公安消防部门求助。扑救电气火灾时应注意触电危险，为此要及时切断电源，通知电力部门派人到现场指导和监护扑救工作。

(2) 正确选择使用灭火器，在扑救尚未确定断电的电气火灾时，应选择适当的灭火器和灭火装置，否则，有可能造成触电事故和更大危害，如使用普通水枪射出的直流水柱或泡沫灭火器射出的泡沫会导电，灭火时导致触电。

(3) 若无法切断电源，应立即采取带电灭火的方法，选用二氧化碳、四氯化碳、1211、干粉灭火剂等不导电的灭火剂灭火。灭火器和人体与 10 kV 及以下的带电体要保持 0.7 m 以上的安全距离；与 35 kV 及以下的带电体保持 1 m 以上的安全距离。灭火中要同时确保安全和防止火势蔓延。

(4) 用水枪灭火时应使用喷雾水枪，同时要采取安全措施，要穿绝缘鞋，戴绝缘手套，水枪喷嘴应作可靠接地。带电灭火时使用喷雾水枪比较安全，原因是这种水枪通过水柱的泄漏电流较小。用喷雾水枪灭电气火灾时水枪喷嘴与带电体的距离可参考以下数据：10 kV 及以下者(指带电体电压)不小于 0.7 m；35 kV 以下者不小于 1 m；110 kV 及以下者不小于 3 m；220 kV 的不应小于 5 m。

(5) 带电灭火必须有人监护。

(6) 用四氯化碳灭火器灭火时，灭火人员应站在上风侧，以防中毒；灭火后空间要注意通风。使用二氧化碳灭火时，当其浓度达 10%时，人就会感到呼吸困难，要注意防止窒息。灭火人员应站在上风位置进行灭火，当发现有毒烟雾时，应马上戴上防毒面罩。凡转动的电气设备或器件着火，不准使用泡沫灭火器和砂土灭火。

(7) 若火灾发生在夜间，应准备足够的照明和消防用电。

(8) 室内着火时，千万不要急于打开门窗，以防止空气流通而加大火势，只有做好充分灭火准备后，才可有选择地打开门窗。

(9) 当灭火人员身上着火时，灭火人员可就地打滚或撕脱衣服；不能用灭火器直接向灭火人员身上喷射，而应使用湿麻袋、石棉布或湿棉被将灭火人员覆盖。

2. 灭火的基本原理

由燃烧所必须具备的几个基本条件可以得知，灭火就是破坏燃烧条件使燃烧反应终止的过程。其基本原理归纳为四个方面：冷却、窒息、隔离和化学抑制。

1）冷却灭火

对一般可燃物来说，能够持续燃烧的条件之一就是它们在火焰或热的作用下达到了各自的着火温度。因此，对于一般可燃物火灾，将可燃物冷却到其燃点或闪点以下，燃烧反应就会中止。水的灭火机理主要是冷却作用。

2）窒息灭火

各种可燃物的燃烧都必须在其最低氧气浓度以上进行，否则燃烧不能持续进行。因此，通过降低燃烧物周围的氧气浓度可以起到灭火的作用。通常使用的二氧化碳、氮气、水蒸气等的灭火机理主要就是窒息作用。

3）隔离灭火

把可燃物与引火源或氧气隔离开来，燃烧反应就会自动中止。火灾中，关闭有关阀门，切断流向着火区的可燃气体和液体的通道；打开有关阀门，使已经发生燃烧的容器或受到火势威胁的容器中的液体可燃物通过管道导至安全区域，这些都是隔离灭火的措施。

4）化学抑制灭火

化学抑制灭火就是使用灭火剂与链式反应的中间体自由基反应，从而使燃烧的链式反应中断，使燃烧不能持续进行。常用的干粉灭火剂、卤代烷灭火剂的主要灭火机理就是化学抑制作用。

3. 常用灭火器

各种场合根据灭火的需要，必须配置相应种类、数量的消防器材、设备、设施，如消防桶、消防梯、铁锹、安全钩、沙箱(池)、消防水池(缸)、消防栓和灭火器。灭火器是一种可由人力移动的轻便灭火器具。它能在其内部压力作用下将所充装的灭火剂喷出，用来扑灭火灾。由于它的结构简单，操作方便，使用面广，对扑灭初起火灾有一定效果，因此，在工厂、企业、机关、商店、仓库，以及汽车、轮船、飞机等交通工具上，几乎到处可见，已成为群众性的常规灭火武器。

灭火器的种类很多，按其移动方式可分为手提式和推车式；按驱动灭火剂的动力来源可分为储气瓶式、储压式和化学反应式；按所充装的灭火剂则又可分为泡沫、干粉、二氧化碳、清水、卤代烷灭火器等。目前常用的灭火器有泡沫灭火器、酸碱灭火器、干粉灭火器、二氧化碳灭火器和1211灭火器等。灭火器的种类不同，其性能、使用方法和保管检查方法也有差异，下面分别予以介绍。

1）清水灭火剂

水是自然界中分布最广、最廉价的灭火剂，由于水具有较高的比热[4.186 J/(g·℃)]和潜化热(2260 J/g)，因此在灭火中其冷却作用十分明显。其灭火机理主要依靠冷却和窒息作用进行灭火。水灭火剂的主要缺点是会产生水渍损失和造成污染，以及不能用于带电火灾的扑救。发生火灾时将喷雾水枪接上消防栓，可用来扑灭油类、变压器和多油开关等电气设备的火灾。使用时，打开消防栓的门，卸下消防栓出水口上的堵头，接上水带，再接上喷雾水枪，最后打开消防栓的水闸即可使用，如图 2 - 21 所示。

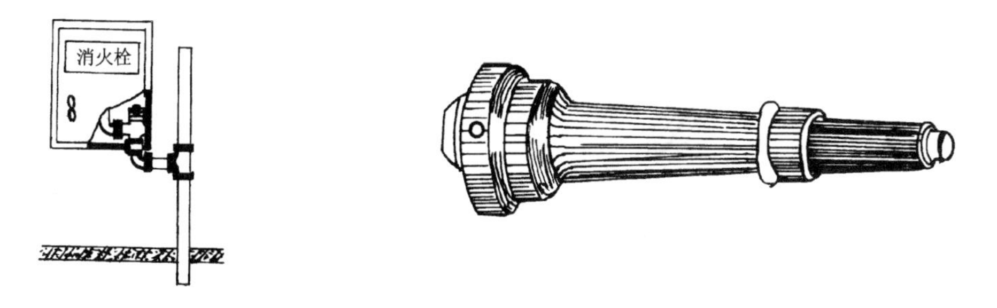

图 2 - 21　消防栓和喷雾水枪的使用

2）二氧化碳灭火器

二氧化碳灭火器利用其内部充装的液态二氧化碳的蒸气压将二氧化碳喷出灭火。由于二氧化碳灭火剂具有灭火不留痕迹，并有一定的电绝缘性能等特点，因而可扑救 600 V 以下的带电电器、贵重设备、图书资料、仪器仪表等场所的初起火灾，以及一般可燃液体的火灾，但不能扑救钾、钠、镁、铝等物质的火灾。在使用二氧化碳灭火器灭火时，将灭火器提到或扛到火场，在距燃烧物 5 m 左右放下灭火器，拔出保险销，一手握住喇叭筒根部的手柄，另一只手紧握启闭阀的压把，如图 2 - 22 所示。对没有喷射软管的二氧化碳灭火器，应把喇叭筒往上扳 70°～90°。使用时，不能直接用手抓住喇叭筒外壁或金属连接管，以防止手被冻伤。灭火时，当可燃液体呈流淌状燃烧时，使用者应将二氧化碳灭火剂的喷流由近而远向火焰喷射；当可燃液体在容器内燃烧时，使用者应将喇叭筒提起，从容器的一侧上部向燃烧的容器中喷射，但不能将二氧化碳射流直接冲击在可燃液面上，以防止可燃液体冲出容器而扩大火势，造成灭火困难。

图 2 - 22　二氧化碳灭火器的使用

推车式二氧化碳灭火器一般由两个人操作，使用时由两人一起将灭火器推或拉到燃烧处，在离燃烧物 10 m 左右停下，一人快速取下喇叭筒并展开喷射软管后，握住喇叭筒根部的手柄，另一人快速按顺时针方向旋动手轮，并开到最大位置。其灭火方法与手提式的方法一样。

使用二氧化碳灭火器应注意，当空气中的二氧化碳含量达到 10％时，会使人感到呼吸困难，在室外使用的，应选择在上风方向喷射，在室内窄小空间使用的，一定要打开门窗，保证通风，灭火后操作者应迅速离开，以防窒息。

3）干粉灭火器

干粉灭火器以液态二氧化碳或氮气作动力，将灭火器内干粉灭火剂喷出进行灭火。它适用于扑救石油及其制品、可燃液体、可燃气体、可燃固体物质的初起火灾等。由于干粉有 5 万伏以上的电绝缘性能，因此也能扑救带电设备火灾，但不宜扑救旋转电机的火灾。这种灭火器广泛应用于工厂、矿山、油库及交通等场所。

干粉灭火器适用范围：碳酸氢钠干粉灭火器适用于易燃、可燃液体、气体及带电设备的初起火灾；磷酸铵盐干粉灭火器除可用于上述几类火灾外，还可扑救固体类物质的初起火灾。但它们都不能扑救轻金属燃烧的火灾。

在使用干粉灭火器灭火时，可手提或肩扛灭火器快速奔赴火场，在距燃烧物 5 m 左右放下灭火器。如在室外，应选择在上风方向喷射。使用的干粉灭火器若是外挂式储气瓶的，操作者应一手紧握喷枪，另一手提起储气瓶上的开启提环。如果储气瓶的开启提环是手轮式的，则按逆时针方向旋开，并旋到最高位置，随即提起灭火器。当干粉喷出后，迅速对准火焰的根部扫射。使用的干粉灭火器若是内置式储气瓶的或者是储压式的，操作者应先将开启把手的保险销拔下，然后握住喷射软管前端喷嘴根部，另一手将开启压把压下，打开灭火器喷射灭火，如图 2 - 23 所示。在使用有喷射软管的灭火器或储压式灭火器时，一手应始终压下压把，不能放开，否则会中断喷射。

图 2 - 23　干粉灭火器的使用

干粉灭火器扑救可燃、易燃液体火灾时，应对准火焰根部扫射。如被扑救的液体火灾呈流淌燃烧时，应对准火焰根部由近而远，并左右扫射，直至把火焰全部扑灭。如果可燃液体在容器内燃烧，使用者应对准火焰根部左右晃动扫射，使喷射出的干粉流覆盖整个容器开口表面；当火焰被赶出容器时，使用者仍应继续喷射，直至将火焰全部扑灭。在扑救容器内可燃液体火灾时，应注意不能将喷嘴直接对准液体表面喷射，防止喷流的冲击力使可燃液体喷出而扩大火势，造成灭火困难。如果可燃液体在金属容器内燃烧时间过长，容器壁温度已高于被扑救可燃液体的自燃点，此时极易造成灭火后复燃的现象，可与泡沫类灭火器联用，则灭火效果更佳。

4）卤代烷灭火器

凡内部充装卤代烷灭火剂的灭火器统称为卤代烷灭火器。常用的有 1211 灭火器。1211 灭火器利用装在筒体内的氮气压力将 1211 灭火剂喷出灭火。由于 1211 灭火剂的机理是化学抑制灭火，其灭火效率很高，具有无污染、绝缘等优点，因而可适用于除金属火灾外的所有火灾，尤其适用于扑救精密仪器、计算机、珍贵文物及贵重物资仓库等的初起火灾。

在使用 1211 火火器时，应手提灭火器的提把或肩扛灭火器将灭火器带到火场。在距燃烧物 5 m 左右放下灭火器，先拔出保险销，一手握住开启压把，另一手握在喷射软管前端的喷嘴处，如灭火器无喷射软管，可一手握住开启压把，另一手扶住灭火器底部的底圈部分，先将喷嘴对准燃烧处，用力握紧开启压把，使灭火器喷射，如图 2－24 所示。当被扑救的可燃液体呈流淌状燃烧时，使用者应对准火点由近而远并左右扫射，向前快速推进，直至火焰全部扑灭。如果可燃液体在容器中燃烧，应对准火焰左右晃动扫射，当火焰被赶出容器时，喷射流跟着火焰扫射，直至把火焰全部扑灭，但应注意不能将喷流直接喷射在燃烧液面上以防止灭火剂的冲力将可燃液体冲出容器而扩大火势，造成灭火困难。如果扑救可燃固体物质的初起表面火灾，则将喷流对准燃烧最猛烈处喷射，当火焰被扑灭后，应及时采取措施，不让其复燃。1211 灭火器使用时不能颠倒，也不能横卧，否则灭火剂不会喷出。另外，在室外使用时，应选择在上风方向喷射；在窄小空间的室内灭火时，灭火后操作者应迅速撤离，因 1211 灭火剂也有一定毒性，以防对人体造成伤害。

图 2－24　1211 灭火器的使用

5）泡沫灭火器

泡沫灭火器指灭火器内充装的为泡沫灭火剂，可分为化学泡沫灭火器和空气泡沫灭火器。化学泡沫灭火器内装硫酸铝(酸性)和碳酸氢钠(碱性)两种化学药剂。使用时，两种溶液混合引起化学反应产生泡沫，并在压力作用下喷射出去进行灭火。空气泡沫灭火器充装的是空气泡沫灭火剂，它的性能优良，保存期长，灭火效力高，使用方便，是化学泡沫灭火器的更新换代产品。它可根据不同需要充装蛋白泡沫、氟蛋白泡沫、聚合物泡沫、轻水(水成膜)泡沫和抗溶性泡沫等。这种灭火剂可用于扑救油类或其他易燃液体的火灾，不能扑救忌水和带电物体的火灾。

化学泡沫灭火器的使用方法：手提筒体上部的提环靠近火场，在距着火点 10 m 左右，将筒体颠倒过来，稍加摇动，一只手握紧提环，另一只手握住筒体的底圈，将射流对准燃烧物，如图 2－25 所示。在扑救可燃液体火灾时，如已呈流淌状燃烧，则将泡沫由远及近喷射，使泡沫完全覆盖在燃烧液面上；如在容器内燃烧，应将泡沫射向容器内壁，使泡沫沿容器内壁流淌，逐步覆盖着火液面。切忌直接对准液面喷射，以免由于射流的冲击将燃烧的液体冲出容器而扩大燃烧范围。在扑救固体火灾时，应将射流对准燃烧最猛烈处进行灭火。在使用过程中，灭火器应当始终处于倒置状态，否则会中断喷射。

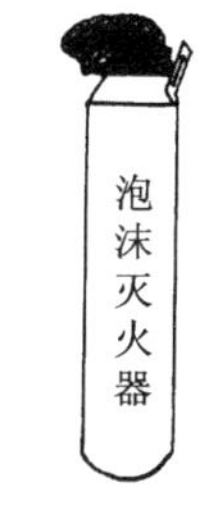

图 2－25　泡沫灭火器的使用

4. 使用灭火器扑灭电气火灾的注意事项

(1) 对于初起的电气火灾，可使用二氧化碳灭火器、四氯化碳灭火器、1211 灭火器或干粉灭火器等。这些灭火器中的灭火剂是非导电物质，可用于带电灭火。不能直接用水或泡沫灭火器灭火，因水和泡沫都是导电物质，且对电气设备的绝缘有腐蚀作用，不宜用于带电灭火。

(2) 用喷雾水枪带电灭火时，通过水柱的泄漏电流较小，比较安全。若用直流水枪灭火，通过水柱的泄漏电流会威胁人身安全。为此，直流水枪的喷嘴应接地，灭火人员应戴绝缘手套，穿绝缘鞋或均压服。

(3) 带电灭火时，灭火人员与带电体之间应保持必要的安全距离。用水灭火时，水枪喷嘴至带电体的距离为：110 kV 及以下者不小于 3 m；220 kV 及以上者不小于 5 m。用不导电灭火剂灭火时，喷嘴至带电体的最小距离为：10 kV 者不小于 0.4 m；35 kV 者不小于 0.6 m。

(4) 对于旋转的电机火灾，为防止设备的轴承、轴等变形，可用二氧化碳、四氯化碳、1211 或喷雾水流扑救。但不能用砂子和干粉扑救，以防砂、粉落入电机内。

(5) 绝缘油是可燃液体，受热气化还可能形成很大的压力，造成充油设备爆炸。因此，充油设备着火有更大的危险性。对于配电装置如变压器、油浸式互感器等的火灾，宜使用干式灭火机(器)扑救。如果充油设备内部故障起火，则必须立即切断电源，用冷却灭火法和窒息灭火法使火焰熄灭。即使在火焰熄灭后，还应持续喷洒冷却剂直到设备温度降至绝缘油闪点以下，以防止高温使油气重燃造成重大事故。如果油箱已经爆裂，燃油外泄，可用泡沫灭火器或黄沙扑灭地面和贮油池内的燃油，注意采取措施防止燃油蔓延。只有在不得已时，才可使用干砂直接投向电气设备。

(6) 对于地面上变压器油等燃料的灭火，可使用干砂或泡沫灭火器喷射，但不可用消防水龙头的水冲浇。

(7) 当溢在变压器盖顶上的变压器油着火时，应开启变压器下部的放油阀排油，使油面下降至低于燃火处。

(8) 对于电力电缆的火灾，可使用干砂和干土覆盖，但不能使用水或泡沫灭火器扑救。

(9) 对架空线路等空中设施进行灭火时，要注意人体与带电体之间的仰角不宜超过 45°，防止导线跌落时伤人。

5. 灭火器材的保管

灭火器在不使用时，应注意对它的保管与检查。具体注意如下几点：

(1) 灭火器应放在便于取用处。

(2) 注意有效期限，保证随时可正常使用。

(3) 防止喷嘴堵塞；冬季应防冻，夏季要防晒；防止受潮、摔碰。

(4) 定期检查，保证完好。如对于二氧化碳灭火器，应每月测量一次，当重量低于原重量的 90%时，应充气；对于四氯化碳灭火器、干粉灭火器，应检查压力情况，少于规定压力时应及时充气、检修及更换。

2.9 实训——常用灭火器的使用

1. 实训目的

(1) 了解扑灭电气火灾的知识；

(2) 掌握常用灭火器的使用方法。

2. 实训器材与工具

(1) 模拟的电气火灾现场(在有确切安全保障和防止污染的前提下点燃一盆明火)；

(2) 本实训楼的室内消防栓(使用前要征得消防主管部门的同意)、水带和水枪；
(3) 干粉灭火器和泡沫灭火器(或其他灭火器)。

3. 实训前的准备

(1) 了解有关电气火灾扑救的消防知识；
(2) 了解室内消防栓、水带与喷雾水枪的使用方法；
(3) 了解干粉灭火器和泡沫灭火器的使用方法；
(4) 准备一个合适的地点作模拟火场，准备好点火材料并切实做好意外灭火措施。

4. 实训内容

1) 使用水枪扑救电气火灾的训练步骤

将学生分成数人一组，点燃模拟火场，让学生完成下列操作：
(1) 断开模拟电源；
(2) 穿上绝缘靴，戴好绝缘手套；
(3) 跑到消防栓前，将消防栓门打开，将水带按要求滚开至火场，正确接驳消防栓与水枪，将水枪喷嘴可靠接地；
(4) 持水枪并口述安全距离，然后打开消防栓水掣将火扑灭。
(要求学生分工合作，动作迅速、正确，符合安全要求。)

2) 用干粉灭火器和泡沫灭火器或其他灭火器扑救电气火灾的训练步骤

(1) 点燃模拟火场；
(2) 让学生手持灭火器对明火进行扑救(注意要求学生掌握正确的使用方法)；
(3) 清理现场。
(为了节约，可将实训安排在灭火器药品更换期时进行。)

思　考　题

2－1　安全用电应注意哪些事情？
2－2　人体触电有几种类型和形式？
2－3　电流对人体的损害与哪些因素有关？
2－4　什么叫安全电压？我国对安全电压是如何规定的？
2－5　简述触电急救的方法。
2－6　做人工呼吸法之前须注意哪些事项？
2－7　安全用电有哪些预防措施？
2－8　简述触电急救的步骤和方法。
2－9　实训现场起火，你应该怎么办？
2－10　带电设备起火，应如何进行灭火？
2－11　不带电设备起火，应如何进行灭火？
2－12　在商场购物时，若发生火灾，应怎样逃生？

电工工具与电工材料

第三章课件

3.1　电工常用工具

3.1.1　验电笔

1. 验电笔的结构

维修电工使用的低压验电笔又称测电笔(简称电笔)。电笔有钢笔式和螺钉旋具式两种，它们由氖管、电阻、弹簧和笔身等组成，如图 3－1 所示。

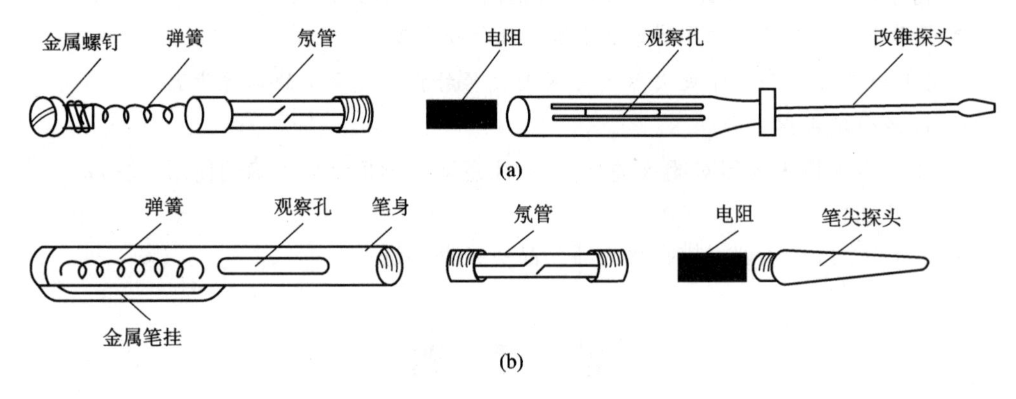

图 3－1　验电笔

(a) 螺钉旋具式低压测电笔；(b) 钢笔式低压测电笔

2. 功能及使用

验电笔使用时将笔尖触及被测物体，以手指触及笔尾的金属体，使氖管小窗背光朝自己，以便于观察。使用时，手拿验电器以一个手指触及金属盖或中心螺钉，金属笔尖与被检查的带电部分接触，如氖灯发亮则说明设备带电。灯愈亮电压愈高，灯愈暗则电压愈低。另外，低压验电器还有如下几个用途：

(1) 在 220 V/380 V 三相四线制系统中，可检查系统故障或三相负荷不平衡。不管是相间短路、单相接地、相线断线、三相负荷不平衡，中性线上均出现电压，若验电笔灯亮，则证明系统故障或负荷严重不平衡。

(2) 检查相线接地。在三相三线制系统(Y 接线)中，用验电笔分别触及三相时，发现氖灯二相较亮，一相较暗，表明灯光暗的一相有接地现象。

(3) 用以检查设备外壳漏电。当电气设备的外壳(如电动机、变压器)有漏电现象时，则验电笔氖灯发亮；如果外壳原是接地的，氖灯发亮则表明接地保护断线或有其他故障（接地良好时氖灯不亮）。

（4）用以检查电路接触不良。当发现氖灯闪烁时，表明回路接头接触不良或松动，或是两个不同电气系统相互干扰。

（5）用以区分直流、交流及直流电的正负极。验电笔通过交流电时，氖灯的两个电极同时发亮。验电笔通过直流电时，氖灯的两个电极中只有一个发亮。这是因为交流正负极交变，而直流正负极不变形成的。把验电笔连接在直流电的正负极之间，氖灯亮的那端为负极。人站在地上，用验电笔触及正极或负极，氖灯不亮，证明直流不接地；否则，直流接地。

3. 使用注意事项

在使用验电笔时要防止金属体笔尖触及皮肤，以避免触电，同时也要防止金属体笔尖处引起短路事故。验电笔只能用于 380 V/220 V 系统。验电笔使用前须在有电设备上验证其是否良好。

3.1.2　钢丝钳

1. 钢丝钳的结构

钢丝钳由钳头、钳柄及绝缘柄套等部分构成，绝缘柄套的耐压为 500 V。

2. 钢丝钳的功能

钳口用来弯绞或钳夹导线线头，齿口用来固紧或起松螺母，刀口用来剪切导线或剖切导线绝缘层，铡口用来剪切电线芯线和钢丝等较硬金属线，如图 3－2 所示。

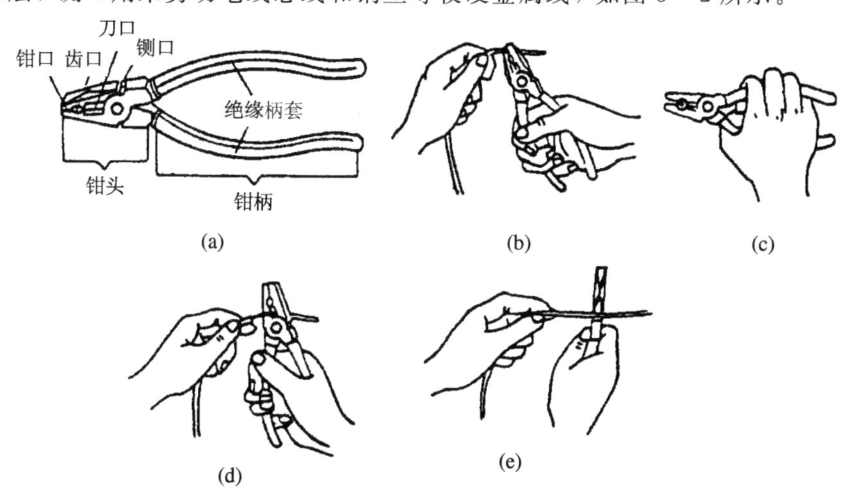

图 3－2　钢丝钳

（a）构造；（b）弯绞导线；（c）扳旋螺母；（d）剪切导线；（e）铡切钢丝

3. 钢丝钳的规格

钢丝钳以钳身长度计有 160 mm、180 mm、200 mm 三种规格。

钢丝钳质量检验：绝缘柄套外观良好；无破损，整体外观良好；目测钳口密合不透光；钳柄绕垂直导线大面积范围转动灵活，但不能沿垂直钳身方向运动者为佳。

4. 使用注意事项

钢丝钳使用前应检查绝缘柄套是否完好，绝缘柄套破损的钢丝钳不能使用；用以切断导线时，不能将相线和中性线或不同相的相线同时在一个钳口处切断，以免发生事故；不能将钢丝钳当榔头和撬杠使用；爱护绝缘柄套。

3.1.3 尖嘴钳

1. 尖嘴钳的结构

尖嘴钳由钳头、钳柄及钳柄上耐压为 500 V 的绝缘柄套等部分构成。

2. 尖嘴钳的功能

尖嘴钳头部细长呈圆锥形，接近端部的钳口上有一段菱形齿纹，由于其头部尖而长，因而适合在较窄小的工作环境中夹持轻巧的工件或线材，或剪切、弯曲细导线。其外形如图 3－3 所示。

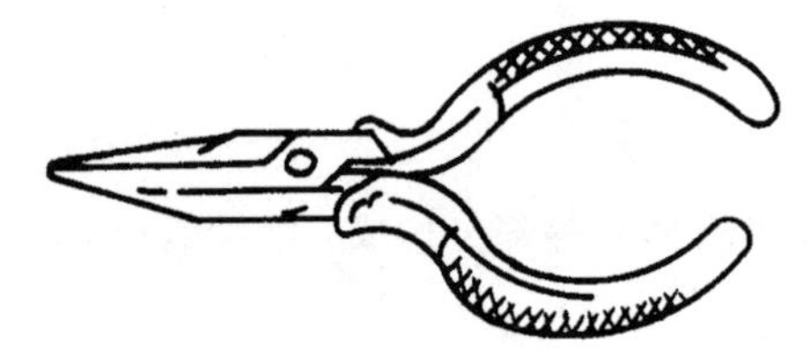

图 3－3　尖嘴钳

3. 尖嘴钳的规格

根据钳头的长度，尖嘴钳可分为短钳头(钳头为钳子全长的 1/5)和长钳头(钳头为钳子全长的 2/5)两种。其规格以钳身长度计有 125 mm、140 mm、160 mm、180 mm、200 mm 五种。

3.1.4 斜口钳

1. 斜口钳的结构

斜口钳由钳头、钳柄和钳柄上耐压为 1000 V 绝缘柄套等部分构成，其特点是剪切口与钳柄成一定角度。其质量检验与钢丝钳相似。

2. 斜口钳的功能

斜口钳用以剪断较粗的导线和其他金属丝，还可直接剪断低压带电导线。在工作场所比较狭窄的地方和设备内部，斜口钳用以剪切薄金属片、细金属丝，或剖切导线绝缘层。其外形如图3－4 所示。

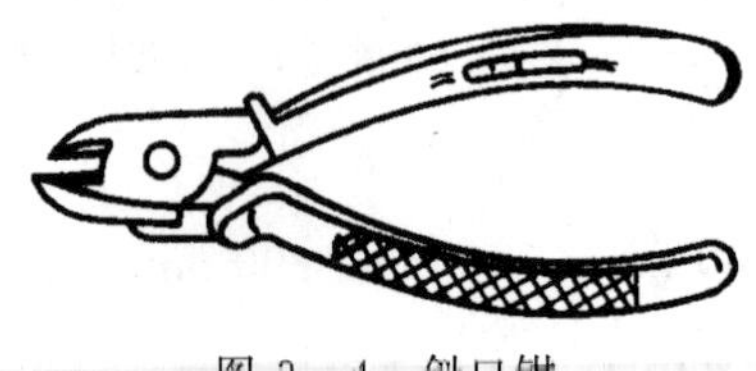

图 3－4　斜口钳

3. 斜口钳的规格

斜口钳的常用规格有125 mm、140 mm、160 mm、180 mm、200 mm五种。

3.1.5　螺钉旋具

1. 螺钉旋具的结构

螺钉旋具由金属杆头和绝缘柄等部分构成。按金属杆头部分的形状(又称刀品形状)，螺钉旋具可分为"十"字起子(螺丝刀、批等)及"一"字起子和多用起子。

2. 螺钉旋具的功能

螺钉旋具是用来旋动头部带一字形或十字形槽的螺钉的手用工具。使用时，应按螺钉的规格选用合适的旋具刀口。任何"以大代小，以小代大"使用旋具均会损坏螺钉或电气元件。电工不可使用金属杆直通柄根的旋具，必须使用带有绝缘柄的旋具。为了避免金属杆触及皮肤及邻近带电体，宜在金属杆上穿套绝缘套管。其外形如图3-5所示。

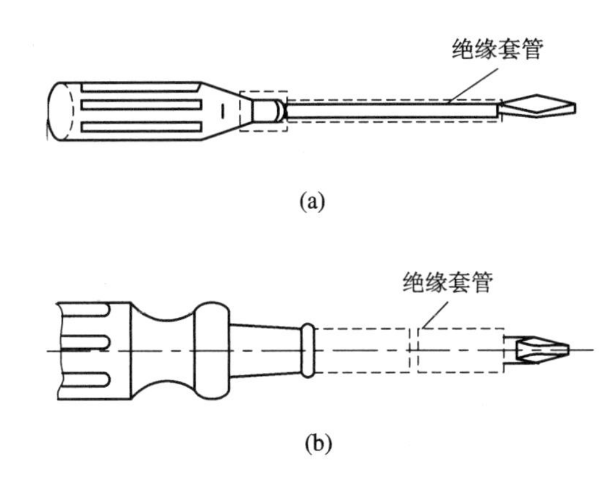

图3-5　螺钉旋具
(a) 平口螺钉旋具；(b) 十字口螺钉旋具

3. 螺钉旋具的规格

以螺钉旋具在绝缘柄外金属杆的长度和刀口尺寸计有50×3(5)、65×3(5)、75×4(5)、100×4、100×6、100×7、125×7、125×8、125×9、150×7(8)mm几种规格。

4. 使用注意事项

不得将螺钉旋具当凿子或撬杠使用。

3.1.6　剥线钳

1. 剥线钳的结构

剥线钳由钳头和手柄两部分构成。钳头又由压线口和切口构成，分有直径为0.5～3 mm的多个切口，以适应不同规格芯线的剥、削。

2. 剥线钳的功能

剥线钳是电工专用的剥离导线头部的一段表面绝缘层的工具。使用时切口大小应略大于导线芯线直径，否则会切断芯线。它的特点是使用方便，剥离绝缘层不伤线芯，适用芯线横截面积为 6 mm^2 以下的绝缘导线。其外形如图3 - 6 所示。

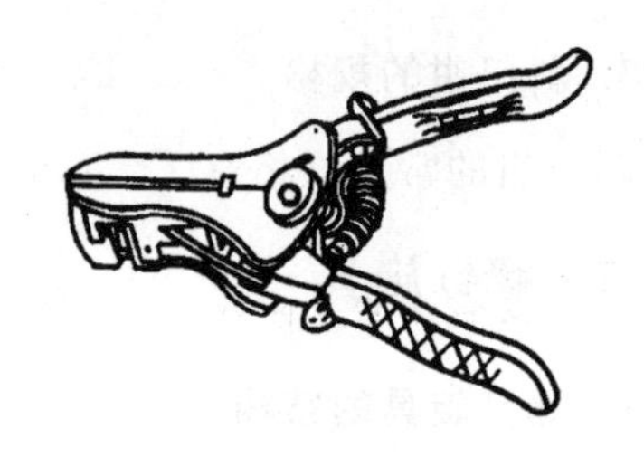

图 3 - 6　剥线钳

3. 剥线钳的规格

剥线钳的常用规格有 140 mm、180 mm 两种。

4. 使用注意事项

使用剥线钳时不允许带电剥线。

3.1.7　电工刀

1. 电工刀的结构

电工刀也是电工常用的工具之一，是一种切削工具，它由刀身和刀柄两部分构成。其外形如图 3 - 7 所示。

图 3 - 7　电工刀

2. 电工刀的功能

电工刀主要用于剥、削导线绝缘层，剥、削木榫等。有的多用电工刀还带有手锯和尖锥，用于电工材料的切割。

3. 电工刀的规格

电工刀有一用、两用、多用之分，常见规格为：1 号刀柄长 115 mm，2 号刀柄长105 mm，3 号刀柄长 95 mm。电工刀的用途是割、削 6 mm^2 以上电线的绝缘层、棉纱绝缘索等。

4. 使用注意事项

使用时电工刀应刀口朝外，以免伤手；用完后随即把刀身折入刀柄。因为电工刀柄不带绝缘装置，所以不能带电操作，以免触电。

3.2　常用电工材料

3.2.1　常用绝缘材料

绝缘材料又称电介质，其电阻率大于 10^9 Ω · m(某种材料制成的长度为 1 m、横截面积为 1 mm^2 的导线的电阻，叫做这种材料的电阻率)，它在外加电压的作用下，只有很微小的电流通过，这就是通常所说的不导电物质。绝缘材料的主要功能是能将带电体与不带电体相隔离，将不同电位的导体相隔离，以确保电流的流向或人身的安全。在某些场合，绝缘材料还可起到支撑、固定、灭弧、防晕、防潮等作用。

绝缘材料种类繁多，按其形态可分为气体绝缘材料、液体绝缘材料和固体绝缘材料三大类。电工作业中常见的绝缘材料主要是固体绝缘材料。

按绝缘材料的化学性质可分为有机绝缘材料、无机绝缘材料和混合绝缘材料。有机绝缘材料主要有橡胶、树脂、麻、丝、漆、塑料等，有较好的机械强度和耐热性能。无机绝缘材料主要有云母、石棉、大理石、电瓷、玻璃等，其耐热性能和机械强度都优于有机绝缘材料。混合绝缘材料是由无机绝缘材料和有机绝缘材料经加工后制成的各种成型绝缘材料，常用做电器的底座、外壳等。

1. 绝缘材料的基本性能

绝缘材料的品质在很大程度上决定了电工产品和电气工程的质量及使用寿命，而其品质的优劣与它的物理、化学、机械和电气等基本性能有关，这里仅就其中的耐热性、绝缘强度、机械性能作一简要的介绍。

1）耐热性

耐热性是指绝缘材料承受高温而不改变介电、机械、理化等特性的能力。通常，电气设备的绝缘材料长期在热态下工作，其耐热性是决定绝缘性能的主要因素。

2）绝缘强度

绝缘材料在高于某一极限数值的电压作用下，通过电介质的电流将会突然增加，这时绝缘材料被破坏而失去绝缘性能，这种现象称为电介质的击穿。电介质发生击穿时的电压称为击穿电压。单位厚度的电介质被击穿时的电压称为绝缘强度，也称击穿强度，单位为 kV/mm。

需要指出的是，固体绝缘材料一旦被击穿，其分子结构会发生改变，即使取消外加电压，它的绝缘性能也不能恢复到原来的状态。

3）机械性能

绝缘材料的机械性能也有多种指标，其中主要一项是抗张强度，它表示绝缘材料承受力的能力。

2. 电工绝缘材料

1）电工塑料

塑料是由合成树脂或天然树脂、填充剂、增塑剂和添加剂等配合而成的高分子绝缘材料。它有密度小、机械强度高、介电性能好、耐热、耐腐蚀、易加工等优点，在一定的温度压力下可以加工成各种规格、形状的电工设备绝缘零件，是主要的导线绝缘和护层材料。

2）电工橡胶

橡胶分天然橡胶和人工合成橡胶两类。

（1）天然橡胶由橡胶树分泌的浆液制成，主要成分是聚异戊二烯，其抗张强度、抗撕性和回弹性一般比合成橡胶好，但不耐热，易老化，不耐臭氧，不耐油和不耐有机溶剂，且易燃。天然橡胶适合制作柔软性、弯曲性和弹性要求较高的电线电缆绝缘和护套，长期使用温度为 60～65℃，耐电压等级可达 6 kV。

（2）合成橡胶是碳氢化合物的合成物，主要用做电线电缆的绝缘和护套材料。

3）绝缘薄膜

绝缘薄膜是由若干高分子聚合物，通过拉伸、流涎、浸涂、车削碾压和吹塑等方法制成的。选择不同材料和方法可以制成不同特性和用途的绝缘薄膜。电工用绝缘薄膜厚度为0.006～0.5 mm，具有柔软、耐潮、电气性能和机械性能好的特点，主要用做电机、电器线圈和电线电缆包绝缘以及电容器介质。

4）绝缘胶带

电工用绝缘胶带有三类：织物胶带、薄膜胶带和无底材胶带。

织物胶带是以无碱玻璃布或棉布为底材，涂以胶黏剂，再经烘焙、切带而成的。薄膜胶带是在薄膜的一面或两面涂以胶黏剂，再经烘焙、切带而成。无底材胶带由硅橡胶或丁基橡胶和填料、硫化剂等经混炼、挤压而成。绝缘胶带多用于导线、线圈的绝缘，其特点是在缠绕后自行粘牢，使用方便，但应注意保持粘面清洁。

黑胶布是最常用的绝缘胶带，又称绝缘胶布带、黑包布、布绝缘胶带，是电工用途最广、用量最多的绝缘胶带。黑胶布是在棉布上刮胶、卷切而成的。胶浆由天然橡胶、炭黑、松香、松节油、重质碳酸钙、沥青及工业汽油等制成，有较好的黏着性和绝缘性能。它适用于交流电压 380 V 以下（含 380 V）的电线、电缆作包扎绝缘，在－10～＋40℃环境范围使用。使用时，不必借用工具即可撕断，操作方便。其外形如图 3－8 所示。

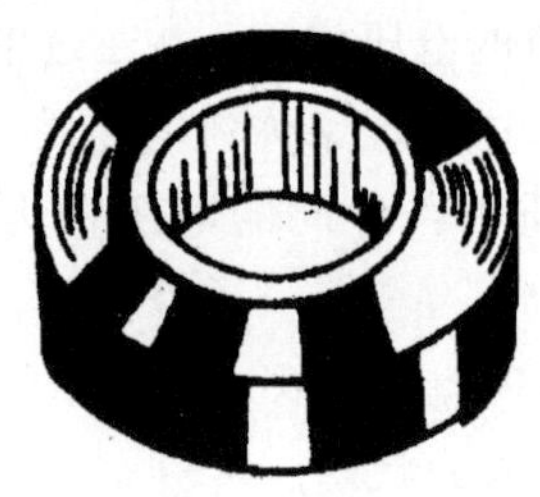

图 3－8　黑胶布

3.2.2　常用导电材料

导电材料的主要用途是输送和传递电流，是相对绝缘材料而言的，能够通过电流的物体称为导电材料，其电阻率与绝缘材料相比大大降低，一般都在 0.1 Ω·m 以下。大部分金属都具有良好的导电性能，但不是所有金属都可作为理想的导电材料。作为导电材料应考虑如下几个因素：

（1）导电性能好（即电阻系数小）；

（2）有一定的机械强度；

（3）不易氧化和腐蚀；

（4）容易加工和焊接；

（5）资源丰富，价格便宜。

导电材料分为一般导电材料和特殊导电材料。一般导电材料又称良导体材料，是专门传送电流的金属材料。要求其电阻率小，导热性优，线胀系数小，抗拉强度适中，耐腐蚀，不易氧化等。常用的良导体材料主要有铜、铝、铁、钨、锡、铅等，其中铜和铝是优良的导电材料，基本上符合上述要求，因此常用做主要的导电材料。在一些特殊的使用场合，也有用合金作为导电材料的。

1. 铜和铝

铜的导电性能强，电阻率为 1.724×10^{8} Ω·m。因其在常温下具有足够的机械强度，延展性能良好，化学性能稳定，故便于加工，不易氧化和腐蚀，易焊接。常用导电用铜是含铜量在 99.9%以上的工业纯铜。电机、变压器上使用的是含铜量在 99.5%～99.95%的纯铜俗称紫铜，其中硬铜做导电的零部件，软铜做电机、电器等线圈。杂质、冷变形、温度和耐腐蚀性等是影响铜性能的主要因素。

铝的导电性及耐腐蚀性能好，易于加工，其导电性能、机械强度稍逊于铜。铝的电阻率为 2.864×10^{-8} Ω·m，但铝的密度比铜小(仅为铜的 33%)，因此导电性能相同的两根导线相比较，铝导线的截面积虽比铜导线大 1.68 倍，但重量反比铜导线的轻了约一半。而且铝的资源丰富、价格低廉，是目前推广使用的导电材料。目前，在架空线路、照明线路、动力线路、汇流排、变压器和中、小型电机的线圈都已广泛使用铝线。唯一不足的是铝的焊接工艺较复杂，质硬塑性差，因而在维修电工中广泛应用的仍是铜导线。与铜一样，影响铝性能的主要因素有杂质、冷变形、温度和耐腐蚀性等。

2. 裸导线

导线又称为电线，是用来输送电能的。在内外线安装工程中，常用的导线分为裸导线和绝缘导线两大类。裸导线是指导体外表面无绝缘层的电线。

1) 裸导线的性能

裸导线应有良好的导电性能，有一定的机械强度，裸露在空气中不易氧化和腐蚀，容易加工和焊接，并希望导体材料资源丰富，价格便宜。常用来制作导线的材料有铜、铜锡合金(青铜)、铝和铝合金、钢材等。

裸导线包括各种金属和复合金属圆单线、各种结构的架空输电线用的绞线、软接线和型接线等，某些特殊用途的导线也可采用其他金属或合金制成。如对于负荷较大、机械强度要求较高的线路，则应采用钢芯铝绞线；熔断器的熔体、熔片需具有易熔的特点，应选用铅锡合金；电热材料需具有较大的电阻系数，常选用镍铬合金或铁铬合金；电光源的灯丝要求熔点高，需选用钨丝等。裸导线分单股和多股两种，主要用于室外架空线。常用的裸导线有铜绞线、铝绞线和钢芯铝绞线。

2) 规格型号

裸导线常用的文字符号有："T"表示铜，"L"表示铝，"Y"表示硬性，"R"表示软性，"J"表示绞合线。例如：TJ－25，表示 25 mm^2 铜绞合线；LJ－35，表示 35 mm^2 铝绞合线；LGJ－50，表示 50 mm^2 钢芯铝绞线。

裸导线常用的截面积有：16 mm^2、25 mm^2、35 mm^2、50 mm^2、70 mm^2、95 mm^2、120 mm^2、150 mm^2、185 mm^2、240 mm^2 等。

3. 绝缘导线

绝缘导线是指导体外表有绝缘层的导线。绝缘层的主要作用是隔离带电体或不同电位的导体，使电流按指定的方向流动。

根据其作用，绝缘导线可分为电气装备用绝缘导线和电磁线两大类。

电气装备用绝缘导线包括：将电能直接传输到各种用电设备、电器的电源连接线，各种电气设备内部的装接线，以及各种电气设备的控制、信号、继电保护和仪表用电线。

电气装备用绝缘线的芯线多由铜、铝制成，可采用单股或多股。它的绝缘层可采用橡胶、塑料、棉纱、纤维等。绝缘导线分塑料和橡皮绝缘线两种。常用的绝缘导线符号有：BV——铜芯塑料线，BLV——铝芯塑料线，BX——铜芯橡皮线，BLX——铝芯橡皮线。绝缘导线常用的截面积有：0.5 mm^2、1 mm^2、1.5 mm^2、2.5 mm^2、4 mm^2、6 mm^2、10 mm^2、16 mm^2、25 mm^2、35 mm^2、50 mm^2、70 mm^2、95 mm^2、120 mm^2、150 mm^2、185 mm^2、240 mm^2、300 mm^2、400 mm^2。

(1) 塑料线。塑料线的绝缘层为聚氯乙烯材料，亦称聚氯乙烯绝缘导线。按芯线材料可分成塑料铜线和塑料铝线。塑料铜线与塑料铝线相比较，其突出特点是：在相同规格条件下，载流量大，机械强度好，但价格相对昂贵。塑料铜线主要用于低压开关柜、电气设备内部配线及室内、户外照明和动力配线，用于室内、户外配线时，必须配相应的穿线管。

塑料铜线按芯线根数可分成塑料硬线和塑料软线。塑料硬线有单芯和多芯之分，单芯规格一般为1～6 mm^2，多芯规格一般为10～185 mm^2，如图 3 - 9(a)所示。塑料软线为多芯，其规格一般为0.1～95 mm^2，如图 3 - 9(b)所示。塑料软线柔软，可多次弯曲，外径小而质量轻，它在家用电器和照明中应用极为广泛，在各种交直流的移动式电器、电工仪表及自动装置中也适用。常用的有 RV 型聚氯乙烯绝缘单芯软线。塑料铜线的绝缘电压一般为 500 V。塑料铝线全为硬线，亦有单芯和多芯之分，其规格一般为1.5～185 mm^2，绝缘电压为 500 V。

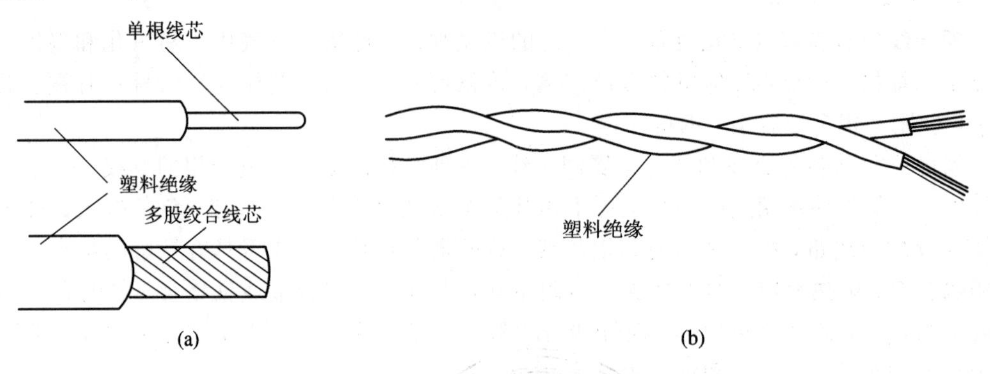

图 3 - 9　塑料线

(a) 塑料硬线；(b) 塑料软线

(2) 橡皮线。橡皮线的绝缘层外面附有纤维纺织层，按芯线材料可分成橡皮铜线和橡皮铝线，其主要特点是绝缘护套耐磨，防风雨日晒能力强。RXB 型棉纱编织橡皮绝缘平型软线和 RXS 型软线也常用作家用电器、照明用吊灯电源线。使用时要注意工作电压，大多为交流 250 V 或直流 500 V 以下。RVV 型则用于交流 1000 V 以下。橡皮铜线规格一般为1～185 mm^2，橡皮铝线规格为 1.5～240 mm^2，它们的绝缘电压一般均为 500 V，它们主要用于户外照明和动力配线，架空时亦可明敷。

(3) 漆包线。漆包线是电磁线的一种，由铜材或铝材制成，其外涂有绝缘漆作为绝缘保护层。漆包线特别是漆包铜线，漆膜均匀、光滑柔软，有利于线圈的自动绕制，广泛用于中小型电工产品中。漆包线也有很多种，按漆膜及作用特点可分为普通漆包线、耐高温漆包线、自粘漆包线、特种漆包线等，其中普通漆包线是一般电工常用的品种，如 Q 型油性漆包线、QQ 型缩醛漆包线、QZ 型聚酯漆包线。

(4) 护套软线。护套软线绝缘层由两部分组成：其一为公共塑料绝缘层，将多根芯线包裹在里面，其二为每根软铜芯线的塑料绝缘层。其规格有单芯、两芯、三芯、四芯、五芯等，且每根芯线截面积较小，一般为 0.1 mm^2～2.5 mm^2。护套软线常作照明电源线或控制信号线之用，它还可以在野外一般环境中用作轻型移动式电源线和信号控制线。此外，还有塑料扁平线或平行线等。

常用电线型号及主要用途见表 3 - 1。

表 3 - 1　各种常用电线型号及主要用途

名　称	型号	主要用途
铜芯塑料绝缘线	BV	室内外电器、动力、照明等固定敷设
铝芯塑料绝缘线	BLV	室内外电器、动力、照明等固定敷设
铜芯塑料绝缘软线	BVR	室内外电器、动力、照明等固定敷设，适宜要求电线较柔软的场合
橡皮花线	BXH	室内电器、照明等固定敷设，适宜要求电线较柔软的场合
铜芯塑料绝缘护套软线	RVV	电气设备、仪表等引接线、控制线

4. 电缆

将单根或多根导线绞合成线芯，裹以相应的绝缘层，再在外面包密封包皮(铅、铝、塑料等)的称为电缆。电缆种类繁多，按用途分有电力电缆、通信电缆、控制电缆等。最常用的电力电缆是输送和分配大功率电力的电缆。与导线相比其突出特点是：外护层(护套)内包含一根至多根规格相同或不同的聚氯乙烯绝缘导线。电缆导线的芯线有铜芯和铝芯之分，敷设方式有明敷、埋地、穿管、地沟、桥架等。

电力电缆由导电线芯(缆芯)、绝缘层和保护层三个主要部分构成，如图 3 - 10 所示。

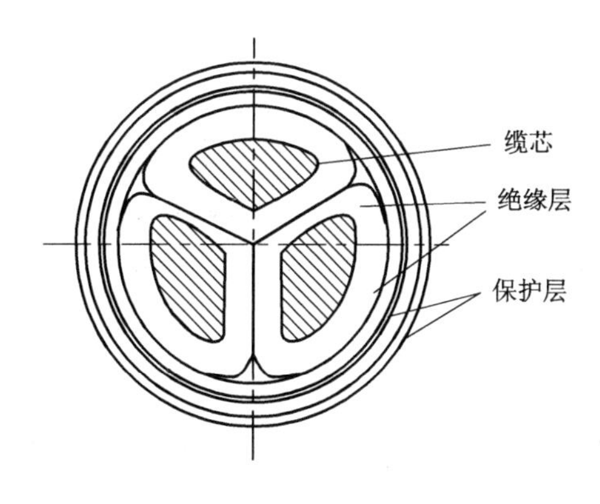

图 3 - 10　电力电缆结构图

(1) 导电线芯又称缆芯，通常采用高导电率的铜或铝制成，截面有圆形、半圆形、扇形等多种，均有统一的标称等级。线芯有单芯、双芯、三芯和四芯等几种。当线芯截面大于 25 mm^2 时，通常采用多股导线绞合，经压紧成型，以便增加电缆的柔软性并使结构稳定。

(2) 绝缘层的主要作用是防止漏电和放电，将线芯与线芯、线芯与保护层互相绝缘和隔开。绝缘层通常采用纸、橡皮、塑料等材料，其中纸绝缘应用最广，即将纸经过真空干燥再放到松香和矿物油混合的液体中浸渍以后，缠绕在电缆导电线芯上。对于双芯、三芯和四芯电缆，除每相线芯分别包有绝缘层外，在它们绞合后外面再用绝缘材料作统包绝缘。

(3) 电缆外面的保护层主要起机械保护作用，保护线芯和绝缘层不受损伤。保护层分内保护层和外保护层。内保护层保护绝缘层不受潮湿并防止电缆浸渍剂外流，常用铝或铅、塑料、橡胶等材料制成。外保护层保护绝缘层不受机械损伤和化学腐蚀，常用的有沥青麻护层、钢带铠等几种。

3.2.3 特殊导电材料

特殊导电材料是相对一般导电材料而言的，它不以输送电流为目的，而是为实现某种转换或控制而接入电路中。

常见的特殊导电材料有电阻材料、电热材料、熔体材料等。

1. 常用电阻材料

电阻材料是用于制造各种电阻元件的合金材料，又称为电阻合金。其基本特性是具有高的电阻率和很低的电阻温度系数。

常用的电阻合金有康铜丝、新康铜丝、锰铜丝和镍铬丝等。康铜丝以铜为主要成分，具有较高的电阻系数和较低的电阻温度系数，一般用于制作分流、限流、调整等电阻器和变阻器。新康铜丝以铜、锰、铬、铁为主要成分，不含镍，是一种新型电阻材料，性能与康铜丝相似。锰铜丝以锰、铜为主要成分，具有电阻系数高、电阻温度系数低及电阻性能稳定等优点，通常用于制造精密仪器仪表的标准电阻、分流器及附加电阻等。镍铬丝以镍、铬为主要成分，电阻系数较高，除可用做电阻材料外，还是主要的电热材料，一般用于电阻式加热仪器及电炉。

2. 常用电热材料

电热材料主要用于制造电热器具及电阻加热设备中的发热元件，作为电阻接入电路，将电能转换为热能。对电热材料的要求是电阻率要高，电阻温度系数要小，能耐高温，在高温下抗氧化性好，便于加工成形等。常用电热材料主要有镍铬合金、铁铬铝合金及高熔点纯金属等。

3. 常用熔体材料

熔体材料是一种保护性导电材料，作为熔断器的核心组成部分，具有过载保护和短路保护的功能。

熔体一般都做成丝状或片状，称为保险丝或保险片，统称为熔丝，是电工经常使用的电工材料.

(1) 熔体的保护原理：接入电路的熔体，当正常电流通过时，它仅起导电作用；当发生过载或短路时，导致电流增加，由于电流的热效应，会使熔体的温度逐渐上升或急剧上升，当达到熔体的熔点温度时，熔体自动熔断，电路被切断，从而起到保护电气设备的作用。

（2）熔体材料的种类和特性：熔体材料包括纯金属材料和合金材料，按其熔点的高低，分为两类，一类是低熔点材料，如铅、锡、锌及其合金(有铅锡合金、铅锑合金等)，一般在小电流情况下使用；另一类是高熔点材料，如铜、银等，一般在大电流情况下使用。

3.2.4　绝缘导线的选择

1. 绝缘导线种类的选择

导线种类主要根据使用环境和使用条件来选择。

室内环境如果是潮湿的，如水泵房、豆腐作坊，或者有酸碱性腐蚀气体的厂房，应选用塑料绝缘导线，以提高抗腐蚀能力，保证绝缘。

比较干燥的房屋，如图书室、宿舍，可选用橡皮绝缘导线，对于温度变化不大的室内，在日光不直接照射的地方，也可以采用塑料绝缘导线。

电动机的室内配线，一般采用橡皮绝缘导线，但在地下敷设时，应采用地埋塑料电力绝缘导线。

经常移动的绝缘导线，如移动电器的引线、吊灯线等，应采用多股软绝缘护套线。

2. 绝缘导线截面的选择

绝缘导线使用时首先要考虑最大安全载流量。某截面的绝缘导线在不超过最高工作温度(一般为65℃)条件下，允许长期通过的最大电流为最大安全载流量。

导线的允许载流量也叫导线的安全载流量或安全电流值。一般绝缘导线的最高允许工作温度为65℃，若超过这个温度，导线的绝缘层就会迅速老化，变质损坏，甚至会引起火灾。所谓导线的允许载流量，就是指导线的工作温度不超过65℃时可长期通过的最大电流值。

由于导线的工作温度除与导线通过的电流大小有关外，还与导线的散热条件和环境温度有关，所以导线的允许载流量并非某一固定值。同一导线采用不同的敷设方式(敷设方式不同，其散热条件也不同)或处于不同的环境温度时，其允许载流量也不相同。

线路负荷的电流可由下列式子计算。

（1）单相纯电阻电路：

$$I=\frac{P}{U} \tag{3-1}$$

（2）单相含电感电路：

$$I=\frac{P}{U\cos\varphi} \tag{3-2}$$

（3）三相纯电阻电路：

$$I=\frac{P}{\sqrt{3}U_{\mathrm{L}}} \tag{3-3}$$

（4）三相含电感电路：

$$I = \frac{P}{\sqrt{3}U_L \cos\varphi} \tag{3-4}$$

上面几个式子中：P 为负荷功率，单位为 W；U_L 是三相电源的线电压，单位为 V；$\cos\varphi$ 为功率因数。

按导线允许载流量选择时，一般原则是导线允许载流量不小于线路负荷的计算电流。

负荷太小时，如果按允许载流量计算，选择的绝缘导线截面就会太小，绝缘导线细，往往不能满足机械强度的要求，容易发生断线事故。因此，对于室内配线线芯的最小允许截面有专门的规定，详见表 3－2。当按允许载流量选择的绝缘导线截面小于表中的规定时，应采用表中给出的绝缘导线的截面。

表 3－2　室内配线线芯最小允许截面积

<table>
<tr><th colspan="2" rowspan="2">用　途</th><th colspan="3">线芯最小允许截面积/mm²</th></tr>
<tr><th>多股铜芯线</th><th>单根铜线</th><th>单根铝线</th></tr>
<tr><td colspan="2">灯头下引线</td><td>0.4</td><td>0.5</td><td>1.5</td></tr>
<tr><td colspan="2">移动式电器引线</td><td>生活用：0.2
生产用：1.0</td><td>不宜使用</td><td>不宜使用</td></tr>
<tr><td colspan="2">管内穿线</td><td>不宜使用</td><td>1.0</td><td>2.5</td></tr>
<tr><td rowspan="4">固定敷设导线支持点间的距离</td><td>1 m 以内</td><td rowspan="4">不宜使用</td><td>1.0</td><td>1.5</td></tr>
<tr><td>2 m 以内</td><td>1.0</td><td>2.5</td></tr>
<tr><td>6 m 以内</td><td>2.5</td><td>4.0</td></tr>
<tr><td>12 m 以内</td><td>2.5</td><td>6.0</td></tr>
</table>

3. 按线路允许电压损失选择

若配线线路较长，导线截面过小，可能造成电压损失过大。这样会使电动机功率不足或发热烧毁，照明灯发光效率也大大降低，所以一般对用电设备或用电电压都有如下的规定：电动机的受电电压不应低于额定电压的 95%；照明灯的受电电压不应低于额定电压的 95%，即允许的电压降为 5%。

室内配线的电压损失允许值要根据电源引入处的电压值而定。若电源引入处的电压为额定电压值，则可按上述受电电压允许降低值计算电压损失允许值；若电源引入处的电压已低于额定值，则室内配线的电压损失值应相应减少，以尽量保证用电设备的最低允许受电电压值。

下面介绍室内配线电压损失的计算方法。

1) 单相两线制(220 V)

(1) 电压损失 ΔU 的计算：

$$\Delta U = IR \tag{3-5}$$

将式 $I = \frac{P}{U\cos\varphi}$，$R = 2 \cdot \rho\frac{l}{S}$ 代入(3－5)式得

$$\Delta U = \frac{2\rho lP}{SU\cos\varphi} \tag{3-6}$$

(2) 电压损失率 $\Delta U/U$：

$$\frac{\Delta U}{U} = \frac{2\rho lP}{SU^2\cos\varphi} \tag{3-7}$$

上面式子中：ρ 为电阻率，铝线 $\rho=0.0280\ \Omega\cdot\mathrm{mm^2/m}$，铜线 $\rho=0.0175\ \Omega\cdot\mathrm{mm^2/m}$；$S$ 为导线的截面积，单位为 $\mathrm{mm^2}$；l 为导线的长度，单位为 m；$\cos\varphi$ 为功率因数；P 为负载的有功功率，单位为 W；U 为电压，单位为 V。

2) 三相三线制或各相负载对称的三相四线制(380 V)

(1) 三相线路的电压损失 ΔU：

$$\Delta U = \sqrt{3}\Delta U_\varphi$$

$$\Delta U = \sqrt{3}IR\cos\varphi \tag{3-8}$$

将式 $I = \dfrac{P}{\sqrt{3}U_\mathrm{L}\cos\varphi}$ 及 $R = \rho\dfrac{l}{S}$ 代入(3-8)式可得

$$\Delta U = \frac{\rho lP}{SU_\mathrm{L}} \tag{3-9}$$

(2) 电压损失率 $\Delta U/U$：

$$\frac{\Delta U}{U} = \frac{\rho lP}{SU_\mathrm{L}^2} \tag{3-10}$$

上面式子中：U_L 为三相电源的线电压；其他各项与前面意义相同。

3.2.5　绝缘导线的连接与绝缘恢复

配线过程中，常常因为导线太短和线路分支，需要把一根导线与另一根导线连接起来，再把最终出线与用电设备的端子连接，这些连接点通常称为接头。

绝缘导线的连接方法很多，有绞接(绞合连接)、焊接、压接和螺栓连接等，各种连接方法适用于不同导线及不同的工作地点。

绝缘导线的连接无论采用哪种方法，都不外乎下列四个步骤：

(1) 剥切绝缘层。

(2) 导线线芯连接。

(3) 接头焊接或压接。

(4) 恢复绝缘层。

1. 绝缘导线线头绝缘层的剥削

导线线头绝缘层的剥削是导线加工的第一步，是为以后导线的连接做准备。电工必须学会用电工刀、钢丝钳或剥线钳来剥削绝缘层。

线芯截面在 4 $\mathrm{mm^2}$ 以下电线绝缘层的处理可采用剥线钳，也可用钢丝钳。

无论是塑料单芯电线，还是多芯电线，线芯截面在 4 $\mathrm{mm^2}$ 以下的都可用剥线钳操作，且绝缘层剥削方便快捷。橡皮电线同样可用剥线钳剥削绝缘层。用剥线钳剥削时，先定好所需的剥削长度，把导线放入相应的刃口中，用手将钳柄一握，导线的绝缘层即被割破自动弹出。需注意，选用剥线钳的刃口要适当，刃口的直径应稍大于线芯的直径。

1）塑料硬线绝缘层的剥削

（1）用钢丝钳剥削塑料硬线绝缘层。线芯截面为 4 mm^2 及以下的塑料硬线，一般用钢丝钳进行剥削。剥削方法如下：

① 用左手捏住导线，在需剥削线头处，用钢丝钳刀口轻轻切破绝缘层，如图 3－11(a)所示。注意不可切伤线芯。

② 用左手拉紧导线，右手握住钢丝钳头部用力向外勒去塑料层，如图 3－11(b)所示。

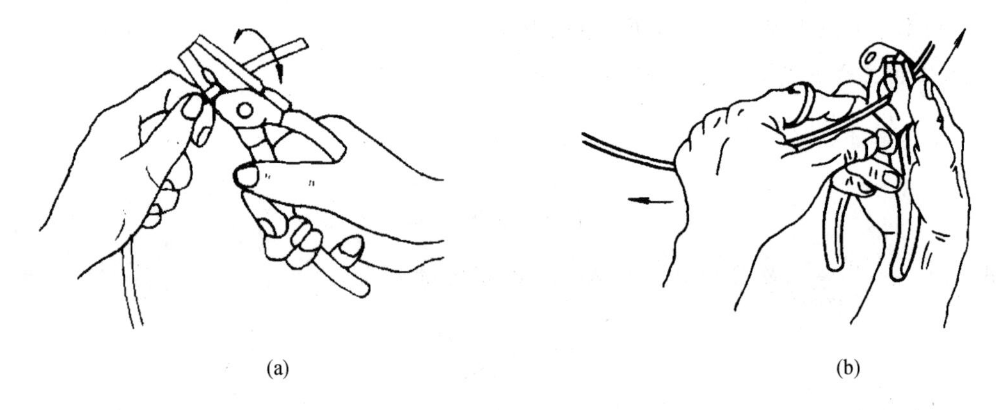

(a)　　(b)

图 3－11　钢丝钳剥削塑料硬线绝缘层示意

在勒去塑料层时，不可在钢丝钳刀口处加剪切力，否则会切伤线芯。剥削出的线芯应保持完整无损，如有损伤，应剪断后重新剥削。

（2）用电工刀剥削塑料硬线绝缘层。线芯面积大于 4 mm^2 的塑料硬线，可用电工刀来剥削绝缘层，方法如下：

① 在需剥削线头处，用电工刀以 45°角倾斜切入塑料绝缘层，注意刀口不能伤着线芯，如图 3－12(a)、(b)所示。

② 刀面与导线保持 25°角左右，用刀向线端推削，只削去上面一层塑料绝缘，不可切入线芯，如图 3－12(c)所示。

③ 将余下的线头绝缘层向后扳翻，把该绝缘层剥离线芯，再用电工刀切齐，如图 3－12(d)所示。

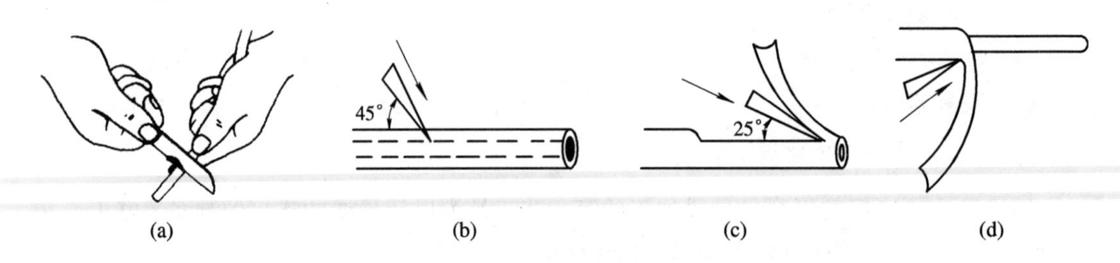

(a)　　(b)　　(c)　　(d)

图 3－12　电工刀剥削塑料硬线绝缘层示意

(a) 切入；(b) 刀以 45°角倾斜切入；(c) 刀以 25°角倾斜推削；(d) 翻下余下塑料层

2）塑料软线绝缘层的剥削

塑料软线绝缘层用剥线钳或钢丝钳剥削。剥削方法与用钢丝钳剥削塑料硬线绝缘层的方法相同。不可用电工刀剥削，因为塑料软线由多股铜丝组成，用电工刀容易损伤线芯。

3）塑料护套线绝缘层的剥削

塑料护套线具有两层绝缘：护套层和每根线芯的绝缘层。塑料护套线绝缘层用电工刀剥削，方法如下：

（1）护套层的剥削方法：

① 在线头所需长度处，用电工刀的刀尖对准护套线中间线芯缝隙处划开护套层，如图 3－13(a)所示。如偏离线芯缝隙处，电工刀可能会划伤线芯。

② 向后扳翻护套层，用电工刀把它齐根切去，如图 3－13(b)所示。

（2）内部绝缘层的剥削：在距离护套层 5～10 mm 处，用电工刀以 45°角倾斜切入绝缘层，其剥削方法与塑料硬线剥削方法相同，如图 3－13(c)所示。

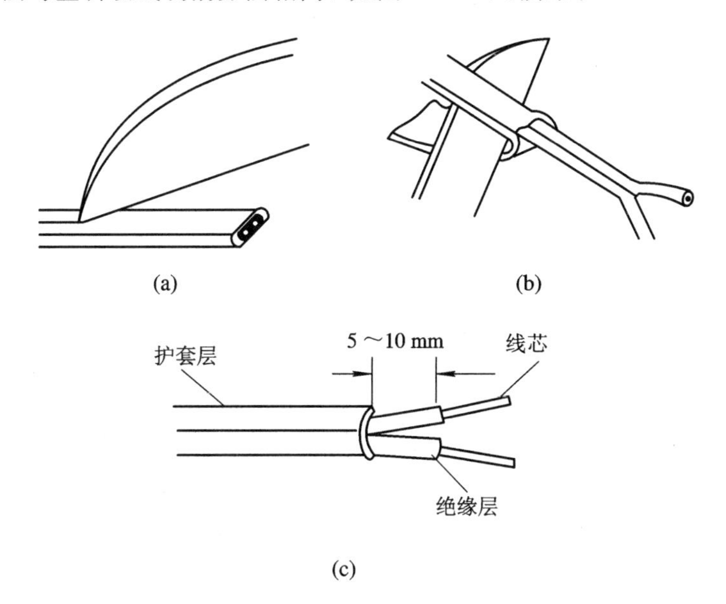

图 3－13　塑料护套线绝缘层的剥削

(a) 用刀尖在线芯缝隙处划开护套层；(b) 扳翻护套层并齐根切去；(c) 剥削好的护套线

4）橡皮线绝缘层的剥削

在橡皮线绝缘层外还有一层纤维编织的保护层，其剥削方法如下：

（1）把橡皮线纤维编织保护层用电工刀尖划开，将其扳翻后齐根切去，剥削方法与剥削护套线的保护层方法相同。

（2）用与剥削塑料线绝缘层相同的方法削去橡胶层。

（3）松散棉纱层到根部，用电工刀切去。

5）花线绝缘层的剥削

（1）用电工刀在线头所需长度处将棉纱织物保护层四周割切一圈后将其拉去。

（2）在距离棉纱织物保护层 10 mm 处，用钢丝钳按照与剥削塑料软线相同的方法勒去橡胶层。

2. 导线的连接

1）导线连接的基本要求

在配线工程中，导线连接是一道非常重要的工序，导线的连接质量影响着线路和设备运行的可靠性和安全程度，线路的故障往往发生在导线接头处。安装的线路能否安全可靠地运行，在很大程度上取决于导线接头的质量。对导线连接的基本要求是：

(1) 接触紧密，接头电阻小，稳定性好，与同长度同截面导线的电阻比值不应大于1。

(2) 接头的机械强度应不小于导线机械强度的80%。

(3) 耐腐蚀。

(4) 接头的绝缘强度应与导线的绝缘强度一样。

注意：不同金属材料的导体不能直接连接；同一档距内不得使用不同线径的导线。

2）导线的连接种类

(1) 导线与导线之间的连接；

(2) 导线与接线桩的连接；

(3) 插座、插头的连接；

(4) 压接；

(5) 焊接等。

3）铜导线的连接

首先要将导线拉直，常用两种方法：一种方法是将导线放在地上，一端用钳子夹住，另一端用手捏紧，用螺纹刀柄压住导线来回推拉数次；另一种方法是用两手分别捏紧导线两端，将导线绕过有圆棱角的固定物体，用适当的力量使导线压紧圆棱角（如椅背）来回运动数次。

常用导线连接的方法如下：

(1) 单股芯线直接连接：

① 先剥去两导线端的绝缘层后作X相交，如图3-14(a)所示；

② 互相绞合2～3匝后扳直，如图3-14(b)所示；

③ 两线端分别紧密向芯线上并绕6圈，剪去多余线端，钳平切口，如图3-14(c)所示。

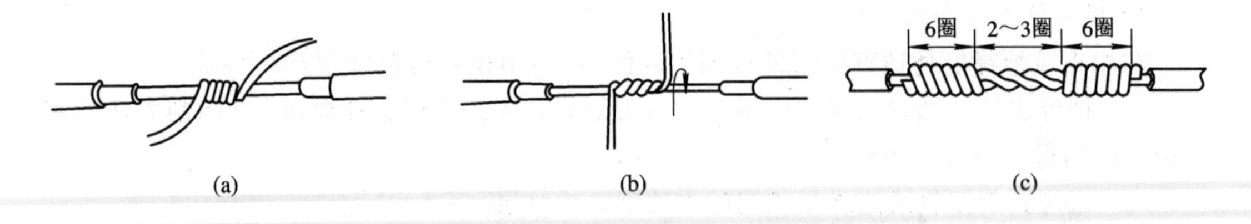

图3-14　单股芯线直接连接

(2) 单股芯线T字分支连接：剥去两导线的绝缘层后，使支线端和干线十字相交，在支线芯线根部留出约3 mm后绕干线一圈，支线端和干线十字相交，将支线端围本身线绕1圈，收紧线端向干线并绕6圈，剪去多余线头，钳平切口，如图3-15(a)所示。如果连接导线截面较大，则两芯线十字相交后，直接在干线上紧密缠绕8圈后剪去余线即可，如图3-15(b)所示。

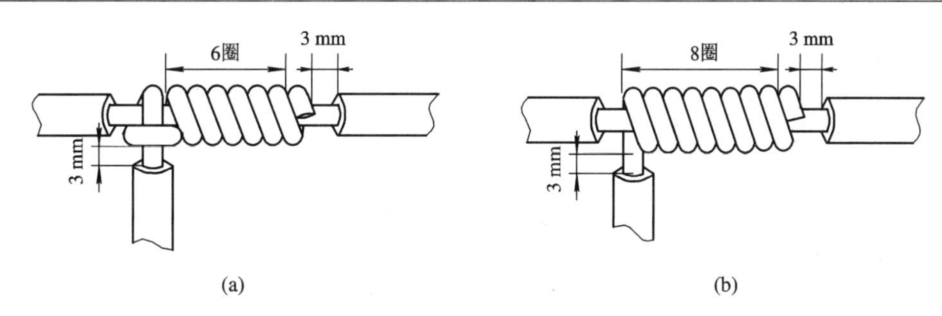

图 3－15　单股芯线 T 字分支连接

(3) 7 股芯线的直接连接：

① 先将除去绝缘层的两根线头分别散开并拉直，在靠近绝缘层的 1/3 线芯处将该段线芯绞紧，把余下的 2/3 线头分散成伞骨状，如图 3－16(a)所示。

② 两个分散的线头隔根对叉，如图 3－16(b)所示。然后放平两端对叉的线头，如图 3－16(c)所示。

③ 把一端的 7 股线芯按 2、2、3 股分成三组，把第一组的 2 股线芯扳起，垂直于线头，如图 3－16(d)所示。然后按顺时针方向紧密缠绕 2 圈，将余下的线芯向右与线芯平行方向扳平，如图 3－16(e)所示。

④ 将第二组 2 股线芯扳成与线芯垂直方向，如图 3－16(f)所示。然后按顺时针方向紧压着前两股扳平的线芯缠绕 2 圈，也将余下的线芯向右与线芯平行方向扳平。

⑤ 将第三组的 3 股线芯扳于线头垂直方向，如图 3－16(g)所示。然后按顺时针方向紧压线芯向右缠绕。

⑥ 缠绕 3 圈后，切去每组多余的线芯，钳平线端，如图 3－16(h)所示。

⑦ 用同样的方法再缠绕另一边线芯。

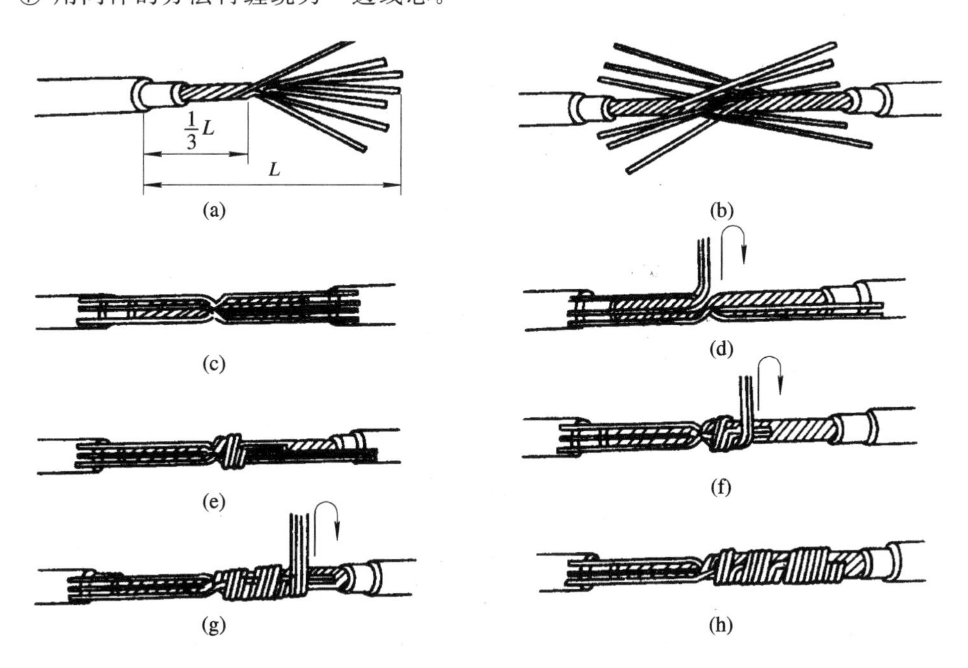

图 3－16　7 股芯线直接连接

(4) 7 股芯线的 T 字分支连接：

① 在支线留出的连接线头 1/8 根部进一步绞紧，余部分散，支线线头分成两组，4 根一组地插入干线的中间(干线分别以 3、4 股分组，两组中间留出插缝)，如图 3 - 17(a)所示。

② 将 3 股芯线的一组往干线一边按顺时针方向缠 3～4 圈，剪去余线，钳平切口，如图 3 - 17(b)所示。

③ 另一组用相同方法缠绕 4～5 圈，剪去余线，钳平切口，如图 3 - 17(c)所示。

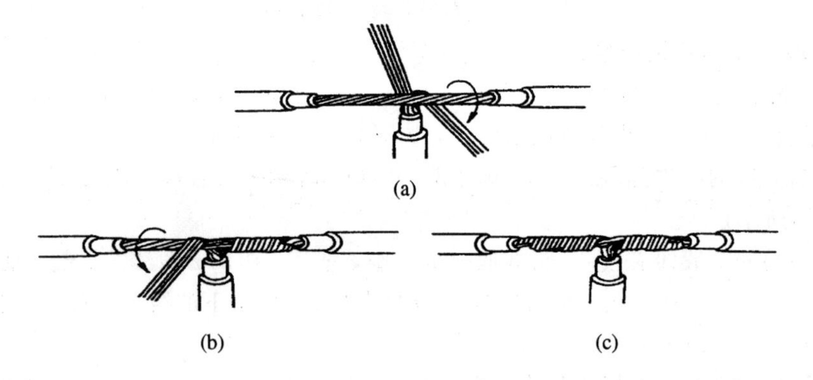

图 3 - 17　7 股芯线 T 字分支连接

(5) 线头与平压式接线桩的连接：平压式接线螺钉利用半圆头、圆柱头或六角头螺钉加垫圈将线头压紧，完成连接。如常用的开关、插座、普通灯头、吊线盒等。

对于载流量小的单芯导线，必须把线头弯成圆圈(俗称羊眼圈)，羊眼圈弯曲的方向与螺钉旋紧方向一致，制作步骤如图 3 - 18 所示。

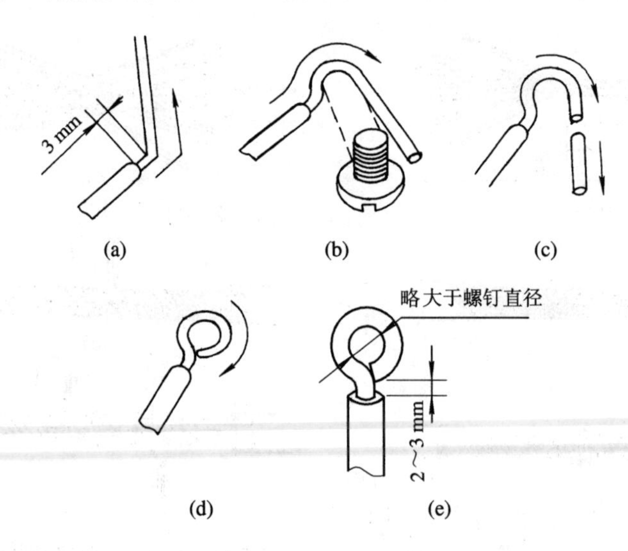

图 3 - 18　单股芯线连接方法

① 用尖嘴钳在离导线绝缘层根部约 3 mm 处向外侧折角成 90°，如图 3 - 18(a)所示。

② 用尖嘴钳夹持导线端口部按略大于螺钉直径弯曲圆弧，如图 3 - 18(b)所示。

③ 剪去芯线余端，如图 3 - 18(c)所示。

④ 修正圆圈至圆。把弯成的圆圈套在螺钉上，圆圈上加合适的垫圈，拧紧螺钉，通过垫圈压紧导线，如图 3 - 18(d)所示。

⑤ 绝缘层剥切长度约为紧固螺钉直径的 3.5～4 倍，如图 3 - 18(e)所示。

载流量较小的截面不超过 10 mm^2 的 7 股及以下导线的多股芯线，也可将线头制成压接圈，采用图 3 - 19 所示多股芯线压接圈的做法实现连接。

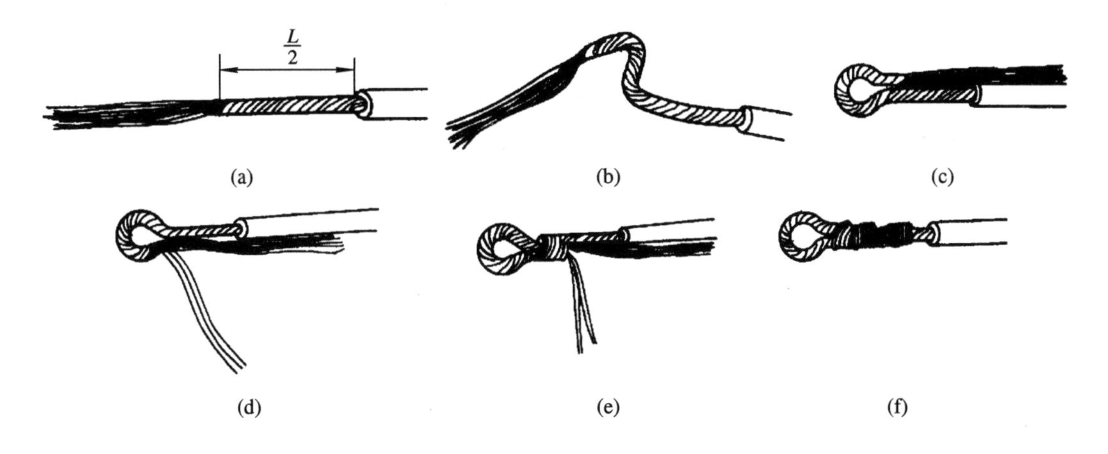

图 3 - 19　多股导线压接圈的弯法

螺钉平压式接线桩的连接工艺要求是：压接圈的弯曲方向应与螺钉拧紧方向一致，连接前应清除压接圈、接线桩和垫圈上的氧化层，再将压接圈压在垫圈下面，用适当的力矩将螺丝拧紧，以保证良好的接触。压接时注意不得将导线绝缘层压入垫圈内。

对于载流量较大，截面超过 10 mm^2 或股数多于 7 的导线端头，应安装接线端子。

(6) 导线通过接线鼻与接线螺钉连接：接线鼻又称接线耳，俗称线鼻子或接线端子，是铜或铝接线片。对于大载流量的导线，如截面在 10 mm^2 以上的单股线或截面在 4 mm^2 以上的多股线，由于线粗，不易弯成压接圈，同时弯成圈的接触面会小于导线本身的截面，造成接触电阻增大，在传输大电流时产生高热，因而多采用接线鼻进行平压式螺钉连接。接线鼻的外形如图 3 - 20 所示，从 1 A 到几百安有多种规格。

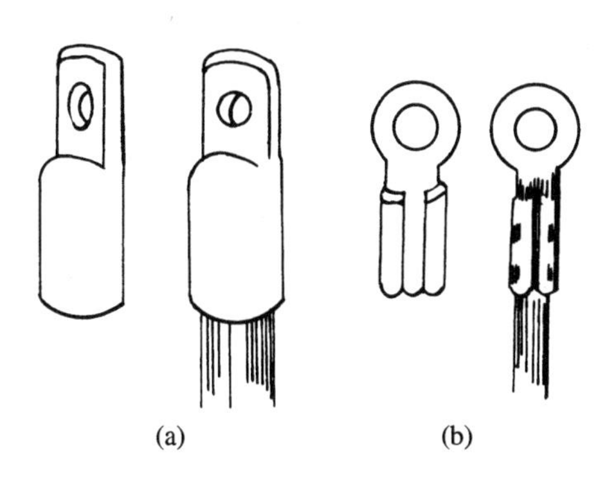

图 3 - 20　接线鼻

(a) 粗导线用；(b) 细导线用

用接线鼻实现平压式螺钉连接的操作步骤如下：

① 根据导线载流量选择相应规格的接线鼻。

② 对没挂锡的接线鼻进行挂锡处理后，对导线线头和接线鼻进行锡焊连接。

③ 根据接线鼻的规格选择相应的圆柱头或六角头接线螺钉，穿过垫片、接线鼻，旋紧接线螺钉，将接线鼻固定，完成电连接，如图 3 - 21 所示。

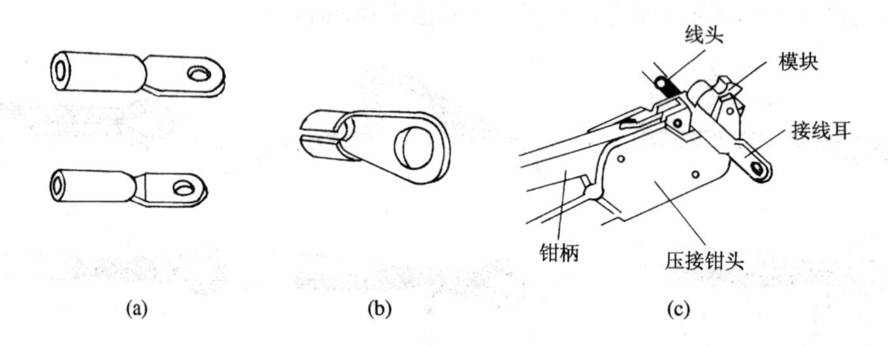

图 3 - 21　导线的压接

(a) 大载流量接线耳和铜铝过渡接线耳；(b) 小载流量接线耳；(c) 导线与接线耳的压接方法

有的导线与接线鼻的连接还采用锡焊或钎焊。锡焊是将清洁好的铜线头放入铜接线端子的线孔内，然后用焊接的方法用焊料焊接到一起。铝接线端子与线头之间一般用压接钳压接，也可直接进行钎焊。有时为了导线接触性能更好，也常常采用先压接后焊接的方法。

接线鼻应用较广泛，大载流量的电气设备，如电动机、变压器、电焊机等的引出接线都采用接线鼻连接；小载流量的家用电器、仪器仪表内部的接线也是通过小接线鼻来实现的。

(7) 线头与瓦形接线桩的连接：瓦形接线桩的垫圈为瓦形。压按时为了不致使线头从瓦形接线桩内滑出，压接前应先将已去除氧化层和污物的线头弯曲成 U 形，将导线端按紧固螺丝钉的直径加适当的长度剥去绝缘层后，在其芯线根部留出约 3 mm，用尖嘴钳向内弯成 U 形；然后修正 U 形圆弧，使 U 形长度为宽度的 1.5 倍，剪去多余线头，如图 3 - 22(a)所示。使螺钉从瓦形垫圈下穿过 U 形导线，旋紧螺钉，如图 3 - 22(b)所示。如果在接线桩上有两个线头连接，应将弯成 U 形的两个线头相重合，再卡入接线桩瓦形垫圈下方压紧，如图 3 - 22(c)所示。

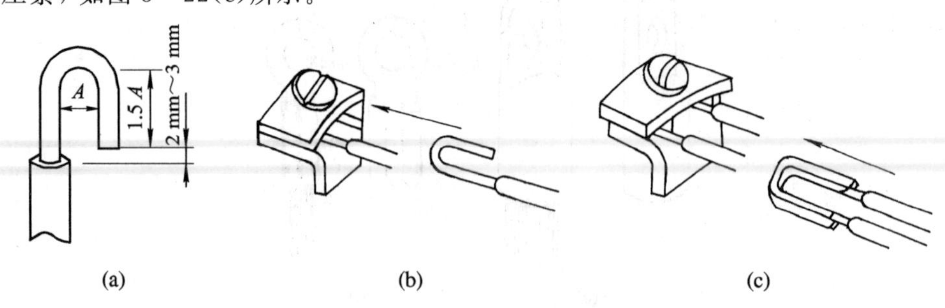

图 3 - 22　导线头与瓦形接线桩的连接方式示意

(8) 线头与针孔式接线桩的连接，这种连接方法叫螺钉压接法，使用的是瓷接头或绝缘接头，又称接线桥或接线端子，它用瓷接头上接线柱的螺钉来实现导线的连接。瓷接头由电瓷材料制成的外壳和内装的接线柱组成。接线柱一般由铜质或钢质材料制作，又称针形接线桩，接线桩上有针形接线孔，两端各有一只压线螺钉。使用时，将需连接的铝导线或铜导线接头分别插入两端的针形接线孔，旋紧压线螺钉就完成了导线的连接。旋紧螺钉时切勿用力过大，否则会使螺钉或接线柱的螺纹损坏，造成滑牙从而使导线不能紧固。此时应将压线螺钉逆时针旋转退出更换，若因螺钉滑牙不能退出，则通常采用挤压法将螺钉缓慢退出，即在接线孔逐渐增加插入导线数量的同时逆时针旋转螺钉。若更换新螺钉后导线还是不能紧固，这就说明接线柱内螺纹也损坏了，必须更换。更换接线柱的方法是，首先取下两只压线螺钉，接线柱就会顺着导线接线方向掉出，然后更换新的接线柱(更换新的接线柱时注意用两边压线螺钉将连接导线紧固)。图 3 - 23 所示是接线端子的结构图。

外面部分是端子的外壳，起固定绝缘作用
里面部分是端子的金属接线柱，两端有孔插入导线，并各有一只压线螺丝

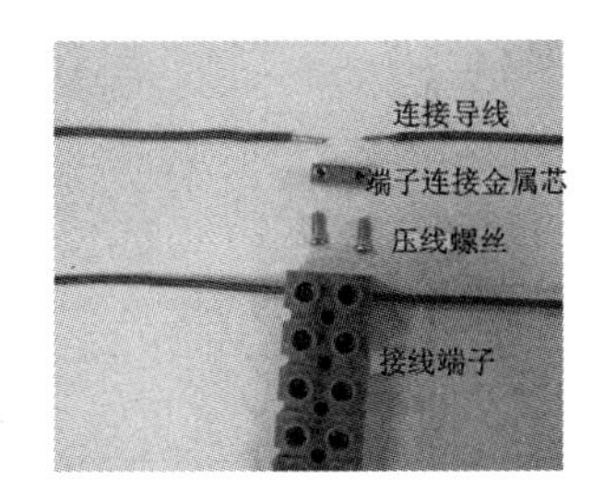

(a)

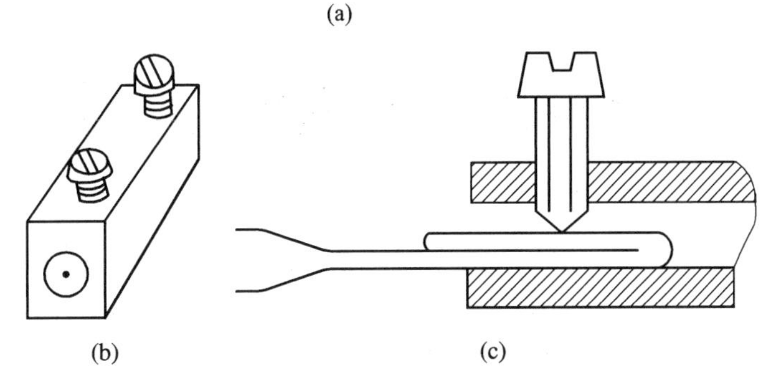

(b)　　(c)

图 3 - 23　接线端子的结构图
(a) 外形图；(b) 接线柱；(c) 压线螺钉

螺钉压接法适用于负荷较小的导线连接，优点是简单易行。其操作步骤如下：

① 如是单股芯线，且与接线桩头插线孔大小适宜，则把芯线线头插入针孔并旋紧螺钉即可，如图 3 - 24 所示。

② 如单股芯线较细，则应把芯线线头折成双根，插入针孔再旋紧螺钉。连接多股芯线时，先用钢丝钳将多股芯线进一步绞紧，以保证压接螺钉顶压时不致松散，如图 3 - 25 所示。

无论是单股还是多股芯线的线头，在插入针孔时应注意：一是注意插到底；二是不得使绝缘层进入针孔，针孔外的裸线头的长度不得超过 2 mm；三是凡有两个压紧螺钉的，应先拧紧近孔口的一个，再拧紧近孔底的一个，如图 3 - 26 所示。

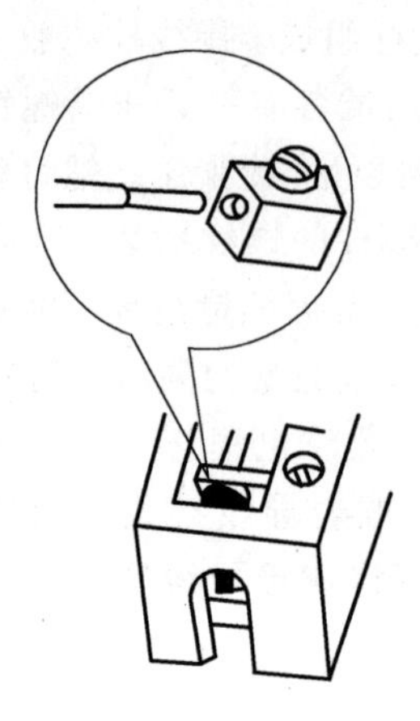

图 3-24　针孔式接线桩的连接

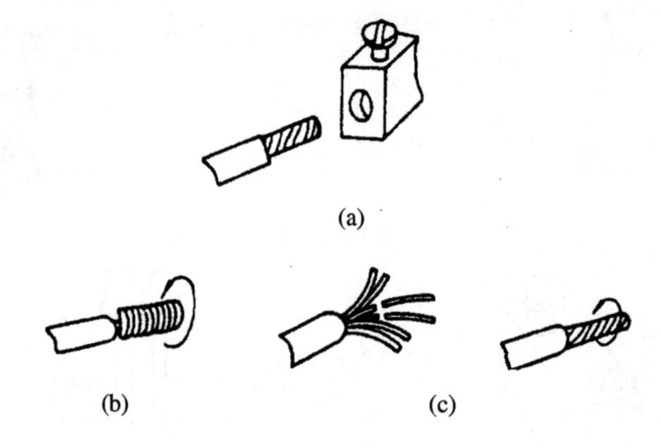

图 3-25　多股芯线与针孔式接线桩的连接
(a) 针孔合适的连接；(b) 针孔过大时线头的处理；
(c) 针孔过小时线头的处理

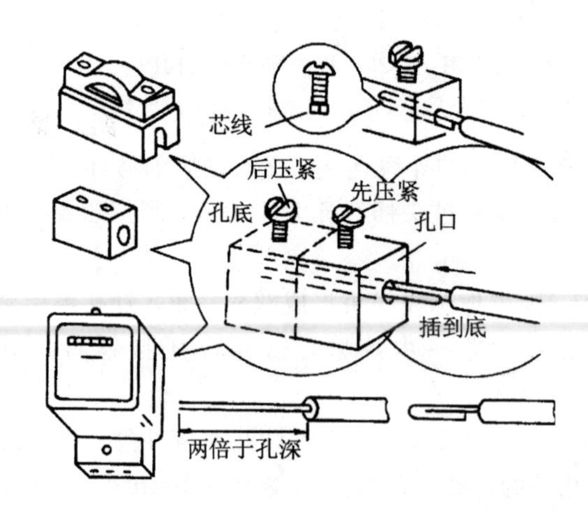

图 3-26　针孔式接线桩连接要求和连接方法示意

3. 导线绝缘层的恢复

导线绝缘层破损和导线接头连接后均应恢复绝缘层。恢复后的绝缘强度不应低于原有绝缘层的绝缘强度。常用黄蜡带、涤纶薄膜带和黑胶带作为恢复导线绝缘层的材料。其中黄蜡带和黑胶带最好选用规格为 20 mm 宽的。

1）绝缘带包缠方法

将黄蜡带从导线左边完整的绝缘层上开始包缠，包缠两个带宽后就可进入连接处的芯线部分。包至连接处的另一端时，也同样应包入完整绝缘层上两个带宽的距离，如图 3－27(a)所示。

包缠时，绝缘带与导线保持约 45°斜角，每圈包缠压叠带宽的 1/2，如图 3－27(b)所示；包缠一层黄蜡带后，将黑胶带接在黄蜡带的尾端，按另一斜叠方向再包缠一层黑胶带，也要每圈压叠带宽的 1/2，如图 3－27(c)、(d)所示；或用绝缘带自身套结扎紧，如图 3－27(e)所示。

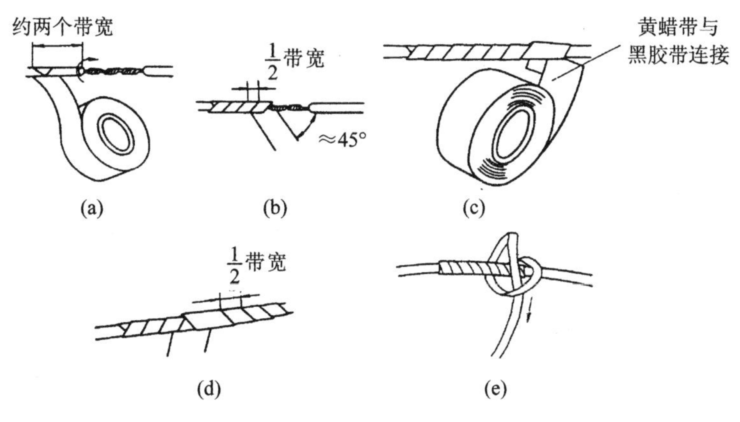

图 3－27 绝缘带包缠方法

2）绝缘带包缠注意事项

(1) 恢复 380 V 线路上的导线绝缘时，必须先包缠 1～2 层黄蜡带(或涤纶薄膜带)，然后再包缠一层黑胶带。

(2) 恢复 220 V 线路上的导线绝缘时，先包缠一层黄蜡带(或涤纶薄膜带)，然后再包缠一层黑胶带，也可只包缠两层黑胶带。

(3) 包缠绝缘带时，不可过松或过疏，更不允许露出芯线，以免发生短路或触电事故。

(4) 绝缘带不可保存在温度或湿度很高的地点，也不可被油脂浸染。

3.3 实训——导线连接

1. 实训目的

(1) 了解导线的分类及应用；

(2) 学会常用电工工具的使用，掌握使用的安全要求；

(3) 掌握常用的导线连接方法，学会单股绝缘导线和 7 股绝缘导线的直线接法与 T 形分支接法，掌握工艺要求；

(4) 掌握恢复导线绝缘层的方法。

2. 实训材料与工具

(1) 电工刀、尖嘴钳、钢丝钳、剥线钳每人各 1 把；

(2) 芯线截面积为 1 mm^2 和 2.5 mm^2 的单股塑料绝缘铜线(BV 或 BVV)若干；

(3) 截面积为 10 mm^2 或 16 mm^2 的 7 股塑料绝缘铝或铜线(每人 1 m)；

(4) 黄蜡带和塑料绝缘胶带若干。

3. 实训前的准备

(1) 了解钢丝钳、尖嘴钳和螺钉旋具的规格和用途；

(2) 了解导线的基本分类与常用型号；

(3) 明确单芯铜导线的直线连接方法与分支连接方法及工艺要求；

(4) 明确多芯导线的直线连接方法与分支连接方法及工艺要求；

(5) 熟悉各种接线端子的结构。

4. 实训内容

1) 单股绝缘铜导线的直线连接步骤

(1) 用钢丝钳剪出两根约 250 mm 长的单股铜导线(截面积为 1 mm^2)，用剥线钳剥开其两端的绝缘层。

注意：导线直接绞接法的绝缘层开剥长度要使导线足够缠绕对方 6 圈以上；使用电工刀剥开导线绝缘层时要注意安全，同时要注意不能损伤芯线。

(2) 用单芯铜导线的直接绞接法，按直线接头的连接工艺要求，将两根导线的两端头对接。

(3) 用同样方法完成其他两根(截面积为 2.5 mm^2)导线的对接。

(4) 用塑料绝缘胶带包扎接头。

(5) 检查接头连接与绝缘包扎质量。

2) 单股绝缘导线的 T 形分支连接步骤

(1) 用钢丝钳剪出两根约 250 mm 长的单股铜导线(截面积为 1 mm^2)，用电工刀剥开一根导线(支线)一端的端头绝缘层和另一根(干线)中间一段的绝缘层。

(2) 用单芯铜导线的直接绞接法，按 T 形分支接头的连接工艺要求，将支线连接在干线上。

(3) 用钢丝钳剪出两根约 250 mm 长的单股铜导线(截面积为 2.5 mm^2)，用电工刀剥开其中一根导线(支线)一端的端头绝缘层和另一根(干线)中间一段的绝缘层。

(4) 用单芯铜导线的扎线缠绕法，按 T 形分支接头的连接工艺要求，将支线连接在干线上(加一条同截面芯线后再用扎线缠绕)。

(5) 用塑料绝缘胶带包扎分支接头。

(6) 检查接头连接与绝缘包扎质量。

3) 7 股绝缘铜导线的直线连接和 T 形分支连接步骤

(1) 将 7 股 16 mm^2 导线剪为等长的两段，用电工刀剥开两根导线各一端部的绝缘层。

(2) 按 7 股导线的直线接头连接方法与工艺要求，将两线头对接。

(3) 将 7 股 10 mm^2 导线剪为等长的两段，用电工刀剥开一根导线一端的端部绝缘层(作支线)，而选择另一根的中间部分作干线的接头部分，并将其绝缘层剥开。

注意： 要先考虑好干线与支线的绝缘层开剥长度再下刀；使用电工刀剥开导线绝缘层时要注意安全，同时要注意不能损伤芯线。

(4) 按 7 股导线的 T 形分支接头的连接方法与工艺要求，将支线端部芯线接在干线芯线上。

(5) 用塑料绝缘胶带包扎接头。

(6) 检查接头连接质量。

4) 压接圈与 U 型头的制作步骤

(1) 用钢丝钳剪出两根约 250 mm 长的单股铜导线(截面积为 1 mm^2)和两根约250 mm 长的单股铜导线(截面积为 2.5 mm^2)，用剥线钳剥开其一端的绝缘层。

注意： 导线绝缘层剥开长度不能过长，一般为接线端头直径的 3～4 倍。

(2) 按压接圈与 U 型头的制作方法与工艺要求操作。

5) 接线端子的维修与更换步骤

根据实训工作台接线端子损坏程度进行维修或更换端子、螺丝等。

注意： 选用起子的规格要与端子螺丝规格相适应，否则会损坏端子绝缘部分或螺丝。

5. 安全文明要求

(1) 使用电工刀剥开绝缘层，进行导线连接时要按安全要求操作，不要误伤手指。

(2) 要节约导线材料(尽量利用使用过的导线)。

(3) 操作时应保持工位整洁，完成全部实训后应马上把工位清洁干净。

思　考　题

3－1　验电笔使用时应注意哪些事项？

3－2　钢丝钳在电工操作中有哪些用途？钢丝钳使用时应注意哪些问题？

3－3　如何用电工刀剥削导线的绝缘层？

3－4　型号为 BLV 的导线名称是什么？其主要用途是什么？

3－5　导线连接有哪些要求？

3－6　常用导线一般用什么材料制成？为什么？选用导线时应考虑哪些因素？

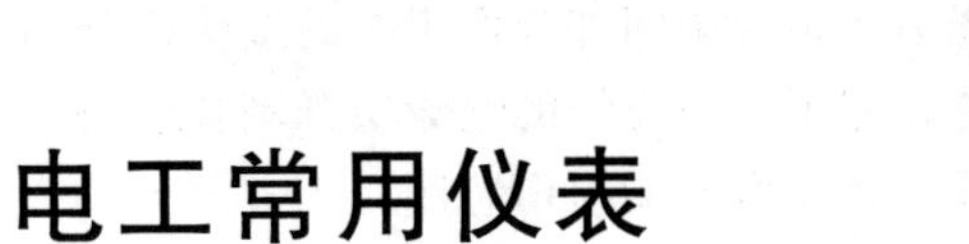

第四章课件

4.1 万　用　表

4.1.1 指针式万用表(500 型)

1. 概述

万用表是电工在安装、维修电气设备时用得最多的携带式电工仪表，如图 4－1 所示。它的特点是量程大、用途广、便于携带。一般可测量直流电阻、直流电流，交、直流电压等。有的表还可测量音频电平、交流电流、电感、电容和三极管的 β 值。

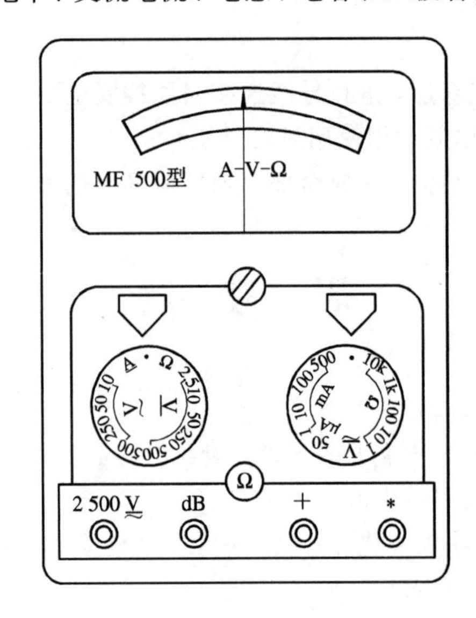

图 4－1　指针式万用表(500 型)

2. 指针式万用表的结构

1）表头

指针式万用表的表头采用的是高灵敏度的磁电式直流电流计，表头的刻度盘是万用表进行各种测量的指示部分，如图 4－2 所示。

例如，500 型万用表的指针表头的显示意义为：面板上最上一条弧形线的右侧标有“Ω”，此弧形线指示的是电阻值；第二条弧形线的右侧标有“≃”，此弧形线指示的是交、直

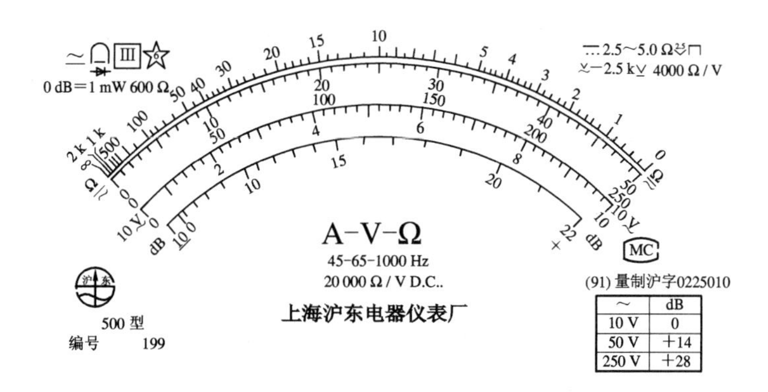

图 4－2　指针式万用表(500 型)表盘

流电压，直流电流 mA 或 μA；第三条弧形线的右侧标有“10 V”，是专供交流 10 V 挡用的；最下面的弧形线右侧标有“dB”，是供测音频电平值用的。

2）测量线路

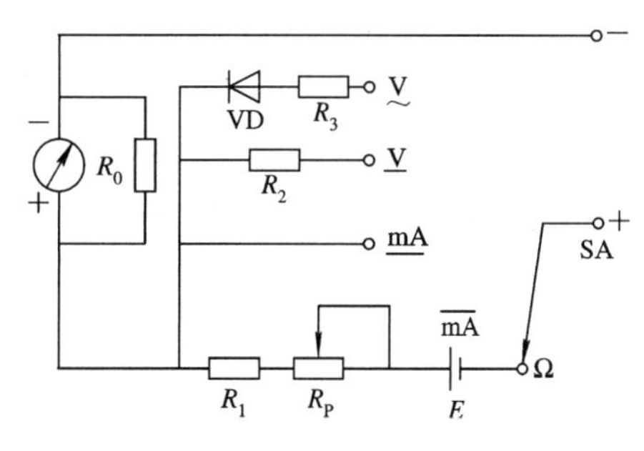

图 4－3　简单万用表测量线路

指针式万用表的测量线路由测量各种电量的线路构成，如测量电压的分压线路、测量电流的分流线路等，其量程各不相同。测量电阻的线路有内接电池，即 $R\times1$、$R\times10$、$R\times100$、$R\times1$ k 挡用 1.5 V，$R\times10$ k 挡用 9 V 或更高的电压。与电池串联的电阻称为中心电阻，有 10 Ω、12 Ω、24 Ω、36 Ω 等系列。图 4－3 所示是最简单万用表的测量线路图。

3）转换开关

指针式万用表的转换开关是用来切换测量线路，以便与表头配合，实现其大电量、大量程的测量的。例如，500 型万用表有两个转换开关，这两个转换开关互相配合使用，以测量电阻、电压和电流。左侧转换开关标有：

$\underline{A}$——测直流电流；

·——空挡；

Ω——测电阻量程挡；

$\underline{V}$——测直流电压量程挡(2.5～500 V)；

$\underset{\sim}{V}$——测交流电压量程挡(10～500 V)。

右侧转换开关标有：

·——空挡；

$\underset{\approx}{V}$——测交、直流电压；

50——测直流电流 50 μA 量程挡；

Ω——测电阻倍率挡(1～10 kΩ)；

mA——测 mA 量程挡(1～500 mA)。

例如，测电阻时，左侧转换开关转到 Ω，右侧转换开关转到倍率挡，假如倍率挡选用 10，若测量指示为 10，则该电阻为 10×10 Ω=100 Ω；若倍率选用为 100，指示值仍为 10，则该电阻为 100×10 Ω=1000 Ω。测交流电压 380 V 时，右侧转换开关转到$\underset{\approx}{V}$，左侧转换开关量程选用交流电压500挡，指针指示38，即为380 V；测交流电压220 V时，量程选用250，指针指示44，即为220 V。测直流电流25 mA时，种类挡选A，量程挡选用100 mA，若指针指示为12.5，则测量值为25 mA。

测量电流、电压时：

$$实际值=\frac{指针读数\times量程}{满偏刻度}$$

测量电阻时：

$$实际值=指针读数\times倍率$$

3. 面板符号和数字的识别(以500型为例)

面板符号和数字是仪表性能和使用的简要说明，应予以充分了解。

1) 面板符号

(1) 工作原理符号：⋂ 表示磁电系整流仪表。

(2) 工作位置符号：┌┐表示水平放置。

(3) 绝缘强度：☆ 表示绝缘强度试验，电压为6 kV；☆内无数据时，表示绝缘耐压试验，电压为500 V；☆内数据为0时，表示不进行绝缘试验。

(4) 防外磁电场级别符号：Ⅲ表示三级防外磁场。

(5) 电流种类符号：≃表示交/直流；⎓表示直流或脉动直流。

(6) A—V—Ω表示可测电流、电压和电阻。

2) 面板数字

(1) 表示准确度等级的数字：～5.0表示交流5.0级；⎓ 2.5表示直流或脉动直流2.5级；Ω2.5表示电阻挡为2.5级准确度。

(2) 表示电压灵敏度的数字：V- 2.5 k V4000Ω/V表示测交流电压和2.5 kV直流电压时，电压灵敏度为每伏4000 Ω；20 000 Ω/V D.C.表示测直流电压时电流灵敏度为每伏20 000 Ω。电压灵敏度越高，说明测量时对原电路影响越小。不同的表的表示方法略有不同，如4000 Ω/V、20 000 Ω/V等。每伏的电阻数值越大，则灵敏度越高。

(3) 表示使用频率范围的数字：45—65—1000Hz表示频率在45～65 Hz范围内，能保证测量的准确度，最高使用频率为1000 Hz。

(4) 0 dB=1 mW 600 Ω表示测音频电压时，0 dB的标准为在600 Ω电阻上功率为1 mW。

3) 准确度等级符号说明

几种表示准确度等级的符号的说明见表4-1。

表4-1　准确度等级符号

符号	说　明
1.5	以标度尺量限百分数表示的准确度等级，如1.5级
\/1.5\/	以标度尺长度百分数表示的准确度等级，如1.5级
(1.5)	以指示值百分数表示的准确度等级，如1.5级

4. 基本使用方法

(1) 机械调零：在表盘下有一个“一”字塑料螺钉，用“一”字起子调整仪表指针到0位。

(2) 选择插孔：测电流、电压、电阻时，红表笔插“+”孔，黑表笔插“-”孔。

(3) 选择转换开关位置(包括种类，量程(或倍率))：详见本节中相关内容。

(4) 测量电流时：万用表要串联于被测电路中，并注意测直流电路时高电位接“+”红表笔，低电位接“-”黑表笔。

(5) 测量电压时：万用表与被测电路并联，测直流电压时，高电位接红表笔，低电位接黑表笔。

(6) 测量电阻时：万用表与被测电路并联，每次换量程都要先进行欧姆调零，也叫电气调零，欧姆调零旋钮在四个插孔中间偏上标有“Ω”符号。欧姆调零时，将两表笔短接，调节欧姆调零旋钮，使指针指在右边零位。

5. 注意事项

(1) 测量电压或电流时，不能带电转动转换开关，否则有可能将转换开关触点烧坏。

(2) 测量电压、电流时，种类(电流还是电压)和量程(范围)要选择正确，否则会烧表。

(3) 测量电阻时，被测设备不能带电，两手不能同时触及表笔金属部分。指针在表盘的1/3～2/3处时读数准确率较高。

(4) 万用表用完后，应将转换开关转到交流电压最高挡量程处或都转到空挡(·)位置。

4.1.2 数字万用表(DT-9202型)

1. 面板结构

DT-9202系列数字万用表具有精度高、性能稳定、可靠性高且功能全的特点，其面板结构如图4-4所示。

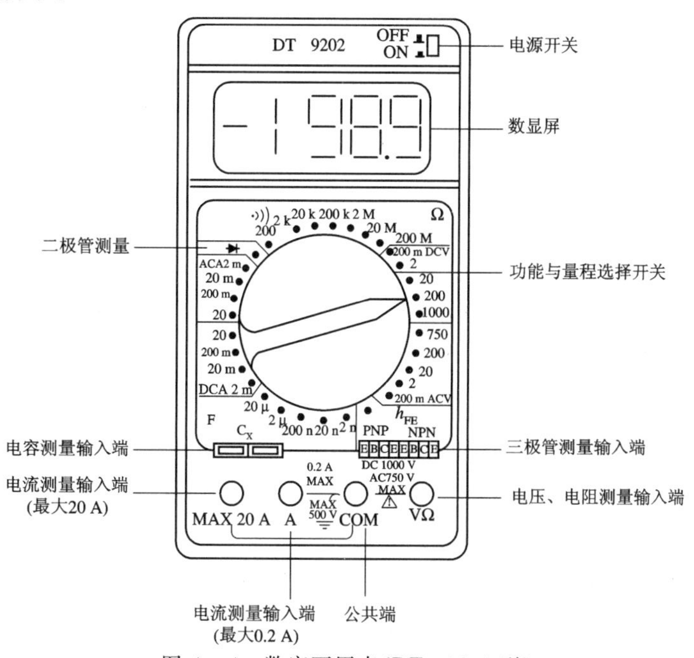

图4-4　数字万用表(DT-9202型)

2. 基本使用方法

1）检验好坏

应首先检查数字万用表外壳、表笔有无损伤，然后再做如下检查：

（1）将电源开关打开，显示器应有数字显示。若显示器出现低电压符号，则应及时更换电池。

（2）表笔孔旁的“MAX”符号表示测量时被测电路的电流、电压不得超过量程规定值，否则将损坏内部测量电路。

（3）测量时，应选择合适量程，若不知被测值大小，可将转换开关置于最大量程挡，在测量中按需要逐步下降。

（4）如果显示器显示“1”，一种情况是表示量程偏小，称为“溢出”，需选择较大的量程；另一种情况是表示无穷大。

（5）当转换开关置于“Ω”、“⊳|”挡时，不得引入电压。

2）直流电压的测量

直流电压的测量范围为0～1000 V，共分五挡，被测量值不得高于1000 V的直流电压。

（1）将黑表笔插入“COM”插孔，红表笔插入“V/Ω”插孔。

（2）将转换开关置于直流电压挡的相应量程。

（3）将表笔并联在被测电路两端，红表笔接高电位端，黑表笔接低电位端。

3）直流电流的测量

直流电流的测量范围为0～20 A，共分四挡。

（1）范围在0～200 mA时，将黑表笔插入“COM”插孔，红表笔插“mA”插孔；测量范围在200 mA～20 A时，红表笔应插“20 A”插孔。

（2）转换开关置于直流电流挡的相应量程。

（3）两表笔与被测电路串联，且红表笔接电流流入端，黑表笔接电流流出端。

（4）被测电流大于所选量程时，会烧坏内部保险丝。

4）交流电压的测量

交流电压的测量范围为0～750 V，共分五挡。

（1）将黑表笔插入“COM”插孔，红表笔插入“V/Ω”插孔。

（2）将转换开关置于交流电压挡的相应量程。

（3）表笔与被测电路并联，红、黑表笔不需考虑极性。

5）交流电流的测量

交流电流的测量范围为0～20 A，共分四挡。

（1）表笔插法与“直流电流的测量”相同。

（2）将转换开关置于交流电流挡的相应量程。

（3）表笔与被测电路串联，红、黑表笔不需考虑极性。

6）电阻的测量

电阻的测量范围为0～200 MΩ，共分七挡。

(1) 黑表笔插入“COM”插孔，红表笔插入“V/Ω”插孔(注：红表笔极性为“+”)。

(2) 将转换开关置于电阻挡的相应量程。

(3) 表笔开路或被测电阻值大于量程时，显示为“1”。

(4) 仪表与被测电路并联。

(5) 严禁被测电阻带电，且所得阻值直接读数，无需乘倍率。

(6) 测量大于1 MΩ的电阻值时，几秒后读数方能稳定，这属于正常现象。

7) 电容的测量

电容的测量范围为0～20 μF，共分五挡。

(1) 将转换开关置于电容挡的相应量程。

(2) 将待测电容两脚插入“CX”插孔即可读数。

8) 二极管的测试和电路的通断检查

(1) 将黑表笔插入“COM”插孔，红表笔插入“V/Ω”插孔。

(2) 将转换开关置于“ ⊳|- ”位置，测量PN结；将转换开关置于“ •)) ”挡测量电路通断。

(3) 红表笔接二极管正极，黑表笔接其负极，则可测得二极管正向压降的近似值。可根据电压降大小判断出二极管材料类型。

(4) 将两只表笔分别触及被测电路两点，若两点电阻值小于70 Ω，表内蜂鸣器发出叫声，则说明电路是通的，反之则不通，以此来检查电路通与断。

9) 三极管共发射极直流电流放大系数的测试

(1) 将转换开关置于h_{FE}位置。

(2) 测试条件为：$I_B=10\ \mu A$，$U_{CE}=2.8\ V$。

(3) 三只引脚分别插入仪表面板的相应插孔，显示器将显示出h_{PE}的近似值。

3. 注意事项

(1) 数字万用表内置电池后方可进行测量工作，使用前应检查电池电源是否正常。

(2) 检查仪表正常后方可接通仪表电源开关。

(3) 用导线连接被测电路时，导线应尽可能短，以减少测量误差。

(4) 接线时先接地线端，拆线时后拆地线端。

(5) 测量小电压时，逐渐减小量程，直至合适为止。

(6) 数显表和晶体管(电子管)电压表过载能力较差。为防止损坏仪表，使用通电前应将量程选择开关置于最高电压挡位置，并且每测一个电压以后，应立即将量程开关置于最高挡。

(7) 一般多数电压表测量出的均是电压的有效值(有的仪表测量的基本量为最大值或平均值)。

4.2　摇　　表

1. 概述

摇表又称兆欧表，是一种不带电测量电气设备及线路绝缘电阻的便携式的仪表，如

图 4 - 5 所示。绝缘电阻是否合格是判断电气设备能否正常运行的必要条件之一。兆欧表的读数以兆欧为单位（1 MΩ=10^6 Ω）。

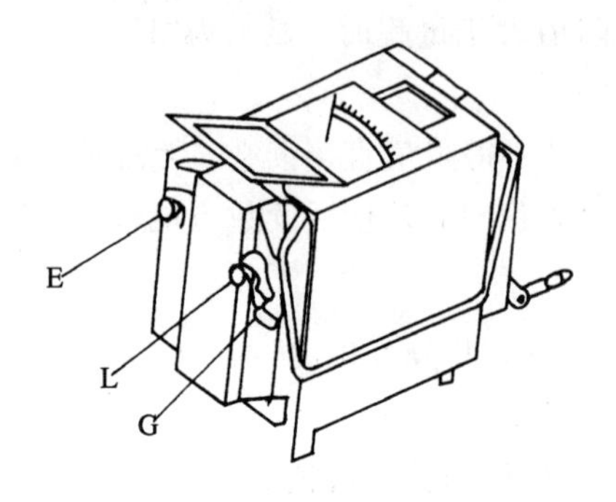

图 4 - 5　摇表外形

2. 结构

摇表主要由手摇直流发电机、磁电式比率表和接线柱构成。

（1）手摇直流发电机。手摇直流发电机的作用是提供一个便于携带的高电压测量电源，其产生的电压常见的有 500 V、1000 V、2500 V、5000 V 等几种。发电机的电压值称为兆欧表的电压等级。

（2）磁电式比率表。磁电式比率表是测量两个电流比值的仪表，与普通磁电式指针仪表结构不同，它不用游丝来产生反作用力矩，而是与转动力矩一样，由电磁力产生反作用力矩，在不使用时指针处于自由零位。

（3）接线柱。接线柱主要有 L 接线路、E 接地和 G 接保护环（屏蔽）。

3. 面板符号

摇表的面板符号如图 4 - 6 所示。

500 V
NO.7-0151　　1995

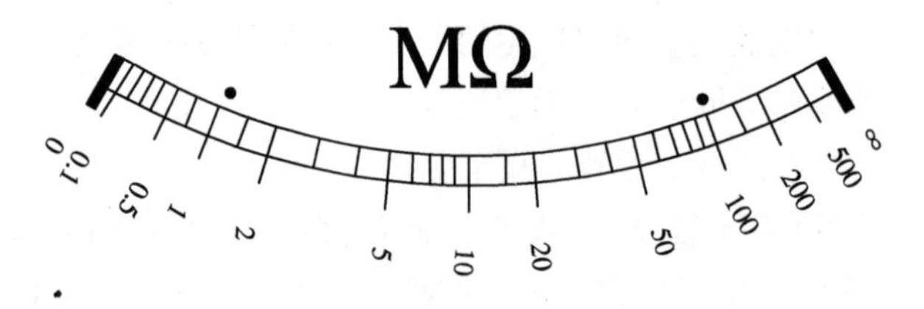

图 4 - 6　摇表面板

图 4 - 6 中：

——磁电式无机械反作用力；

——绝缘强度试验电压 1 kV；

⑩——准确度 10 级（以指示值百分数表示准确度）；

——水平放置；

500 V——500 V 摇表。

4. 摇表的使用

(1) 做好准备工作：切断电源，对设备和线路进行放电，确保被测设备不带电。必要时被测设备加接地线。

(2) 选表：根据被测设备的额定电压选合适电压等级的表。测量额定电压在 500 V 以下的设备时，宜选用 500～1000 V 的摇表；额定电压 500 V 以上时，应选用 1000～2500 V 的摇表。在选择摇表的量程时，不要使测量范围过多地超出被测绝缘电阻的数值，以免产生较大的测量误差。通常，测量低压电气设备的绝缘电阻时，选用 0～500 MΩ 量程的摇表；测量高压电气设备、电缆时，选用 0～2500 MΩ 量程的摇表。有的摇表标度尺不是从零开始，而是从 1 MΩ 或 2 MΩ 开始刻度的，这种表不宜用来测量低压电气设备的绝缘电阻。摇表表盘上刻度线旁有两个黑点，这两个黑点之间对应刻度线的值为摇表的可靠测量值范围。如测低压电气设备绝缘电阻时，通常选 500 V 摇表；测 10 kV 变压器绝缘电阻时，通常选 2500 V 摇表。

(3) 验表：摇表内部由于无机械反作用力矩的装置，指针在表盘上任意位置皆可，无机械零位，因此在使用前不能以指针位置来判别表的好坏，而是要通过验表来判别。首先将表水平放置，两表夹分开，一只手按住摇表，另一只手以 90～130 r/min 的转速摇动手柄。若指针偏到"∞"，则停止转动手柄；再将表夹短路，若指针偏到"0"，则说明该表良好，可用。特别要指出的是：摇表指针一旦到零，应立即停止摇动手柄，否则会使表损坏。此过程又称校零和校无穷，简称校表。

(4) 接线：一般情况只用 L 和 E 两个接线柱。当被测设备(如电缆)有较大分布电容时，需用 G 接线柱。首先将两条接线分开，不要有交叉。然后将 L 端与设备高电位端相连，E 端接低电位端(如测电机绕组与外壳绝缘电阻时，L 端与绕组相连，E 端与外壳相连)。若被测设备的两部分电位不能分出高低，则可任意连接(如测电机两绕组间绝缘电阻时)。摇表接线如图4－7 所示。

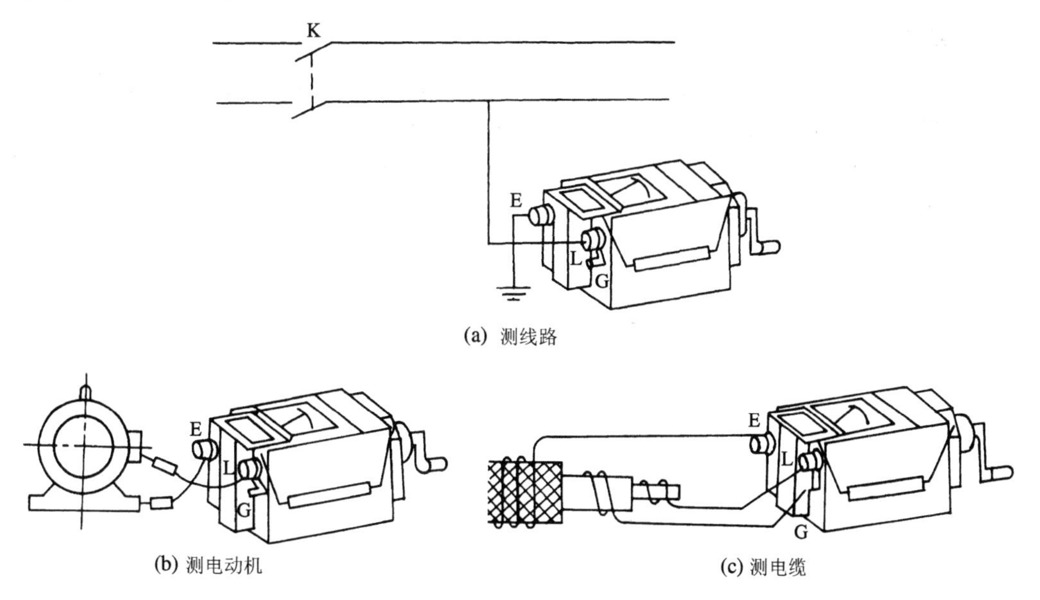

图 4－7　摇表接线

(5) 测量：先慢摇，后加速，加到120 r/min时，匀速摇动手柄1 min，并待表指针稳定时，读取指示值为测量结果。读数时，应边摇边读，不能停下来读数。

(6) 拆线：拆线原则是先拆线后停表，即读完数后，不要停止摇动手柄，将L线拆开后，才能停摇。如果电气设备容量较小，其内无电容器或分布电容很小，亦可停止摇动手柄后再拆线。

(7) 放电：拆线后对被测设备两端进行放电。

(8) 清理现场。

5. 测量注意事项

电气设备的绝缘电阻都比较大，尤其是高压电气设备处于高电压工作状态，测量过程中保障人身及设备安全至关重要。同样，测量结果的可靠性也非常重要，测量时，必须注意以下几点：

(1) 测量前必须切断设备的电源，并接地短路放电，以保证人身和设备的安全，获得正确的测量结果。

(2) 在摇表使用过程中要特别注意安全，因为摇表端子有较高的电压，在摇动手柄时不要触及摇表端子及被测设备的金属部分。

(3) 对于有可能感应出高电压的设备，要采取措施，消除感应高电压后再进行测量。

(4) 被测设备表面要处理干净，以获得测量的准确结果。

(5) 摇表与被测设备之间的测量线应采用单股线，单独连接；不可采用双股绝缘绞线，以免绝缘不良而引起测量误差。

(6) 禁止在雷电时用摇表在电力线路上进行测量，禁止在有高压导体的设备附近测量绝缘电阻。

4.3 钳　　表

1. 概述

钳表的外形与钳子相似，使用时将导线穿过钳形铁芯，因此称为钳形表或钳形电流表，它是电气工作者常用的一种电流表。用普通电流表测量电路的电流时，需要切断电路，接入电流表。而钳表可在不切断电路的情况下进行电流测量，即可带电测量电流，这是钳表的最大特点。其外形如图4-8所示。

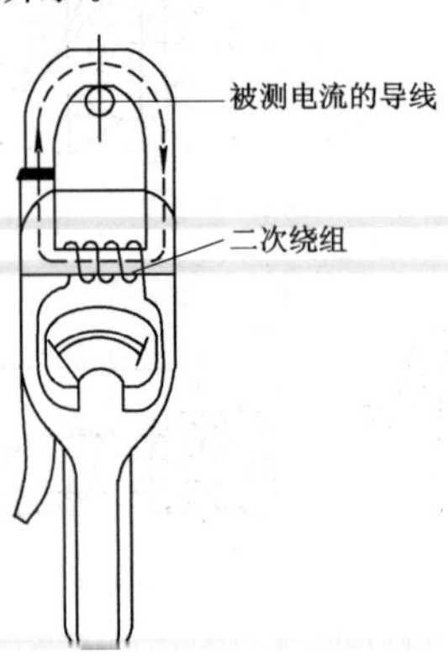

图4-8　钳表的外形

常用的钳表有指针式和数字式两种。指针式钳表测量的准确度较低，通常为2.5级或5级。数字式钳表测量的准确度较高，用外接表笔和挡位转换开关相配合，还具有测量交/直流电压、直流电阻和工频电压频率的功能。

2. 结构与原理

1）结构

指针式钳形电流表主要由铁芯、电流互感器、电流表及钳形扳手等组成。钳形电流表能在不切断电路的情况下进行电流的测量，是因为它具有一个特殊的结构——可张开和闭合的活动铁芯。当捏紧钳形电流表手柄时，铁芯张开，被测电路可穿入铁芯；放松手柄时，铁芯闭合，被测电路作为铁芯的一组线圈。图4-9(a)所示为指针式钳形电流表测量机构示意图。

数字式钳形表主要由具有钳形铁芯的互感器(固定钳口、活动钳口、活动钳把及二次绕组)、测量功能转换开关(或量程转换开关)、数字显示屏等组成。图4-9(b)所示为FLUKE 337型数字式钳形电流表的面板示意图。

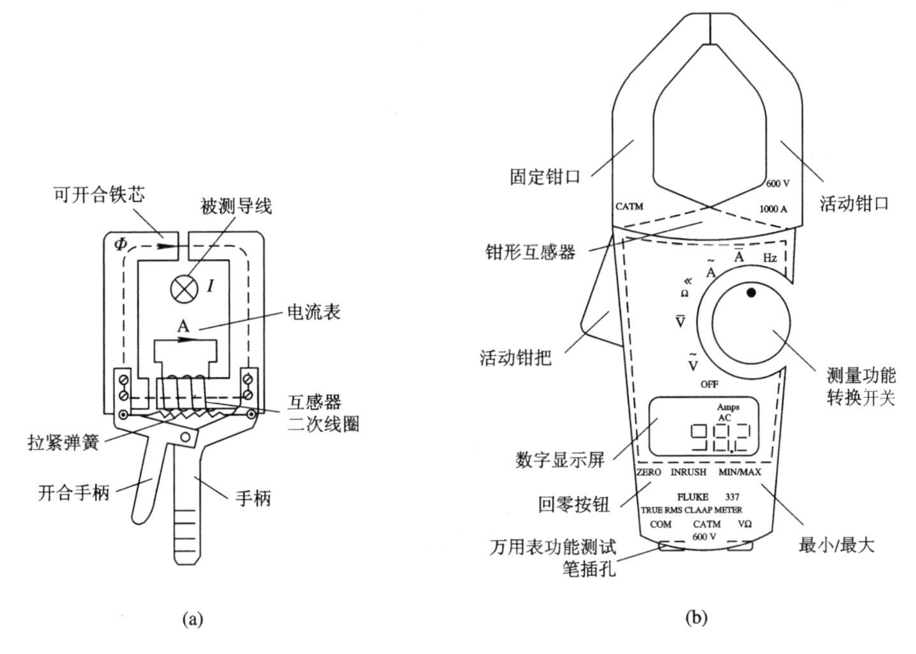

图4-9 钳形电流表结构

(a) 指针式钳形电流表；(b) 数字式钳形电流表

2）钳形电流表的工作原理

钳形交流电流表可看作是由一只特殊的变压器和一只电流表组成的。被测电路相当于变压器的初级线圈，铁芯上设有变压器的次级线圈，并与电流表相接。这样，被测电路通过的电流使次级线圈产生感应电流，经整流送到电流表，使指针发生偏转，从而指示出被测电流的数值。其原理如图4-10所示。

钳形交/直流电流表是一个电磁式仪表，穿入钳口铁芯中的被测电路作为励磁线圈，磁通通过铁芯形成回路。仪表的测量机构受磁场作用发生偏转，指示出测量数值。因电磁式仪表不受测量电流种类的限制，所以可以测量交/直流电流。

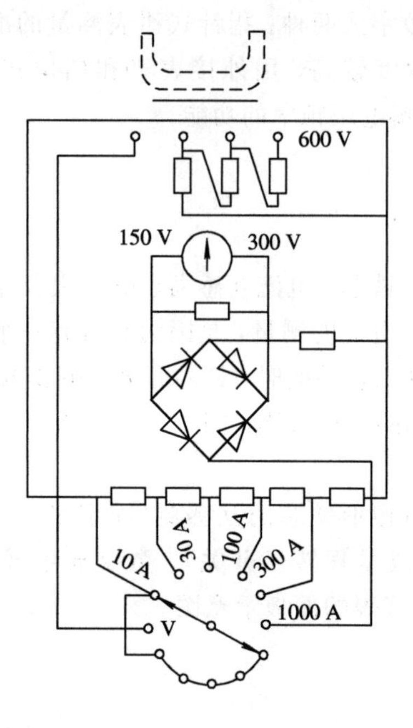

图 4 - 10　钳形电流表的工作原理

3. 面板符号

钳表的面板符号如图 4 - 11 所示。

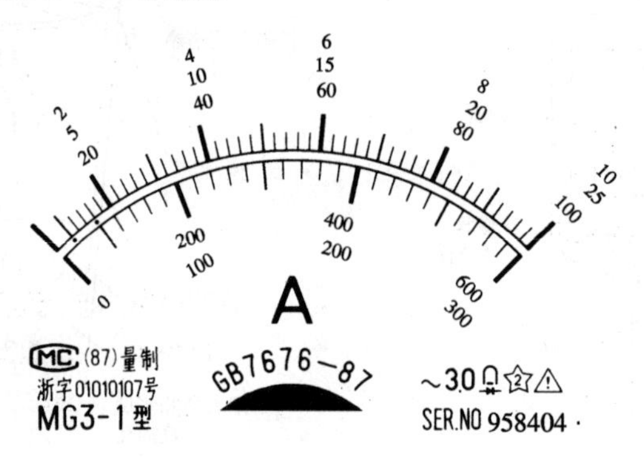

图 4 - 11　钳表面板符号

图 4 - 11 中：

～3.0——交流 3 级准确度；

☆——绝缘强度耐压 2 kV；

⩍——磁电系整流仪表；

⚠——使用条件图形符号，其中 A 组仪表使用环境温度为 0～40℃，B 组仪表使用环境温度为－20～50℃；C 组仪表使用环境温度为－40～60℃。

4. 钳表的使用

(1) 根据被测电流的种类和线路的电压，选择合适型号的钳表，测量前首先必须调零(机械调零)。

(2) 检查钳口表面应清洁无污物，无锈。当钳口闭合时应密合，无缝隙。

(3) 若已知被测电流的粗略值，则按此值选合适量程。若无法估算被测电流值，则应先放到最大量程，然后再逐步减小量程，直到指针偏转不少于满偏的 1/4，如图 4 - 12 所示。

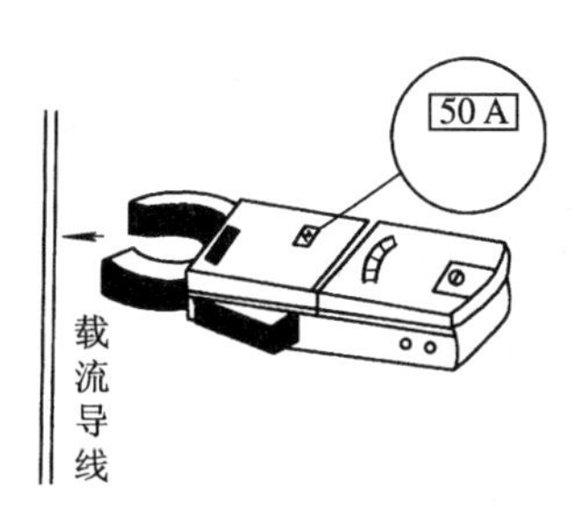

图 4 - 12　钳表的使用(1)

(4) 被测电流较小时，可将被测载流导线在铁芯上绕几匝后再测量，实际电流数值应为钳形表读数除以放进钳口内的导线根数，如图 4 - 13 所示。

(5) 测量时，应尽可能使被测导线置于钳口内中心垂直位置，并使钳口紧闭，以减小测量误差，如图 4 - 14 所示。

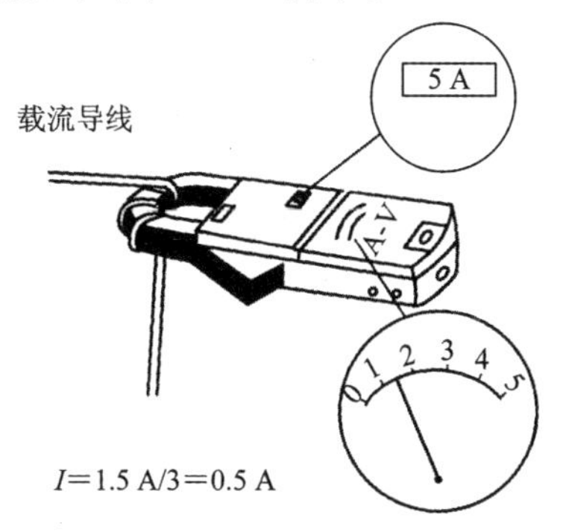

图 4 - 13　钳表的使用(2)

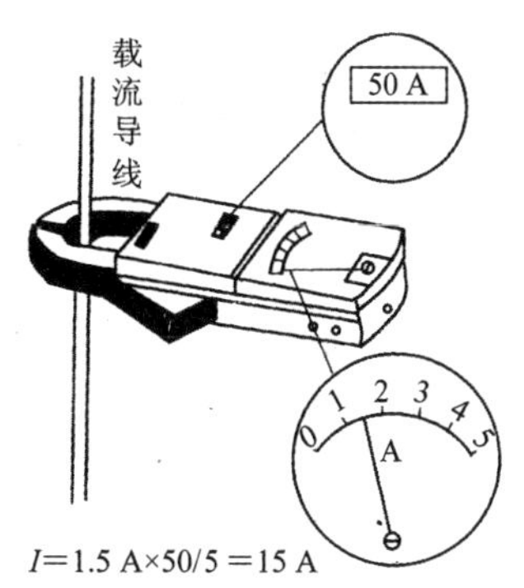

图 4 - 14　钳表的使用(3)

(6) 测量完毕后，应将量限转换开关置于交流电压最大位置，避免下次使用时误测大电流。

5. 使用注意事项

(1) 测高压电流时，要戴绝缘手套，穿绝缘靴，并站在绝缘台上。

(2) 钳表不用时，应将量程放到最大挡。

(3) 测量时应使被测导线置于钳口内中心位置，并使钳口紧闭。

(4) 转换量程挡位时应在不带电的情况下进行，以免损坏仪表或发生触电危险。

(5) 进行测量时要注意保持与带电部分的安全距离，以免发生触电事故。

4.4　接地电阻表

1. 概述

电力系统中的接地按其作用不同一般分为三种，即工作接地、保护接地和防雷接地。

在接地系统中，接地电阻的大小直接关系到人身和设备的安全。接地电阻的大小与大地的结构、土壤的电阻率、接地体的几何尺寸等因素有关，各种不同电压等级的电气设备和输电线路对接地电阻的标准要求都有相应的规定。接地电阻表主要用于电气设备以及避雷装置等接地电阻的测量，它又称为接地电阻测量仪或接地摇表。

2. 接地及接地电阻的概念

所谓接地，就是用金属导线将电气设备和输电线路需要接地的部分与埋在土壤中的金属接地体连接起来。接地体的接地电阻包括接地体本身的电阻、接地线电阻、接地体与土壤的接触电阻和大地的散流电阻。由于前三项电阻很小，可以忽略不计，因此接地电阻一般指散流电阻。当接地体上有电压时，就有电流从接地体流入大地并向四周扩散。

越靠近接地体，电流通过的截面越小，电阻越大，电流密度就越大，地面电位也就越高；离开接地体越远，电流通过的截面越大，电阻越小，电流密度就越小，电位也就越低。到离开接地体大约 20 m 处，电流密度几乎等于零，电位也就接近于零，所以接地电阻主要就是从接地体到零电位点之间的电阻，它等于接地体的对地电压与经接地体流入大地中的接地电流之比($R=U/I$)。对地电压就是电气设备的接地点与大地零电位之间的电位差。

3. 接地电阻表的结构与原理

1）接地电阻测量仪的结构

接地电阻测量仪主要由手摇发电机、电流互感器、电位器以及检流计组成，其附件有两根探针，分别为电位探针和电流探针，还有 3 根不同长度的导线(5 m 长的用于连接被测的接地体，20 m 长的用于连接电位探针，40 m 长的用于连接电流探针)。用 120 r/min 的速度摇动摇把时，表内能发出 110～115 Hz、100 V 左右的交流电压。常用的接地电阻测量仪和附件如图 4-15 所示。

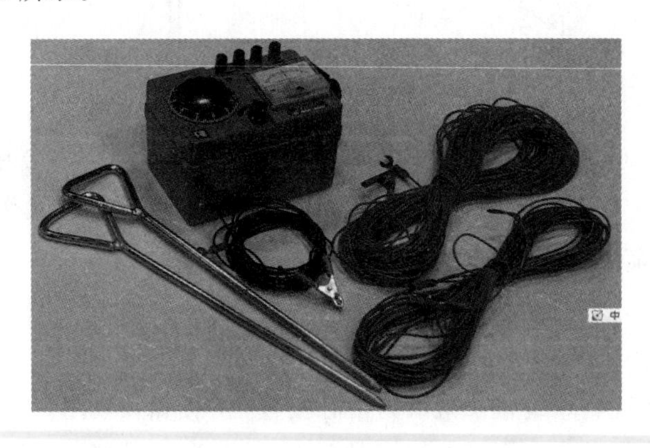

图 4-15　常用的接地电阻测量仪和附件

2）接地电阻测量仪的工作原理

大地之所以能够导电是因为土壤中含有电解质。如果测量接地电阻时施加的是直流电压，则会引起化学极化作用，使测量结果产生很大的误差。因此，测量接地电阻时不能用直流电压，一般都用交流电压。用补偿法测量接地电阻的原理电路如图 4-16 所示。

图 4-16 中，E 为接地电极，P 为电位辅助电极，C 为电流辅助电极。E 接地，P、C 分

别接电位探针和电流探针，三者应在一条直线上，间距不小于 20 m。被测接地电阻 R_x 就是 E、P 之间的土壤散流电阻，不包括电流辅助电极 C 的接地电阻。

交流电源的输出电流 I 经电流互感器 TA 的一次绕组到接地电极 E，通过大地和电流辅助探针、电流辅助电极 C 构成闭合回路，在接地电阻 R_x 上形成电压降 IR_x，IR_x 的电位分布如图 4－16 所示。电流互感器的二次绕组感应电流，并经电位器 R 构成回路，电位器左端电压降为 kIR_s。当检流计指针偏转时，调节电位器使检流计指针为零，则此时有

$$IR_x = kIR_s$$

$$R_x = kR_s$$

式中：k 是互感器 TA 的变比。可见，被测接地电阻 R_x 的测量值仅由电流互感器变比和电位器的电阻 R_s 决定，而与辅助电极的接地电阻无关。

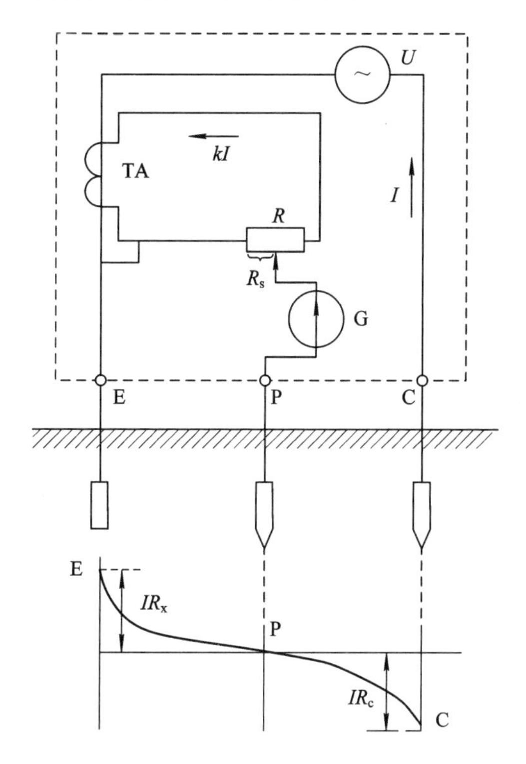

图 4－16　用补偿法测量接地电阻的原理电路及电位分布图

4. 接地电阻表的使用

(1) 按图 4－17 所示，将一根探针插在离接地体 40 m 远的地下，另一根探针插在离接地体 20 m 的地下，两根探针与接地体之间成一直线分布，探针插入地下的深度为 40 cm，上端露出地面 10～15 cm。

(2) 将仪表水平放置，检查指针是否指在零位上；否则，应将指针调整至中心线零位上。

(3) 用导线将接地体 E′与仪表端钮 E 相连，电位探针 P′与端钮 P 相连，电流探针 C′与端钮 C 相连，如图 4－17(a)所示。如果使用的是四端钮的接地电阻仪，其接线方式如图 4－17(b)所示。如果被测接地电阻小于 1 Ω，如测量高压线塔杆的接地电阻时，为消除

接线电阻和接触电阻的影响，应使用四端钮的接地电阻表，接线如图 4-17(c)所示。

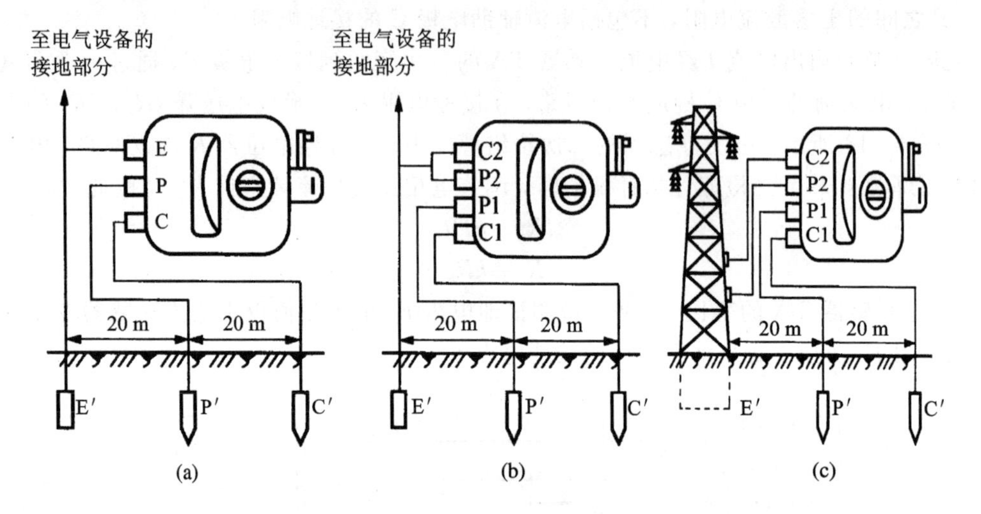

图 4-17　接地电阻表的接线图

(a) 三端钮仪表的接线；(b) 四端钮仪表的接线；(c) 测量小电阻的接线

(4) 将“倍率标度盘”置于最大倍数，慢摇发电机手柄，同时旋动“测量标度盘”，即调节电位器 R_s 使检流计的指针位于中心线零位上。当检流计的指针接近平衡时，加快发电机手柄的转速，使其达到额定转速 120 r/min，调整“测量标度盘”，使指针稳定指于中心线零位上。这时，接地电阻＝倍率×测量标度盘读数。

(5) 若“测量标度盘”的读数小于 1，应将“倍率标度盘”置于较小的倍数，再重新进行测量。

(6) 当被测电阻小于 1 Ω 时，为了消除接线电阻和接触电阻的影响，宜采用四端钮接线。测量时应将 C2、P2 间的连片打开，分别用导线连接到被测接地体上，并将端钮 P2 接在靠近接地体侧，如图 4-17(c)所示。

5. 测量注意事项

(1) 当检流计的灵敏度过高时，可将电位探测针 P′插入土壤中浅一些。当检流计的灵敏度不够时，可沿电位探测针和电流探测针注水使土壤湿润些。

(2) 测量时，接地线路要与被保护的设备断开，以便得到准确的测量。

4.5　电工实训台介绍

图 4-18 所示是电工实训台板面布置图，学生可以在板面上根据不同实训项目安装不同的电工电路，在实训台板面上已经安装的器件有：固定元器件的万能面板；三相电源进线端子 U、V、W、N；三相电源指示 EX_U、EX_V、EX_W；通电和保护用的自动开关 QF；保护用的熔断器 FU；安装照明电路用的白炽灯 EL、日光灯管 G、镇流器 L 和日光灯启动器 S；供测量用的电压表和电流表；供控制用的指示灯 EX_1～EX_8、复合按钮 SB_1～SB_4 和常闭按钮 SB_5～SB_8。为了安装方便和保证元器件使用寿命，所有已安装的元器件都用端子连接，安装接线时只要把导线接在元器件对应的端子的另一端上即可。

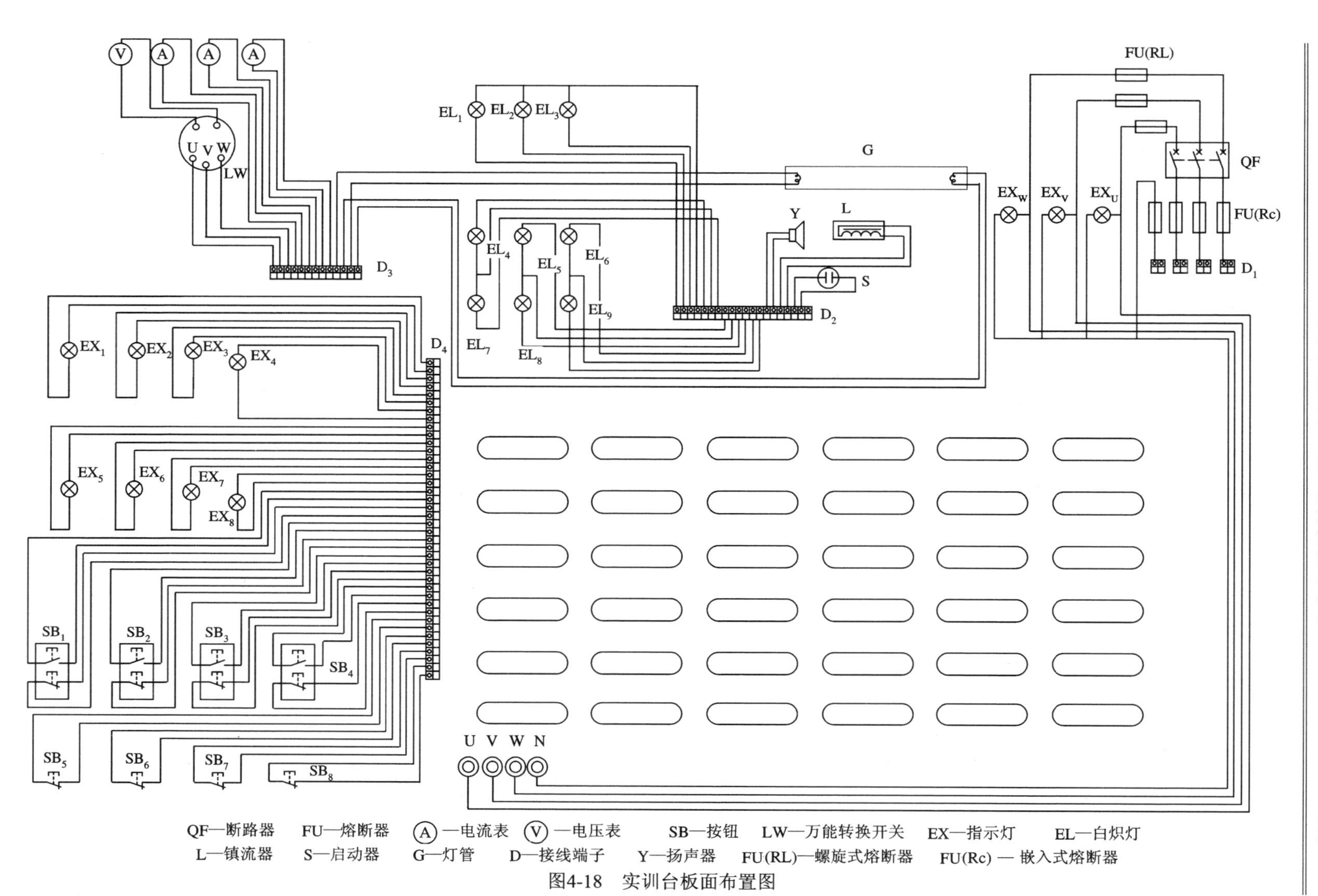

QF—断路器　FU—熔断器　Ⓐ—电流表　Ⓥ—电压表　SB—按钮　LW—万能转换开关　EX—指示灯　EL—白炽灯

L—镇流器　S—启动器　G—灯管　D—接线端子　Y—扬声器　FU(RL)—螺旋式熔断器　FU(Rc) — 嵌入式熔断器

图4-18　实训台板面布置图

4.6　实训——常用电工仪表的使用

1. 实训目的

(1) 能正确使用万用表测量电阻、交流电压、直流电压与电流等。

(2) 能正确使用钳形电流表测量交流电流。

(3) 能正确使用摇表测量电气设备的绝缘电阻。

(4) 能正确使用接地电阻表测量电气设备的接地电阻。

2. 实训器材与工具

(1) 电工实训台一套；

(2) 1.5 kW 三相异步电动机 1 台；

(3) 2.5 mm^2 导线若干；

(4) 单相调压器 1 台；

(5) 指针式万用表(或数字式万用表)1 台；

(6) 钳形电流表 1 台(型号不限)；

(7) 500 V 兆欧表 1 台。

(8) 接地电阻表 1 台。

3. 实训前的准备

(1) 了解万用表、钳表、摇表面板各部分的基本结构与作用；

(2) 明确用万用表测量各基本电量时的使用方法与注意事项；

(3) 明确钳形电流表的使用方法与安全要求；

(4) 明确用摇表测量低压电器的方法与注意事项；

(5) 准备测量用的实训台三相四线电源(应有漏电保护装置)；

(6) 装接好 1.5 kW 三相异步电动机电源电路；

(7) 掌握接地电阻表测量线路接地电阻的方法和测量注意事项。

4. 实训内容

1) *万用表、兆欧表、钳形电流表旋转开关挡位的操作实训步骤*

(1) 观察实训用万用表、摇表、钳形电流表的面板，明确各部分的名称与作用。

(2) 旋动万用表、摇表、钳形电流表转换开关，说明转换开关各挡位的功能，并观察指针(数值)变化情况。

(3) 用小螺钉旋具调节万用表、钳形电流表机械调零旋钮，并将指针调准在零位。

注意：调整的幅度要小，动作要慢，掌握方法即可。

(4) 用开路和短路法检查兆欧表的好坏。

(5) 拆开万用表电池盒盖，学会电池的安装。

2) *万用表、摇表、钳形电流表的读数实训步骤*

(1) 观察表盘，明确各标度尺的意义、最大量程与刻度的特点。

(2) 画出标度尺的简图。

(3) 进行指针在不同位置时表示电量的读数练习。

3) 用万用表测量电阻的实训步骤

(1) 用万用表测量实训台上灯泡、灯管、镇流器的阻值。

注意：要根据阻值大小调整量程，每次调整量程后都要重新调零。

(2) 用万用表测量交流电动机定子绕组线圈的电阻值。

提示：将电动机接线盒内的绕组各线头连接线拆出，据线头标志分别测量(U_1，U_2)、(V_1，V_2)和(W_1，W_2)3 对线头的电阻值。

4) 用万用表测量交流电压、直流电压与电流的实训步骤

(1) 将万用表置交流电压 500 V 以上挡，测量实训台三相交流电的线电压与相电压。

(2) 用交流调压器分别调出 100 V、36 V 和 12 V 的电压值，根据不同的电压值选择合适的交流电压量程来测量。

注意：测量时要严格按安全要求操作，测量完毕应将电源关闭。

(3) 表笔接在直流稳压源(12～24 V)的输出端子上，调节电压旋钮，分别测出电压值。

注意：要正确选择直流电压挡位与量程；要确定被测点电位的高低；测量完毕应关闭电源。

(4) 用万用表测量各段线路的电流值。测量时，应先将测量点断开，将两表笔串入断开点。

说明：若使用数字万用表进行测量，则除表盘标度尺与读数训练不需要进行外，其他训练内容都可与指针式万用表相同，并可根据需要增加交流电流和电路通/断的测量。其操作方法与安全要求可参考本书中的相关内容。

5) 使用 500 V 摇表测量三相电动机的相间绝缘电阻与对地绝缘电阻的实训步骤

(1) 切断电动机的电源，把接线盒内的电动机绕组线圈 6 条引出线拆开(如无记号应先做好记号，以便测试后恢复接好)。

(2) 按要求验表。

(3) 用兆欧表测量电动机的三相相间绝缘电阻值与对地绝缘电阻值并将测量数据填入表 4－2 中。

表 4－2　测量电动机的三相相间绝缘电阻值与对地绝缘电阻值

测量对象	三相电动机绕组相间绝缘电阻			三相电动机绕组对地绝缘电阻		
	R_{U-V}	R_{U-W}	R_{W-V}	R_{U-E}	R_{V-E}	R_{W-E}
测量数据						

6) 使用钳形电流表测量三相电动机的启动电流和空载电流的实训步骤

(1) 检查安全后将电动机的电源开关合上，电动机空载运转，将钳形电流表拨到合适的挡位，将电动机电源线逐根卡入钳形电流表中，分别测量电动机的三相空载电流。

注意：电动机底座应固定好；合上电源前应作安全检查；运行中若电动机声音不正常或有过大的颤动，应马上将电动机电源关闭。

(2) 关闭电动机电源使电动机停转，将钳形电流表拨到合适的挡位(按电动机额定电

流值 5～7 倍估计)，然后将电动机的一相电源线卡入钳形电流表中，在电动机合上电源开关的同时立刻观察钳形电流表的读数变化(启动电流值)。

注意：电动机短时间内多次连续启动会使电动机发热，因此应集中注意力观察启动瞬间的电流值，争取一次成功；测量完毕应马上将电动机电源开关断开。

7) 用钳形电流表测量实训台单相用电设备电流的实训步骤

(1) 检查安全后将大电流单相用电设备的电源开关合上，选择合适的挡位，用钳形电流表分别测量大电流设备的其中一根电源线的电流值。

注意：电热设备通电时，会产生很高的温度，要做好安全防护措施。

(2) 将灯泡的一根电源线分别卷 3 圈、5 圈，检查安全后将 220 V 灯泡的电源开关合上，选择合适的挡位，将测得的电流值除以圈数算出流过灯泡的实际电流值。用钳形电流表同时测量灯泡两根电源线的电流值。

8) 用接地电阻表测量容量为 315 kVA 的低压配电房的接地电阻的实训步骤

将全部电源关闭，检查安全后放置好接地电阻表，按步骤进行接地电阻测量。

思　考　题

4－1　什么是仪表的准确度等级？是否用准确度等级小的仪表测量一定较精确？

4－2　指针式万用表在测量前的准备工作有哪些？用它测量电阻的注意事项有哪些？

4－3　为什么测量绝缘电阻要用兆欧表，而不能用万用表？

4－4　用兆欧表测量绝缘电阻时，如何与被测对象连接？

4－5　某正常工作的三相异步电动机额定电流为 10 A，用钳形电流表测量时，如卡入一根电源线，钳形电流表读数多大？如卡入两根或三根电源线呢？

4－6　总结一下，在本实训室哪些设备要用到万用表测量，并完成以下测量内容：

白炽灯	EL_1		EL_2		EL_3		EL_4		EL_5		EL_6		EL_7		EL_8		EL_9	
端子号																		
电阻值																		

名称	灯管左灯丝		灯管右灯丝		启动器		镇流器		单相电度表			
端子号												
电阻值												

开关	K_1			K_2			K_3		K_4		K_5		K_6		K_7	
端子号																
好坏判别																

按钮	SB_1				SB_2				SB_3				SB_4				SB_5	
端子号																		
好坏判别																		

第五章 生活用电知识

第五章课件

5.1 常用生活用电器件

5.1.1 固定用材料

一般电气线路安装都要有悬挂体或支撑体，要先固定好悬挂体，再固定好设备。用膨胀螺栓和木台固定是目前最简单、最方便的固定设备的方法。

在砖或混凝土结构上安装线路和电气装置，常用膨胀螺栓来固定。与预埋铁件施工方法相比，其优点是简单方便，省去了预埋件的工序。膨胀螺栓按所用胀管的材料不同，可分为钢制膨胀螺栓和塑料膨胀螺栓两种。

1. 钢制膨胀螺栓

钢制膨胀螺栓简称膨胀螺栓，它由金属胀管、锥形螺栓、垫圈、弹簧垫、螺母等五部分组成，如图 5－1 所示。

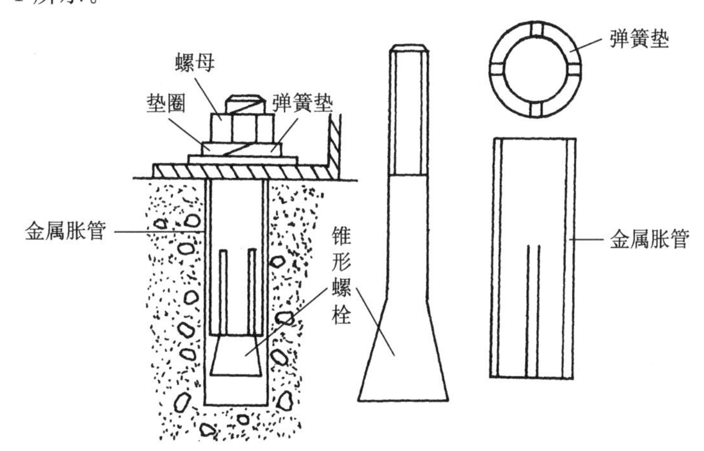

图 5－1　钢制膨胀螺栓

在安装膨胀螺栓前必须先钻孔或打孔，孔的直径和长度应分别与膨胀螺栓的外径和长度相同，安装时不需水泥砂浆预埋。

安装膨胀螺栓时，先将压紧螺帽另一端嵌进墙孔内，然后用锤子轻轻敲打，使其螺栓的螺帽内缘与墙面平齐，用扳手拧紧螺帽，螺栓和螺帽就会一面拧紧，一面胀开外壳的接触片，使它挤压在孔壁上，直至将整个膨胀螺栓紧固在安装孔内，螺栓和电气设备就一起被紧固。常用的膨胀螺栓有 M6、M8、M10、M12、M16 等规格。

2. 塑料膨胀螺栓

塑料膨胀螺栓又称塑料胀管、塑料塞、塑料榫，由胀管和木螺钉组成。胀管通常用乙烯、聚丙烯等材料制成。安装纤维填料式膨胀螺栓时，只要将它的套筒嵌进钻好的或打好的墙孔中，再把电气设备通过螺钉拧到纤维填料中，即可把膨胀螺栓的套筒胀紧，使电气设备固定。塑料膨胀螺栓的外形有多种，常见的有甲型和乙型两种，如图 5-2 所示。其中甲型应用得比较多。

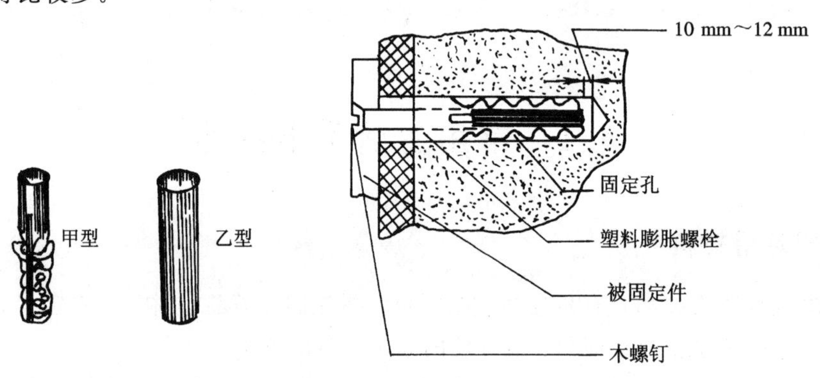

图 5-2　塑料膨胀螺栓

膨胀螺栓使用时，应根据线路或电气装置的负荷来选择其种类和规格。通常，钢制膨胀螺栓承受负荷能力强，用来安装固定受力大的电气线路和电气设备；塑料膨胀螺栓在照明线路中应用广泛，如插座、开关、灯具、布线的支持点等都采用塑料膨胀螺栓来固定。

5.1.2　照明灯具

灯具是由灯座、灯罩、灯架、开关、引线等组成的。就其防护形式来说，可分为防水防尘灯、安全灯和普通灯等；就其安装方式，可分为吸顶灯、吊线灯、吊链灯和壁灯等。

1. 灯座

灯座是供普通照明用白炽灯泡和气体放电灯管与电源连接的一种电气装置。以前习惯将灯座叫做灯头，自 1967 年国家制定了白炽灯灯座的标准后，全部改称灯座，而把灯泡上的金属头部叫做灯头。

1) 灯座的分类

灯座的种类很多，分类方法也有多种。

(1) 按与灯泡的连接方式，分为螺旋式(又称螺口式)和卡口式两种，这是灯座的首要特征分类。

(2) 按安装方式分，有悬吊式、平装式和管接式三种。

(3) 按材料分，有胶木、瓷质和金属灯座。

(4) 其他派生类型，如防雨式、安全式、带开关、带插座二分火、带插座三分火等多种。

除白炽灯座外，还有荧光灯座(又叫日光灯座)、荧光灯启辉器座以及特定用途的橱窗灯座等。常用灯座如图 5-3 所示。

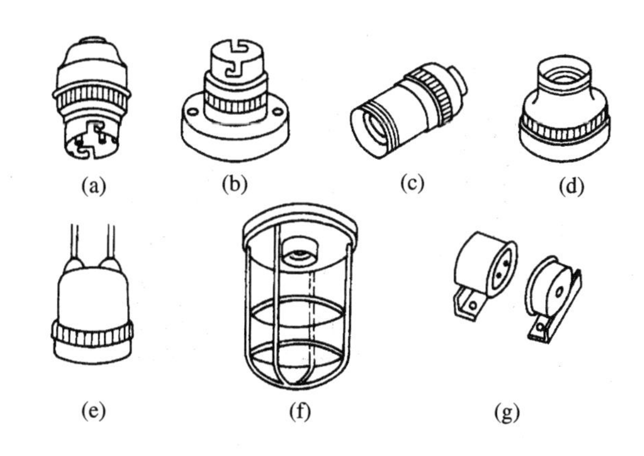

图 5 - 3 常用灯座

(a) 插口吊灯座；(b) 插口平灯座；(c) 螺口吊灯座；(d) 螺口平灯座；
(e) 防水螺口吊灯座；(f) 防水螺口平灯座；(g) 安全荧光灯座

2) 平灯座的安装

平灯座应安装在已固定好的木台上。平灯座上有两个接线桩，一个与电源中性线连接，另一个与来自开关的一根线(开关控制的相线)连接。卡口平灯座上的两个接线桩可任意连接上述两个线头，而对螺口平灯座有严格的规定：必须把来自开关的线头连接在连通中心弹簧片的接线桩上，电源中性线的线头连接在连通螺纹圈的接线桩上，如图 5 - 4 所示。

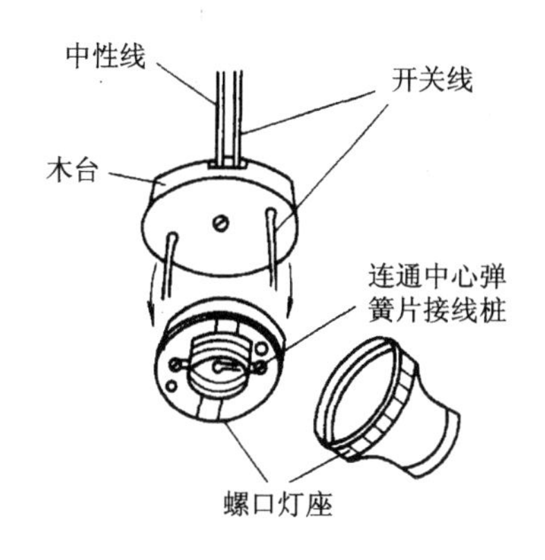

图 5 - 4 螺口平灯座的安装

3) 吊灯座的安装

把挂线盒底座安装在已固定好的木台上，再将塑料软线或花线的一端穿入挂线盒罩盖的孔内，并打个结，使其能承受吊灯的重量(采用软导线吊装的吊灯重量应小于 1 kg，否则应采用吊链)，然后将两个线头的绝缘层剥去，分别穿入挂线盒底座正中凸起部分的两个侧孔里，再分别接到两个接线桩上，旋上挂线盒盖。接着将软线的另一端穿入吊灯座盖孔内，也打个结，把两个剥去绝缘层的线头接到吊灯座的两个接线桩上，罩上吊灯座盖。安装方法如图 5 - 5 所示。

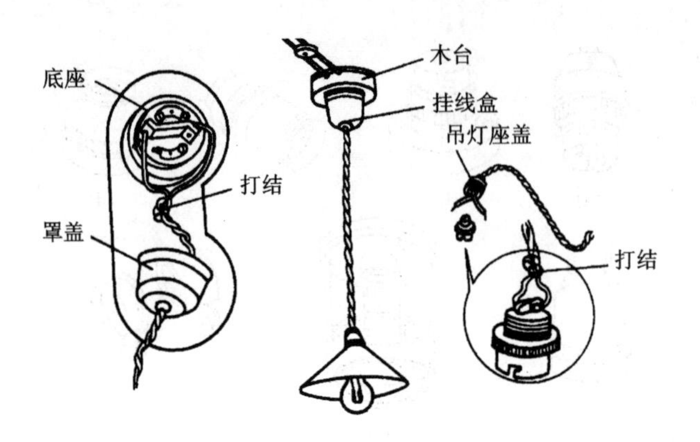

图 5-5　吊灯座的安装

2. 灯罩

灯罩的作用是控制光线，使光线更加集中，提高照明效率。灯罩的形式很多，按其材质可分为玻璃罩、搪瓷罩、薄铝罩等几种；按反射、透射、扩散的作用，可分为直接式、间接式和半间接式三种。在生产和生活照明中，常用的有吸顶灯罩、壁式灯罩和悬吊式灯罩，如图 5-6 所示。

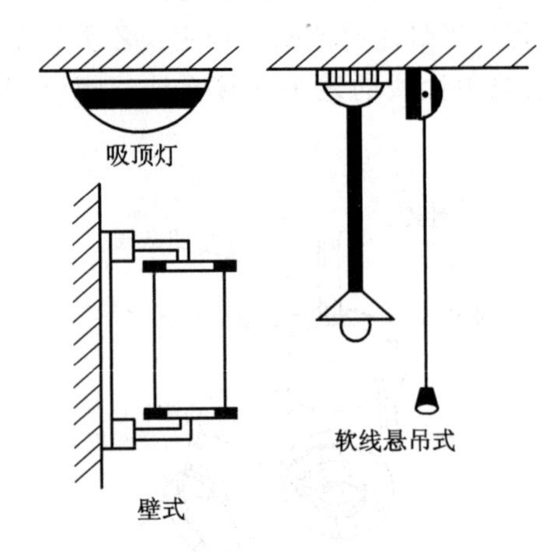

图 5-6　灯罩

常用的灯罩大多是用玻璃材料制成的，形式多样，安装前，应先看懂安装说明书或看清楚灯罩结构，安装中应仔细认真，轻拿轻放。

3. 灯头离地高度要求

220 V 照明灯头离地高度的要求如下：

(1) 在潮湿、危险场所及户外应不低于 2.5 m；

(2) 在不属于潮湿、危险场所的生产车间、办公室、商店及住房等一般不低于 2 m；

(3) 如因生产和生活需要，必须将电灯适当放低时，灯头的最低垂直距离不应低于 1 m，但应在吊灯线上加绝缘套管至离地 2 m 的高度，并应采用安全灯头；

(4) 灯头高度低于上述规定而又无安全措施的车间、行灯和机床局部照明，应采用 36 V及以下的电压。

5.1.3　照明开关

开关的作用是接通或断开电源。它大都用于室内照明电路，故统称室内照明开关，也广泛用于电气器具的电路通与断控制。

1. 分类

开关的类型很多，一般分类方式如下：

(1) 按装置方式，可分为明装式(明线装置用)、暗装式(暗线装置用)、悬吊式(开关处于悬垂状态使用)和附装式(装设于电气器具外壳)。

(2) 按操作方法，可分为跷板式、倒扳式、拉线式、按钮式、推移式、旋转式、触摸式和感应式。

(3) 按接通方式，可分为单联(单投、单极)、双联(双投、双极)、双控(间歇双投)和双路(同时接通二路)。

常用开关如图 5－7 所示。

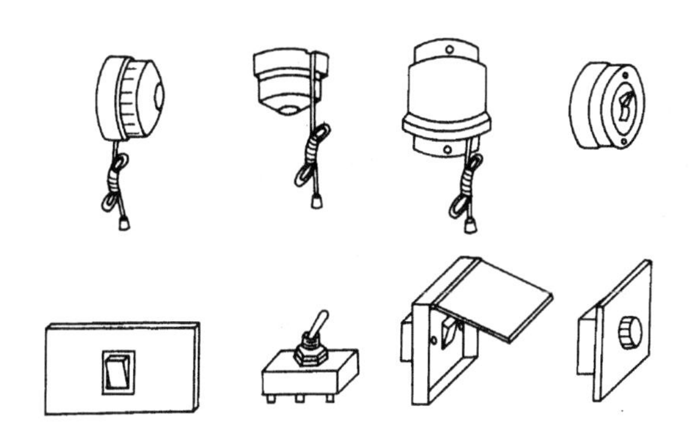

图 5－7　常用开关

2. 节电开关

目前，用于家用照明的控制开关，主要是拉线开关和按钮开关，这些有触点的机械开关简单价廉、使用方便，人们可以随时开断电路，至今仍有较大市场。但是，这些有触点的机械开关不能实现自动节电控制。随着电子技术，尤其是微电子技术的发展，人们已研制生产出许多照明节电开关，其中主要有触摸延时开关、触摸即亮开关、触摸延时熄灭开关、触摸定时开关、声光控制开关、计数开关和停电自锁开关等。这些照明节电开关的电路组成、采用器件各不相同，因此又可以分成多种。限于篇幅，本节只介绍最典型的几种。

1) 触摸延时开关

触摸延时开关要求用手轻触开关灯即亮；灯点亮后延时 60 s 左右自动熄灭；在灯熄灭时由发光二极管指示开关位置，灯点亮时发光二极管熄灭。触摸延时开关的额定负载为 220 V、60 W 的白炽灯。

目前，市场上流行的触摸延时开关电路形式很多，有分立元件构成的，有用通用数字集成电路组成的，还有用专用集成电路组成的。从性能上看，专用集成电路组成的触摸延时开关最好，但总体结构上都是由主电路和控制电路两部分组成的。主电路中的开关元件主要有电磁继电器和晶闸管。控制电路主要就是一个单稳态触发器。为了给单稳态触发器提供直流电压，应该还有整流降压电路。触摸延时开关如图 5 - 8 所示。

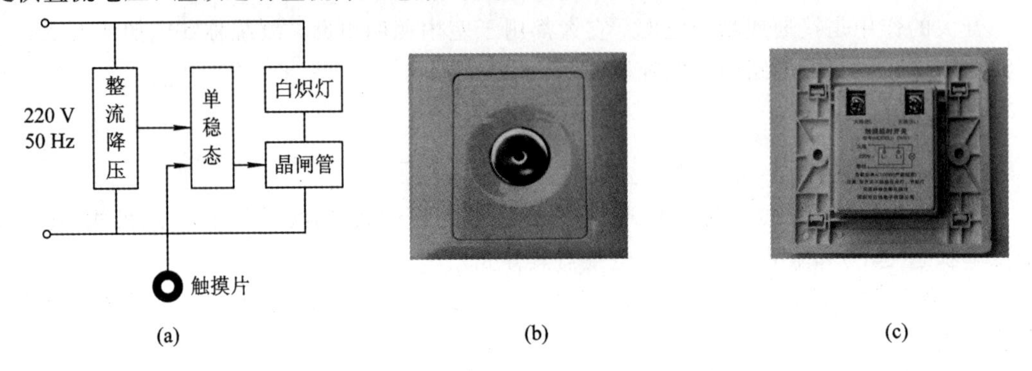

图 5 - 8　触摸延时开关

(a) 原理图；(b) 外形；(c) 背面标示的接线图

2) 声光控制开关

声光控制照明节电开关控制的照明灯为交流 220 V、60 W 白炽灯。该开关要求在白天或光线较亮时呈关闭状态，灯不亮；夜间或光线较暗时，呈预备工作状态，灯也不亮；当有人经过该开关附近时，可通过脚步声、说话声、拍手声等启动节电开关，灯亮，并延时 40～50 s 后开关自动关闭，灯灭。

声光控制照明节电开关的组成结构、电路形式很多，但其组成原理大体相同。声光控制开关如图5 - 9 所示。

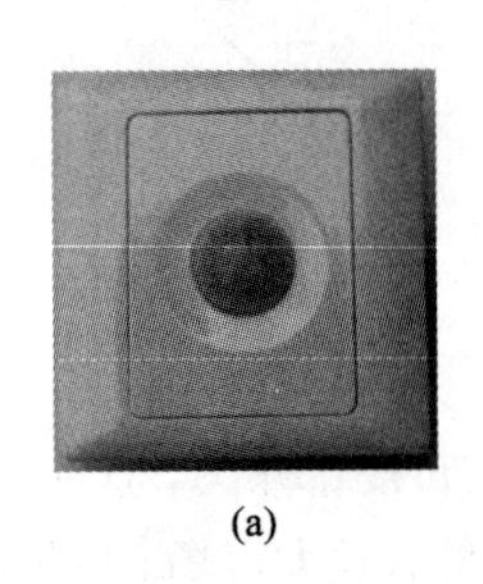

(a)

(b)

图 5 - 9　声光控制开关

(a) 外形；(b) 背面标示的接线图

3) 计数开关

计数开关也称程控开关。吊灯作为家庭装饰的一部分已普及，但其亮度往往不能调节。当要求亮度不高时，通电后所有灯全部点亮，浪费电能。靠增加开关数量调光，会因走线过多而带来不便，如用改变可控硅导通角(即调压)的方法进行调光，则会由于灯多、谐波电流大而严重干扰电源。对于紧凑型节能灯，若用调压法调光，需从最亮逐步调暗，不但不方便，而且电压低时，对节能灯的寿命影响很大。图 5 - 10 所示为吊灯计数开关接线图。它用一只开关，靠拨动的次数来改变灯点亮的数量，以达到调光的目的。计数开关适用于装有多只灯的吊灯，可用于控制白炽灯或节能灯。该控制器在开关断开后，自身不耗电。

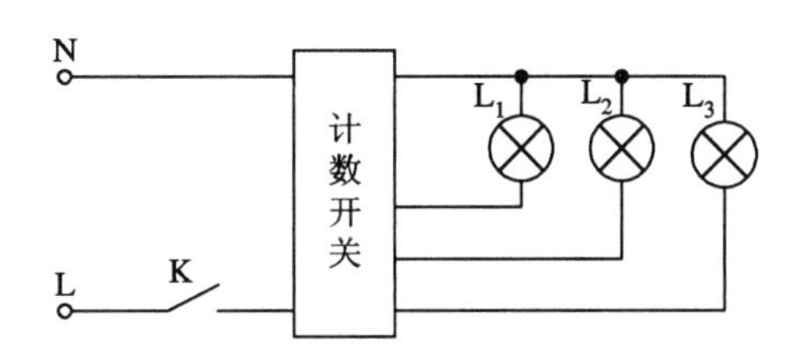

图 5 - 10　计数开关接线图

计数开关调光的原理是把吊灯的所有灯分为若干组，由 IC 组成的电子电路实现控制，开关 K 每接通一次，灯被点亮的只数变化一次，所以可以调光。现以装有 3 只灯的吊灯(每只 25 W，每组 1 只)为例，说明开关 K 开启的次数与灯被点亮的数量、电功率消耗及状态的关系，具体见表 5 - 1。

表 5 - 1　吊灯调光灯组变化状态

开关次数 / 灯组	1	2	3	4
L_1	✓	✓	✓	✓
L_2		✓		✓
L_3			✓	✓
电功率/W	25	50	50	75

有的电路利用半导体二极管的单向导电性，实现对交流负载的调光控制。半导体二极管是由一个 PN 结加上引线及管壳构成的，具有单向导电性。在调光电路中串联一只整流二极管，交流电的一个周期中只有半个周期二极管才导通，负载电压只有电源电压的一半，从而达到控制光暗的目的。整流二极管类型很多，常用的整流二极管外形及图形符号如图 5 - 11 所示。

图 5 - 11　常用整流二极管的外形及图形符号

3. 照明开关的安装

开关的安装分为明装和暗装两种。明装是将开关底盒固定在安装位置的表面上，将两根开关线的线头绝缘层剥去，然后分别插入开关接线桩，拧紧接线螺钉即妥。暗装是事先已将导线暗敷，开关底盒埋在安装位置里面。暗开关的安装方法如图5 - 12 所示，先将开关盒按图纸要求的位置预埋在墙内，埋设时可用水泥砂浆填充，但要填平整，不能偏斜。开关盒口面应与墙的粉刷层平面一致。待穿完导线，接好开关接线桩，即可将开关用螺钉固定在开关盒上。

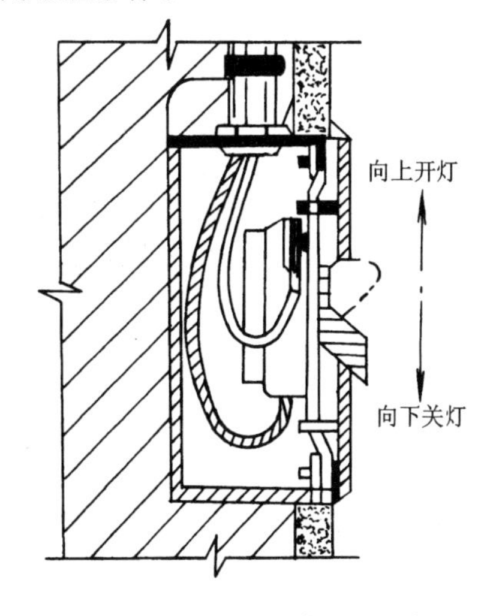

图 5 - 12　暗开关安装方法示意图

1）单联开关的安装

单联开关采用一个开关控制一条线路的通断，是一种最常用的开关。单联开关具体可分为单联一位开关、单联两位开关、单联三位开关、单联四位开关和单联五位开关等。单联开关明装时要装在已固定好的木台上，将穿出木台的两根导线（一根为电源相线，一根为开关线）穿入开关的两个孔眼，固定开关，然后把剥去绝缘层的两个线头分别接到开关的两个接线桩上，最后装上开关盖即可。

单联开关控制一盏灯，接线时，开关应接在相线（俗称火线）上，使开关断开后，灯头上没有电，以利安全，如图 5－13 所示。

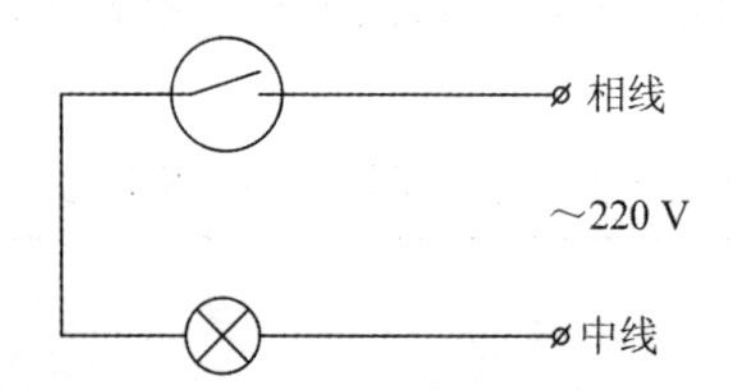

图 5－13　单联开关控制一盏灯线路图

2）双联开关的安装

双联开关是一种带有常开和常闭触点的开关。双联开关具体可分为双联一位开关、双联两位开关、双联三位开关、双联四位开关等。

双联开关每位均含有一个常开触点和一个常闭触点，每位有 3 个接线端，分别为常开端、常闭端和公共端。双联开关的结构如图 5－14 所示。

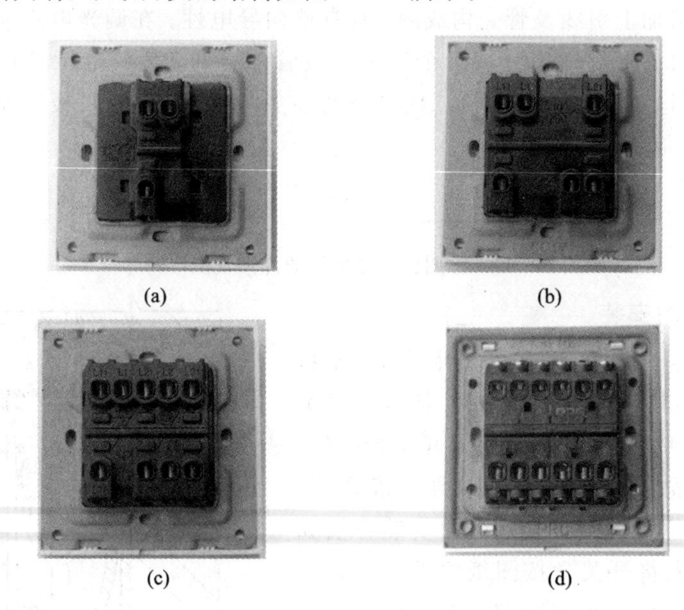

图 5－14　双联开关的结构图

（a）双联一位开关；（b）双联两位开关；（c）双联三位开关；（d）双联四位开关

在判别双联开关的接线端时，可以直接查看接线端旁的标注，如公共端一般用 L 表示，常开端和常闭端用 L_1、L_2 表示，也有的开关采用其他表示方法。如果无法从标注判别出各接线端，可使用万用表来检测。不管开关如何切换，常开端和常闭端之间的电阻始终为无穷大，而公共端与常开端或常闭端之间的电阻会随开关切换在 0 和∞之间变换。

在检测双联一位开关时，数字万用表选择 $R\times200\ \Omega$ 挡，红、黑表笔接任意两个接线端，如果测得电阻为 0 Ω，一根表笔不动，另一根表笔接第三个接线端，测得电阻应为∞，再切换开关，如果电阻变为 0 Ω，则不动的表笔接的为公共端，如果电阻仍为∞，则当前两表笔所接之外的那个端子为公共端。常开端和常闭端通常不作区分。双联多位开关可以看成由多个双联开关组成，各位开关之间接线端区分明显，检测多位开关三个接线端的方法与检测双联一位开关是一样的。

双联开关最典型的应用就是实现两地控制一盏灯，它需要用到两个双联开关，其接线如图 5－15 所示。该电路可以实现 A 地开灯、B 地关灯或 A 地关灯、B 地开灯。

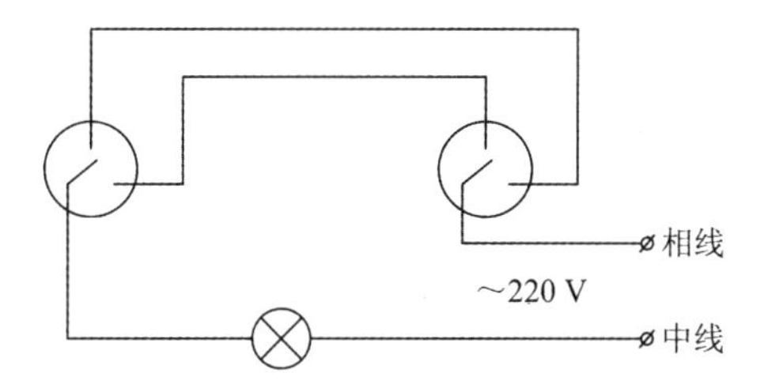

图 5－15　双联开关控制一盏灯线路图

3）节电开关的安装

节电开关因样式较多，一般附有说明书和接线图，安装前，应首先看懂说明书和接线图，并注意开关的进线端和出线端，计数开关还要注意灯位置的对称性和每路灯的功率。

无论是明开关还是暗开关，开关控制的应该是相线。在实装扳把开关时，无论是明开关还是暗开关，装好后应该是往上扳电路接通，往下扳电路切断。

目前的住宅装饰几乎都是采用暗装跷板开关，从外形看，其扳把有琴键式和圆钮式两种。除此以外，常见的还有调光开关、调速开关、触摸开关、声控开关等，它们均属暗装开关，其板面尺寸与暗装跷板开关相同。暗装开关通常安装在门边，为了开门后开灯方便，距门框边最近的第一个开关距框边通常为 15～20 cm，以后各个开关相互之间紧挨着，其相互之间的尺寸则由开关边长确定。触摸开关、声控开关是一种自控关灯开关，一般安装在走廊、过道上，距地高度 1.2～1.4 m。暗装开关在布线时，考虑用户今后用电的需要(有可能增加灯的数量或改变用途)，一般要在开关上端设一个接线盒，接线盒距墙顶约15～20 cm。

5.1.4　插头与插座

1. 插头

插头是为用电器具引取电源的插接器件。插头要根据插座的形状和电压来选择。每个国家、地区所使用的插座形状、电压、电流频率等都不尽相同，如果没有与其相对应的插头，电器设备将无法取电。人们通常选择转换接头与插座进行连接。各国的插头形状如图 5－16 所示。仔细归纳插座规格，大概分为 7 种类型：一圆两平行扁插头、平行双扁式插头、双孔圆形插头、三角扁式插头、双扁呈八字形插头、三脚圆形插头和三脚方形插头。

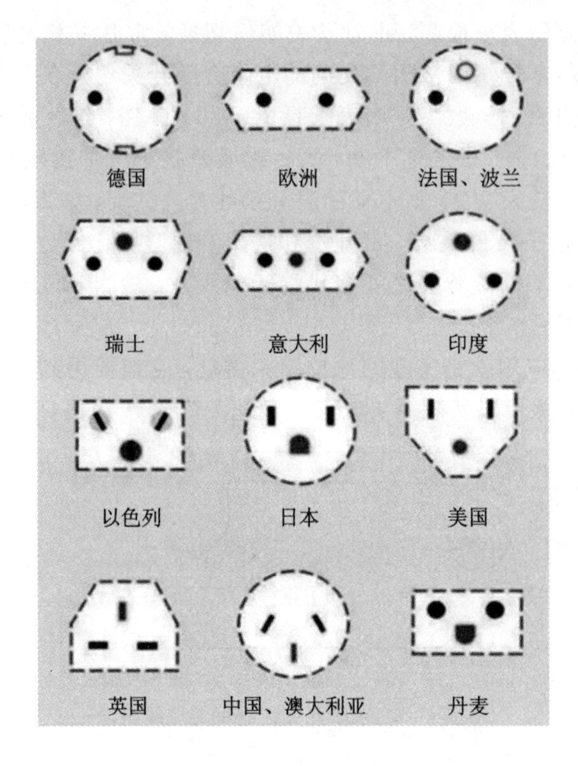

图 5－16　部分国家插头的形状

三个扁头使用国家(地区)：中国、澳大利亚、新西兰、阿根廷等。

一圆两扁(俗称美标插头)使用国家(地区)：美国、加拿大、日本、巴西、菲律宾、泰国、中国台湾等。

三个方头(俗称英标插头)使用国家(地区)：中国香港、英国、巴基斯坦、新加坡、马来西亚、越南、印度尼西亚、马尔代夫、卡塔尔等。

两个圆头(俗称欧标(德标)插头)使用国家(地区)：德国、法国、荷兰、丹麦、芬兰、挪威、波兰、葡萄牙、奥地利、比利时、匈牙利、西班牙、瑞典等欧盟国家及韩国、俄罗斯等。

三个圆头(俗称南非标插头)使用国家(地区)：南非、印度、俄罗斯等。

插头的规格形状选用与电压、电气设备外壳是否为金属材料有关，一般电压高或具有金属外壳的电器用三脚插头，电压低或具有绝缘外壳的电器选用两脚插头。世界各国(地区)室内用电所使用的电压大体有两种，分别为 100～130 V 与 200～240 V。100 V、110～130 V 用电，如美国、日本、加拿大、墨西哥、巴拿马、古巴、黎巴嫩、中国台湾等，注重的是安全；200～240 V 用电，如英国、德国、法国、意大利、澳大利亚、印度、新加坡、泰国、荷兰、西班牙、希腊、奥地利、菲律宾、挪威、中国香港等，注重的是效率。采用 200～230 V 电压的国家里，也有使用 110～130 V 电压的情形，如瑞典、俄罗斯。

我国标准规定为扁形插头，为了保证用电安全，除了有绝缘外壳及低压电源(安全电压)的用电器具可以使用两脚插头外，其他有金属外壳及可碰触的金属部件的电器都应装用有接地线的三脚插头。

我国电源插头通常有单相两极插头和三极插头两种，两极插头适用于不需要保护接零、接地的场合。三相插头通常有四极。市场上销售的插头如图5－17 所示。通常，插头上标有“L”的端头接火线，标有“N”的端头接零线，标有“⏚”的端头接地线。但在电气施工时，除标有“⏚”的端头必须接地线外，供电部门对其他两端头的连接并无严格要求，故在安装或检修时，火线和零线有可能换位。市场上销售的单相电器，如洗衣机、电风扇等，其三极电源插头上标有“⏚”的插头(该头较长或较粗)是接设备金属外壳的，与其他两端间均不连通，而且三导电端头常事先用塑料浇铸在一起，使用时只要将设备电源插头插入建筑物上的三极插座，即可实现保护接零(地)。若加接设备电源三极插座，则设备外壳的引线端间必须与插座上标有“⏚”的插孔相对应，切不可用煤气管、暖气管等作接地装置，否则可能导致触电事故。

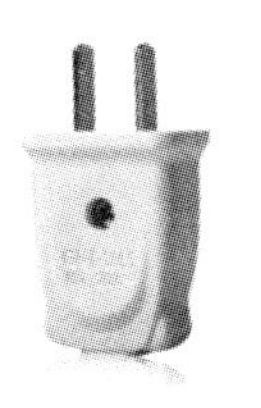
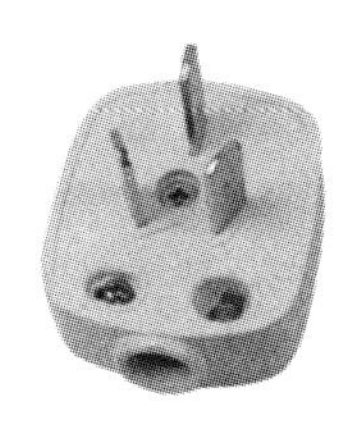

图 5－17　插头

另外，零线和地线是有区别的，零线实际上含有线路电阻，当三相负载不平衡时，零线电流在电阻上造成压降，因此用户家中的零线对地电位不一定为零，而是随负载的平衡程度而波动的。

2. 插座

插座的作用是为移动式照明电器、家用电器或其他用电设备提供电源接口。

1) 分类

插座分明式、暗式和移动式三种类型，是互配性要求较严而又形式多样的一大类器件。它连接方便、灵活多用，有明装和暗装之分，按其结构可分为单相双极双孔、单相三极三孔(有一极为保护接地或接零)和三相四极四孔(有一极为接零或接地)插座等。其工作电压为 50 V、250 V 和 380 V。常用插座如图 5－18 所示。

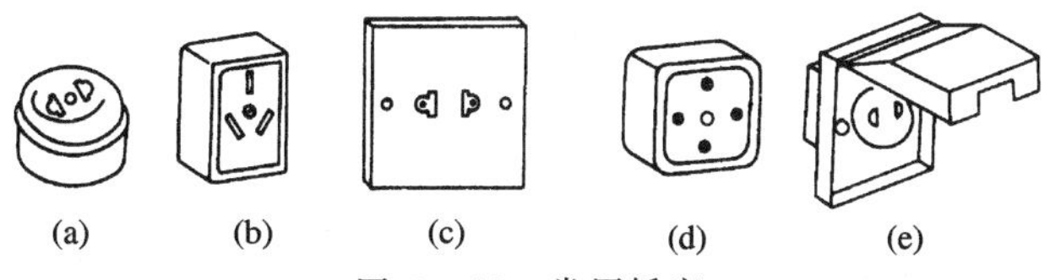

图 5－18　常用插座

(a) 圆扁通用双极插座；(b) 扁式单相三极插座；(c) 暗式圆扁双极插座；
(d) 圆式三相四极插座；(e) 防水暗式圆扁通用双极插座

2) 插座的安装

插座的种类颇多，用途各异，其安装方式有明装和暗装两种，方法与开关安装一样。在住宅电气设计中，尤以暗装插座居多。在安装中，住宅照明、空调、家用电器(如空调、微波炉、电冰箱、消毒柜、电饭煲、电视等)所用两极、三极单相插座最多，这里就以此为例来介绍插座的安装。在安装插座时，插座接线孔要按一定顺序排列。单相双极插座双孔垂直排列时，相线孔在上方，零线孔在下方；双孔水平排列时，相线在右孔，零线在左孔。

对于单相三极插座，保护接地在上孔，相线在右孔，零线在左孔，如图 5 - 19 所示。安装三相四极插座时，上边的大孔与保护接地线相连，下边三个较小的孔分别接三相电源的相线。图 5 - 20 是插头与插座连接示意图，火线用黄色、绿色或红色的绝缘导线，零线用黑色或蓝色绝缘导线，地线用黄绿双色的绝缘导线，要特别注意插头对应的插座左零右火规则。

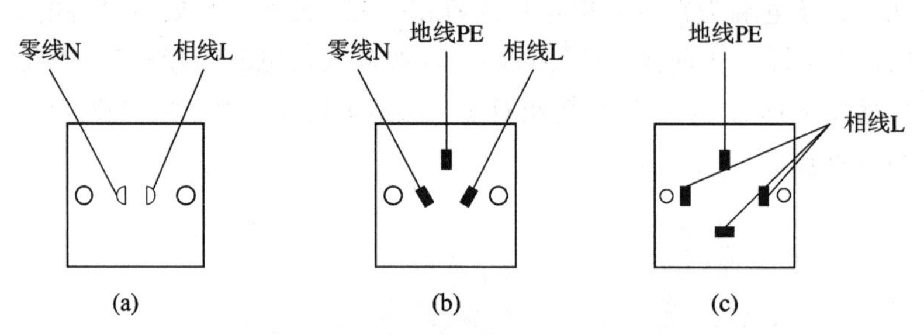

图 5 - 19　插座孔排列顺序示意图

(a) 普通型单相双孔插座；(b) 普通型单相三孔插座；(c) 三相四孔插座

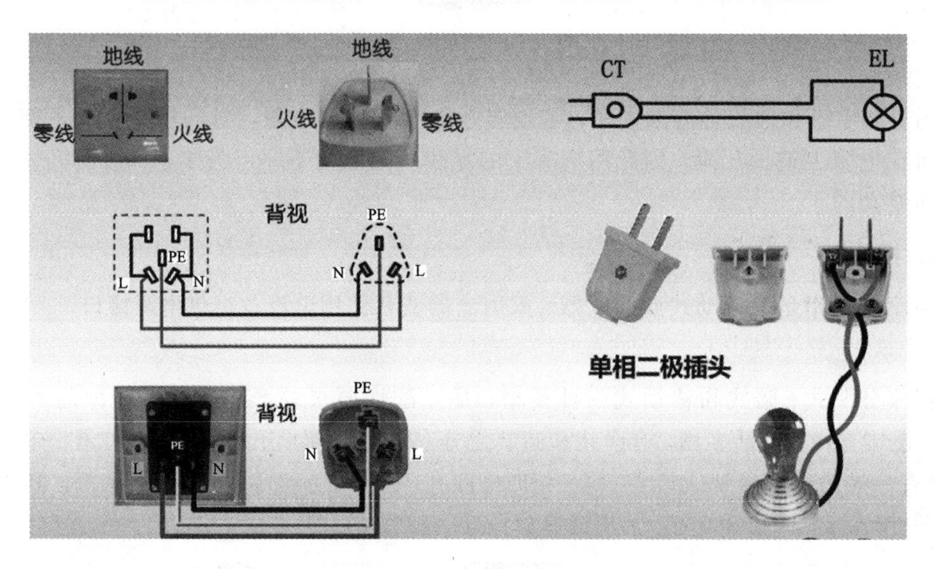

图 5 - 20　插头与插座连接图

3) 家用插座安装要求

(1) 普通家用插座的额定电流为 10 A，额定电压为 250 V。

(2) 插座的安装位置距地面高度：明装时一般应不小于 1.3 m，以防小孩用金属丝(如铁丝)探试插孔而发生触电事故。

(3) 对于电视、电脑、音响设备、电冰箱等，一般是安装插孔带防护盖的暗插座，其距地面高度不应小于 200 mm，这是为了方便上述家电接插的需要。

(4) 住宅客厅安装窗式空调、分体空调时，一般是就近安装明装单相插座(250 V/16 A)。

(5) 豪华住宅客厅安装柜式空调时，一般是就近明装三相四极插座。

(6) 微波炉应单独安装插座。

(7) 电饭煲、电炒锅、电水壶等电炊具一般设在厨房灶台上，它们的插座一般安在灶台的上方，且距离台板面不小于 200 mm。

5.1.5 发光元件

1. 白炽灯

白炽灯具有结构简单、安装简便、使用可靠、成本低、光色柔和等特点，是应用最普遍的一种照明灯具。一般灯泡为无色透明灯泡，也可根据需要制成磨砂灯泡、乳白灯泡及彩色灯泡。

1）白炽灯的构造

白炽灯由灯丝、玻璃壳、玻璃支架、引线、灯头等组成，如图 5-21 所示。灯丝一般用钨丝制成，当电流通过灯丝时，由于电流的热效应，使灯丝温度上升至白炽程度而发光。功率在 40 W 以下的灯泡，制作时将玻璃壳内抽成真空；功率在 40 W 及以上的灯泡则在玻璃壳内充有氩气或氮气等惰性气体，使钨丝在高温时不易升华。

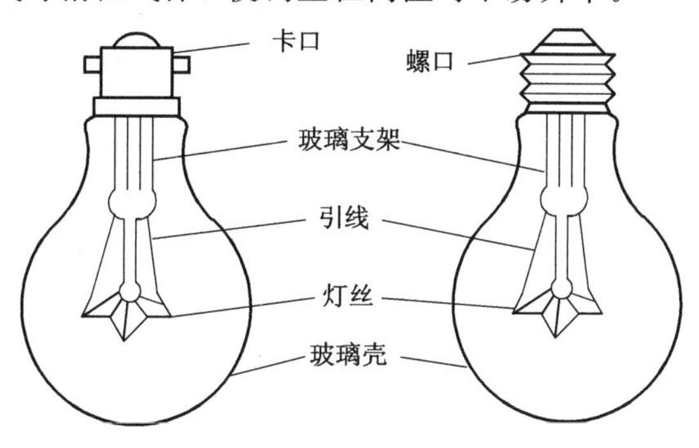

图 5-21 白炽灯泡的构造

2）白炽灯的种类

白炽灯的种类很多，按其灯头结构可分为插口式和螺口式两种，按其额定电压分为 6 V、12 V、24 V、36 V、110 V 和 220 V 等。就其额定电压来说有 6～36 V 的安全照明灯泡，作局部照明用，如手提灯、车床照明灯等；有 220～230 V 的普通白炽灯泡，作一般照明用。按其用途可分为普通照明用白炽灯、投光型白炽灯、低压安全灯、红外线灯及各类信号指示灯等。各种不同额定电压的灯泡，其外形很相似，所以在安装使用灯泡时应注意灯泡的额定电压必须与线路电压一致。

3）白炽灯照明电路常见故障分析

（1）灯泡不发光故障原因：① 灯丝断裂；② 灯座或开关接点接触不良；③ 熔丝烧断；④ 电路开路；⑤ 停电。

（2）灯泡发光强烈故障原因：灯丝局部短路（俗称搭丝）。

（3）灯光忽亮忽暗或时亮时熄故障原因：灯座或开关触点（或接线）松动或因表面存在氧化层（铝质导线、触点易出现）；电源电压波动（通常由附近有大容量负载经常启动而引起）；熔丝接触不良；导线连接不妥，连接处松散等。

2. 荧光灯

荧光灯俗称日光灯，其发光效率较高，约为白炽灯的 4 倍，具有光色好、寿命长、发光柔和等优点，其照明线路同样具有结构简单、使用方便等特点。因此，荧光灯也是应用较普遍的一种照明灯具。荧光灯照明线路主要由灯管、启辉器、镇流器、灯座、灯架等组成。

1）灯管

灯管由玻璃管、灯丝和灯丝引出脚等组成，其外形结构如图 5 - 22(a)所示。玻璃管内抽成真空后充入少量汞(水银)和氩等惰性气体，管壁涂有荧光粉，在灯丝上涂有电子粉，两端各有一根灯丝，灯丝通过灯丝引出脚与电源相接。

当灯丝引出脚与电源相接后，灯丝通过电流而发热，同时发射出大量的电子。电子不断轰击水银蒸气，产生看不见的紫外线；紫外线射到管壁的荧光粉上，发出近似日光的可见光。氩气的作用是帮助启辉，保护电极，延长灯管使用寿命。

灯管常用规格有 6 W、8 W、12 W、15 W、20 W、30 W 及 40 W 等，其外形除直线形外，还有环形或 U 形等。

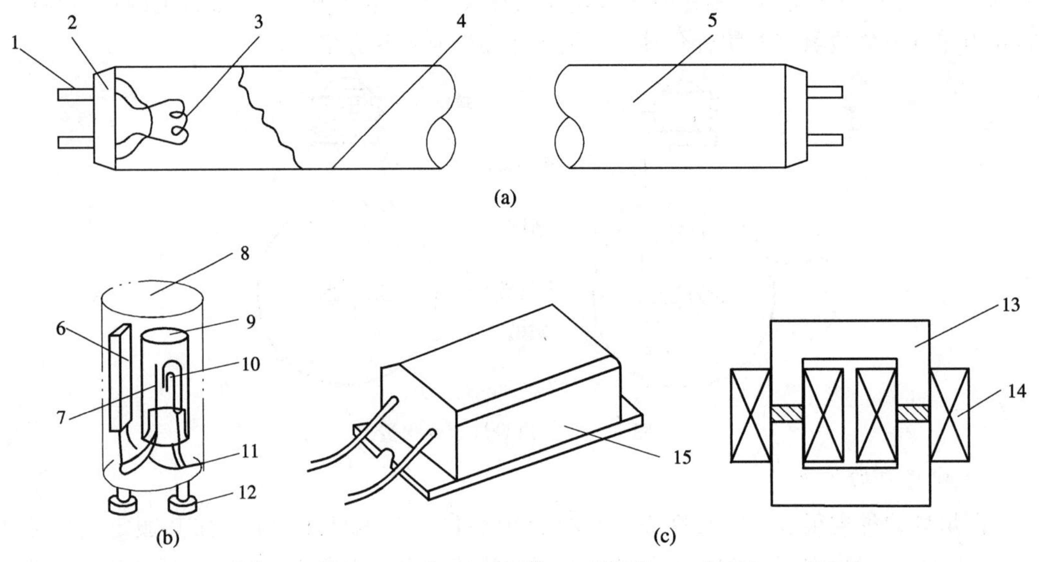

1—灯脚；2—灯头；3—灯丝；4—荧光粉；5—玻璃管；6—电容器；7—静触片；8—外壳；9—氖泡；10—动触片；11—绝缘底座；12—出线脚；13—铁芯；14—线圈；15—金属外壳

图 5 - 22　荧光灯照明装置的主要部件结构

(a) 灯管；(b) 启辉器；(c) 镇流器

2）启辉器

启辉器由氖泡、纸介质电容器、出线脚、外壳等组成，如图 5 - 22(b)所示。氖泡内装有倒 U 形的动触片和一个固定的静触片，平时动触片和静触片分开，二者相距约 0.5 mm。

启辉器相当于一个自动开关，使电路自动接通和断开。纸介质电容器与两触片并联，它的作用是消除或减弱荧光灯对无线电设备的干扰。启辉器的外壳是铝质或塑料的圆筒，起保护作用。其常用规格有 4～8 W、15～20 W、30～40 W，通用型为 4～40 W 等。用于放置启辉器的启辉器座，常用塑料或胶木制成。

3）镇流器

电感式镇流器主要由铁芯和线圈等组成，如图 5 - 22(c)所示。电感式镇流器有两个作用，一是在启动时与启辉器配合，产生瞬时高压，使灯管启辉；二是工作时限制灯管中的电流，以延长荧光灯的使用寿命。电感式镇流器有单线圈和双线圈两种结构形式，前者有两只接头，后者有四只接头，外形相同。单线圈镇流器应用较多。选择镇流器时应注意，其功率必须与灯管的功率及启辉器的规格相符。

4）灯座

荧光灯灯座常用的有开启式、弹簧式和旋拧式三种。灯座规格有大型的，适用于 15 W 及以上的灯管；有小型的，适用于 6～12 W 灯管，都是利用灯座的弹簧铜片卡住灯管两头的引出脚来接通电源，灯座还起支撑灯管的作用。灯座一般固定在灯架上，灯架有木制的和铁制的。镇流器、启辉器等也装置在灯架上。灯架便于荧光灯安装，具有美观、防尘的作用。简易安装荧光灯，也可省去灯座、灯架，用导线直接将镇流器、启辉器、灯管相连接。

5）电子镇流器简介

随着电子技术的发展，出现了用电子镇流器代替普通电感式镇流器和启辉器的节能型荧光灯。电子镇流器具有功率因数高、低压启动性能好、噪声小等优点，其内部结构及接线如图 5 - 23 所示。

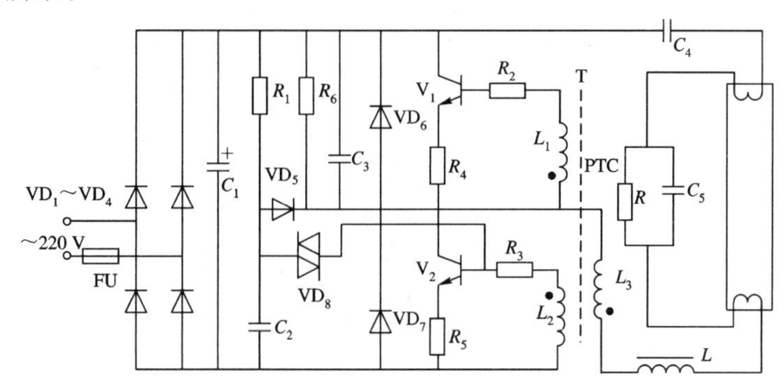

图 5 - 23　电子镇流器电路

电子镇流器由四部分组成：

(1) 整流滤波电路，由 VD_1～VD_4 和 C_1 组成桥式整流电容滤波电路，把 220 V 单相交流电变为 300 V 左右的直流电。

(2) 由 R_1、C_2 和 VD_8 组成触发电路。

(3) 高频振荡电路，由晶体三极管 V_1、V_2 和高频变压器等元件组成，其作用是在灯管两端产生高频正弦电压。

(4) 串联谐振电路，由 C_4、C_5、L 及荧光灯灯丝电阻组成，其作用是产生启动点亮灯管所需的高压。荧光灯启辉后灯管内阻减小，串联谐振电路处于失谐状态，灯管两端的高启辉电压下降为正常工作电压，线圈 L 起稳定电流的作用。

6）荧光灯电路工作原理

图 5 - 24 所示为常见荧光灯电路原理图，使用的是单线圈镇流器，其工作原理如下：

当开关合上时，电源接通瞬间，启辉器的动、静触片处于断开状态，电源电压经镇流器、灯丝全部加在启辉器的两触片间，使氖管辉光放电而发热。动触片受热后膨胀伸展与静触片相接，电路接通。这时电流流过镇流器和灯丝，使灯丝预热并发射电子。动、静触片接触后，氖管放电停止，动触片冷却后与静触片分离，电路断开。在电路断开瞬间，因自感作用，镇流器线圈两端产生很高的自感电动势，它和电源电压串联，叠加在灯管的两端，使管内惰性气体电离，产生弧光放电，使灯管启辉。启辉后灯管正常工作，一半以上的电源电压降在镇流器上，镇流器起限制电流保护灯管的作用。启辉器两触片间的电压较低时不能引起氖管的放电。

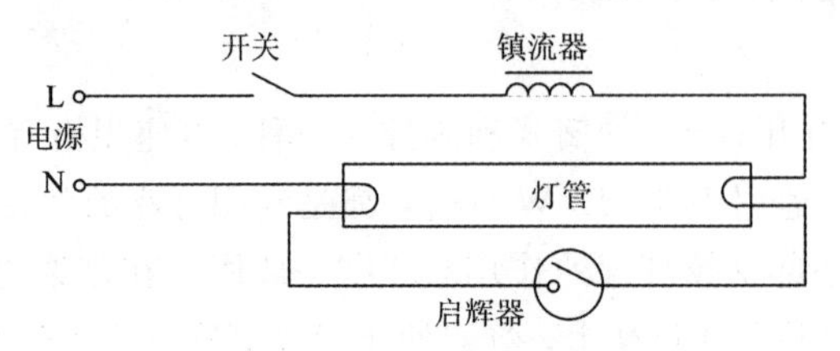

图 5 - 24　荧光灯电路原理图

7）日光灯的安装

日光灯的安装方式有吸顶式和悬吊式两种，如图 5 - 25 所示。吸顶式安装时，灯架与天花板之间应留 15 mm 的间隙，以利通风。

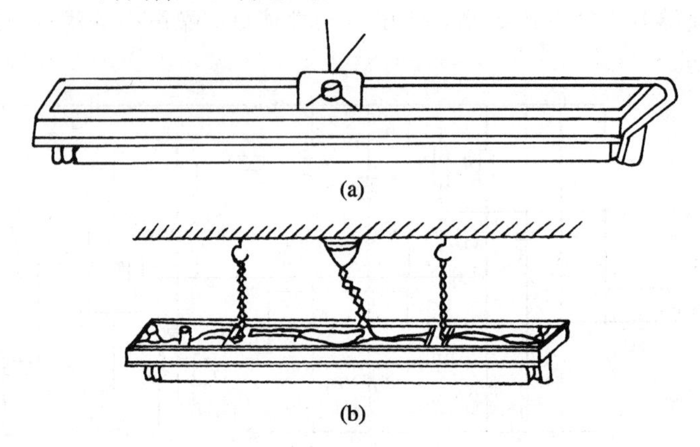

图 5 - 25　日光灯的安装方式

(a) 吸顶式；(b) 悬吊式

日光灯的具体安装步骤如下：

(1) 安装前的检查。安装前先检查灯管、镇流器、启辉器等有无损坏，镇流器和启辉器是否与灯管的功率匹配。特别注意，镇流器与日光灯管的功率必须一致，否则不能使用。

(2) 各部件的安装。悬吊式安装时，应将镇流器用螺钉固定在灯架的中间位置；吸顶式安装时，尽量不要将镇流器放在灯架上，以免散热困难，可将镇流器放在灯架外的其他位置。

(3) 将启辉器座固定在灯架的一端或一侧上，两个灯座分别固定在灯架的两端，中间的距离按所用灯管长度量好，使灯脚刚好插进灯座的插孔中。

(4) 电路接线。各部件位置固定好后，按图 5 - 26 所示电路进行接线。

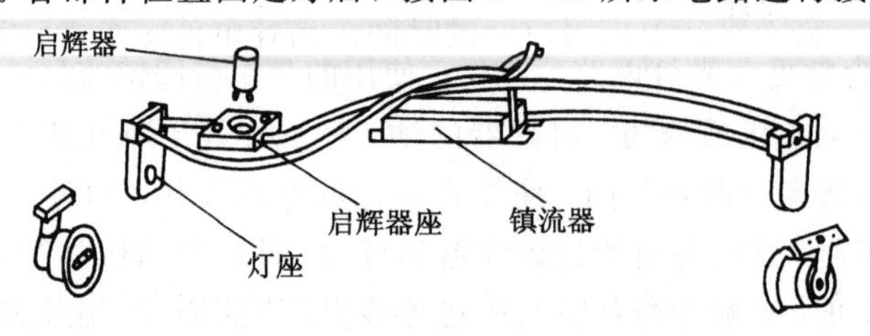

图 5 - 26　日光灯线路的装接实物图

① 用导线把启辉器座上的两个接线桩分别与两个灯座中的一个接线桩连接；② 把一个灯座中余下的一个接线桩与电源中性线连接，另一个灯座中余下的一个接线桩与镇流器的一个线头相连；③ 镇流器的另一个线头与开关的一个接线桩连接；④ 开关的另一个接线桩接电源相线。

接线完毕后，把灯架安装好，旋上启辉器，插入灯管。注意，当整个荧光灯重量超过1 kg时应采用吊链，载流导线不承受重力。

(5) 接线完毕要对照电路图仔细检查装配线路，以防接错或漏接，然后把启辉器和灯管分别装入插座内。接电源时，其相线应经开关连接在镇流器上。通电试验正常后即可投入使用。

8) 日光灯常见故障

由于日光灯的附件较多，因此其故障相对来说比白炽灯要多。日光灯常见故障如下：

(1) 接上电源后，荧光灯不亮。故障原因：灯脚与灯座、启辉器与启辉器座接触不良；灯丝断；镇流器线圈开路；新装荧光灯接线错误；电源未接通。

(2) 灯管寿命短或发光后立即熄灭。故障原因：镇流器配用规格不合适或质量较差；镇流器内部线圈短路，致使灯管电压过高而烧毁灯丝；受到剧震，使灯丝震断；新装灯管因接线错误将灯管烧坏。

(3) 荧光灯闪动或只有两头发光。故障原因：启辉器氖泡内的动、静触片不能分开或电容器被击穿短路；镇流器配用规格不合适；灯脚松动或镇流器接头松动；灯管陈旧；电源电压太低。

(4) 光在灯管内滚动或灯光闪烁。故障原因：新灯管出现的暂时现象；灯管质量不好；镇流器配用规格不合适或接线松动；启辉器接触不良或损坏。

(5) 灯管两端发黑或生黑斑。故障原因：灯管陈旧，寿命将终的现象；如为新灯管，则可能是因启辉器损坏使灯丝发射物质加速挥发；灯管内水银凝结，是灯管常见现象；电源电压太高或镇流器配用不当。

(6) 镇流器有杂音或电磁声。故障原因：镇流器质量较差或其铁芯的硅钢片未夹紧；镇流器过载或其内部短路；镇流器受热过度；电源电压过高；启辉器不好，引起开启时出现辉光杂音。

(7) 镇流器过热或冒烟。故障原因：镇流器内部线圈短路；电源电压过高；灯管闪烁时间过长。

5.1.6　电度表

电度表又名火表，它是累计记录用户一段时间内消耗电能多少的仪表，在工业和民用配电线路中应用广泛。

1. 分类

电度表按其使用功能可分为有功电度表和无功电度表，有功电度表的计量单位为“千瓦·小时”(即通常所说的“度”)或“kW·h”，无功电度表的计量单位为“千乏·小时”或“kvar·h”；按其接线不同分为三相四线制和三相三线制两种；按其负载容量和接线方式不同可分为直接式和间接式两种，直接式常用于电流容量较小的电路中，常用规格有10 A、

20 A、50 A、75 A 和 100 A 等多种，间接式三相电度表用的规格是 5 A 的，与电流互感器连接后，用于电流较大的电路上；按其结构及工作原理主要分为电气机械式、电子数字式等，其中电气机械式电度表数量多，应用最广；按其测量的相数可分为单相电度表和三相电度表。

2. 电度表读数

电度表面板上方有一个长方形的窗口，窗口内装有机械式计数器，右起最后一位数字为十分位小数，在这个数字之左，从右到左依次是个位、十位、百位和千位，如图 5－27 所示。电度表装好后应记下原有的底数，作计量用电的起点。第二次抄表所得数字与底数之差，即为两次抄表时间间隔内用电的度数。若电度表安装经过了电流互感器连接，则抄表所得数字与底数之差乘以电流互感器的变比，即为两次抄表时间间隔内用电的度数。电业部门抄计用电度数时，一般都以整数为准，余下的小数与下月一起累计。

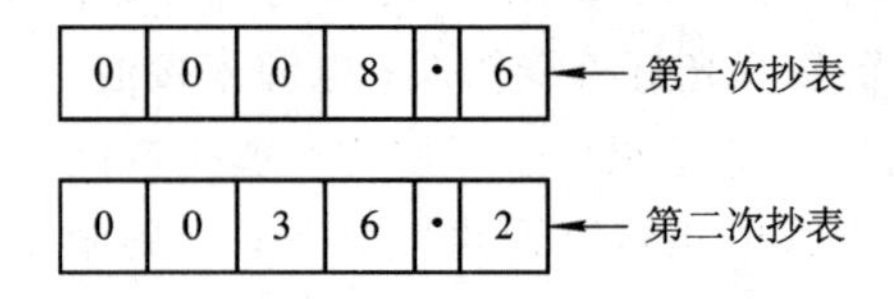

图 5－27　电度表读数

电度表表盘上有的“1 kW·h＝□盘转数”或“□转/kW·h”；“1 kvar·h＝□盘转数”或“□转/kvar·h”，表示电度表常数，就是电度表的计数器的指示数和转盘转数之间的比例系数，“□”即表示 1 度电或 1 千乏·小时转盘要转的圈数。

3. 单相电度表

1）规格

单相电度表多用于家用配电线路中，其规格多用工作电流表示，常用规格有 1 A、2 A、3 A、5 A、10 A、20 A 等。单相电度表的外形如图 5－28 所示。

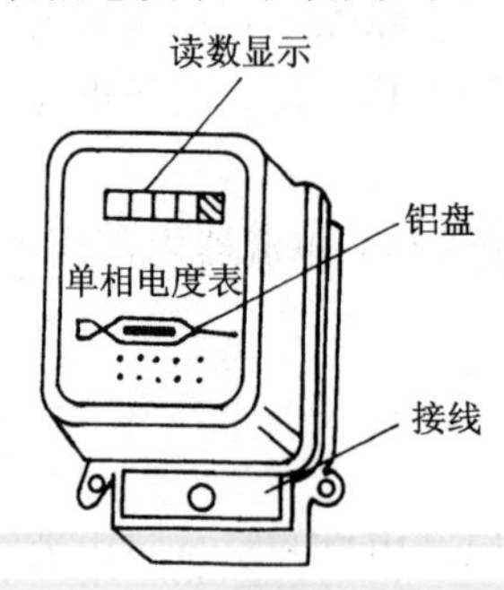

图 5－28　单相电度表的外形

2）结构

单相电度表的内部结构如图 5－29 所示。它主要由两个电磁铁、一个铝盘和一套计数机构构成。电磁铁的一个线圈匝数多、线径小，与电路的用电器并联，称为电压线圈；另一个线圈匝数少、线径大，与电路的用电器串联，叫电流线圈。铝盘在电磁铁中因电磁感应产生感应电流，因而在磁场力作用下旋转，带动计数机构在电度表的面板上显示出读数。

当用户的用电设备工作时，其面板窗口中的铝盘将转动，带动计数机构在其机械式计数器窗口中显示出读数。电路中负载越重，电流越大，铝盘旋转越快，单位时间内读数越大，用电就越多。

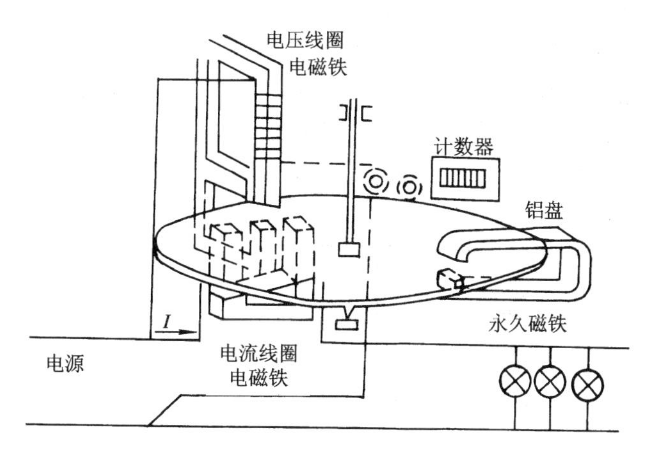

图 5-29　电度表内部结构

3）单相电度表接线

一般家庭用电量不大，电度表可直接接在线路上，单相电度表接线盒里共有四个接线桩，从左至右按 1、2、3、4、5 编号。直接接线方法一般有两种：

(1) 按编号 1、4 接进线(1 接相线，4 接零线)，3、5 接出线(3 接相线，5 接零线)，如图 5-30(a)所示。

(2) 按编号 1、4 接进线(1 接相线，4 接零线)，3、5 接出线(3 接相线，5 接零线)，如图 5-30(b)所示。

由于有些电度表的接线方法特殊，因此在具体接线时，应以电度表接线盒盖内侧的线路图为准。

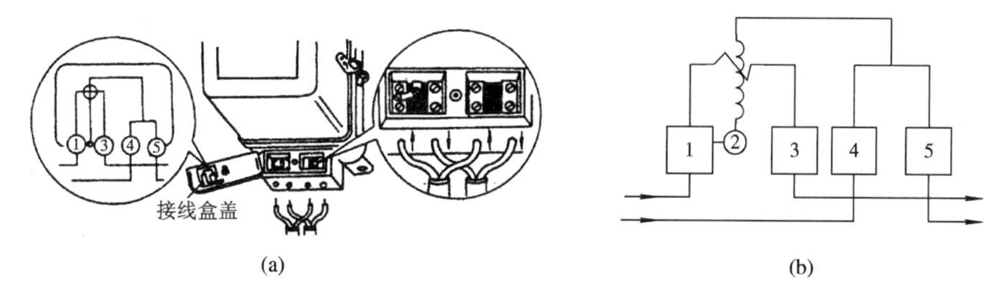

图 5-30　单相电度表接线
(a) 实物接线；(b) 接线图

单相电度表的选用规格应根据用户的负载总电流来定。可根据公式 $P=IU\cos\varphi$ 计算出用电总功率，再来选择相应规格的电度表。判断电度表电压线圈和电流线圈端子的方法是将万用表置于电阻挡，分别测量其电阻，测量结果电阻值大的是电压线圈，电阻值接近零的为电流线圈。照明电度表的安装通常是在完成布线和安装完灯具、灯泡、灯管之后才进行。

4. 三相电度表

三相电度表主要用于动力配电线路中，由三个同轴的基本计量单位组成，只有一套计数器，其基本工作原理与单相电度表相似，多用于动力和照明混合供电的三相四线制线路中。随着大功率的家用电器(如空调器、热水器)的普及，三相电度表也正在步入家庭。

常用三相四线电度表有 DT_1 和 DT_2 系列。DT 型三相四线电度表共有 11 个接线端钮，自左向右由 1 到 11 依次编号，其中 1、4、7 为接入相线的端钮，3、6、9 为接出相线的端钮，10、11 为接中性线的端钮，2、5、8 为接仪表内部各电压线圈的端钮。图 5－31 所示为三相四线电度表直接接入时的原理图。

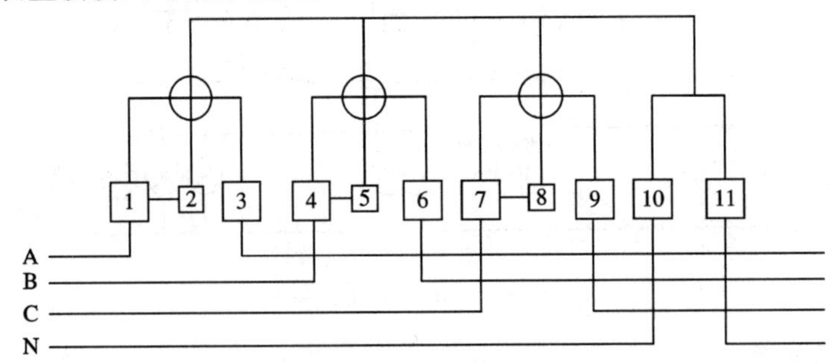

图 5－31　三相四线电度表直接接入时的原理图

三相四线电度表的额定电压为 220 V，额定电流有 5 A、10 A、15 A、20 A 等多种，其中，额定电流为 5 A 的必要时可以配电流互感器接入电路。

5. 电度表的安装要求

(1) 正确选择电度表的容量。电度表的额定电压与用电器的额定电压相一致，负载的最大工作电流不得超过电度表的最大额定电流。

(2) 电度表应安装在箱体内或涂有防潮漆的木制底盘、塑料底盘上。

(3) 电度表不得安装过高，一般以距地面 1.8～2.2 m 为宜。

(4) 单相电度表一般应装在配电盘的左边或上方，而开关应装在右边或下方。其与上、下进线间的距离大约为 80 mm，与其他仪表左、右距离大约为 60 mm。

(5) 电度表的安装部位，一般应在走廊、门厅、屋檐下，切忌安装在厨房、厕所等潮湿或有腐蚀性气体的地方。表的周围环境应干燥、通风，安装应牢固、无振动。其环境温度不可超出－10～50℃的范围，过冷或过热均会影响其准确度。现住宅多采用集表箱安装在走廊。

(6) 电度表的进、出线应使用铜芯绝缘线，线芯截面不得小于 1.5 mm^2。接线要牢固，但不可焊接，裸露的线头部分不可露出接线盒。

(7) 电度表的安装必须垂直于地面，不得倾斜，其垂直方向的偏移不大于 1°，否则会增大计量误差，影响电度表计数的准确性。

(8) 电度表总线必须明线敷设或线管明敷，电线进入电度表时，一般以“左进右出”的原则接线。

(9) 对于同一电度表，只有一种接线方法是正确的，所以接线前一定要看懂接线图，按图接线。

(10) 豪华住宅(家用电器多、电流大)、小区多层住宅或景区等场所，必须采用三相四线制供电。对于三相四线电路，可以用三只单相电度表进行分相计费，将三只电度表的读数相加则可以算出总的电量读数。但是，这样多有不便，所以一般采用三相电度表。

(11) 由供电部门直接收取电费的电度表，一般由其指定部门验表，然后由验表部门在表头盒上封铅封或塑料封，安装完后，再由供电局直接在接线桩头盖上或在计量柜门封上铅封或塑料封。未经允许，不得拆封。

5.1.7 单相异步电动机

单相异步电动机是利用单相交流电源供电的一种小容量交流电动机。由于其结构简单、成本低廉、运行可靠、维修方便，并可以直接在单相 220 V 交流电源上使用，因此被广泛用于办公场所和家用电器中。在工农业生产及其他领域中，单相异步电动机的应用也越来越广泛，如台扇、吊扇、排气扇、洗衣机、电冰箱、吸尘器、电钻、小型鼓风机、小型机床、医疗器械等均需要单相异步电动机来驱动。

1. 结构

单相交流异步电动机主要由定子、转子、端盖、轴承、外壳等组成，如图 5 - 32 所示。

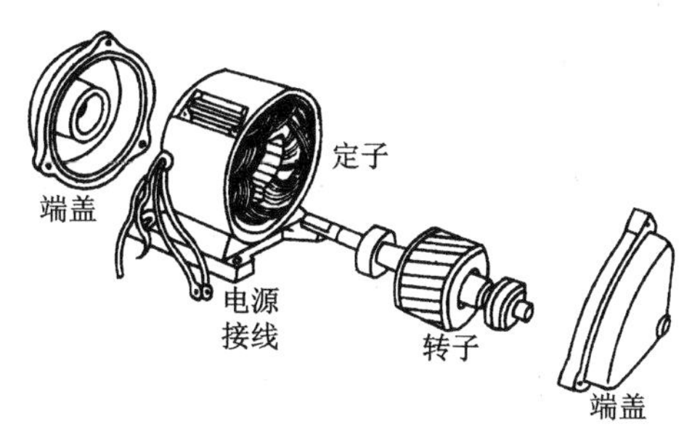

图 5 - 32 单相异步电动机结构

1) 定子

定子由定子铁芯和线圈组成。定子铁芯是由硅钢片叠压而成的，铁芯槽内嵌着两套独立的绕组，它们在空间上相差 90°电角度，一套称为主绕组(工作绕组)，另一套称为副绕组(启动绕组)。定子的结构如图 5 - 33 所示。

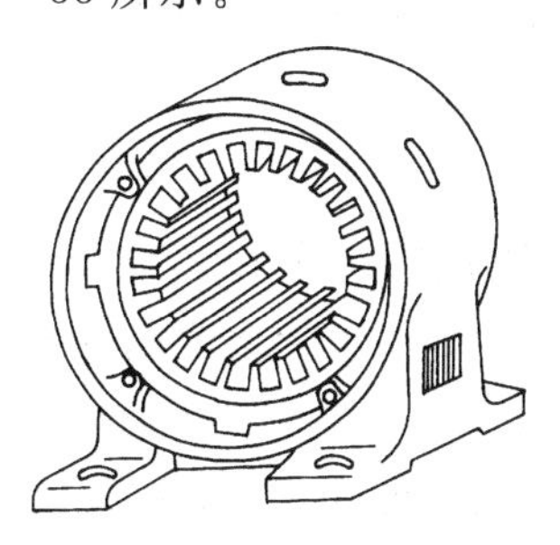

图 5 - 33 单相交流异步电动机定子结构

2）转子

转子为鼠笼结构，其外形如图 5 - 34 所示。它是在叠压成的铁芯上铸入铝条，再在两端用铝铸成闭合绕组(端环)而成的，端环与铝条形如鼠笼。

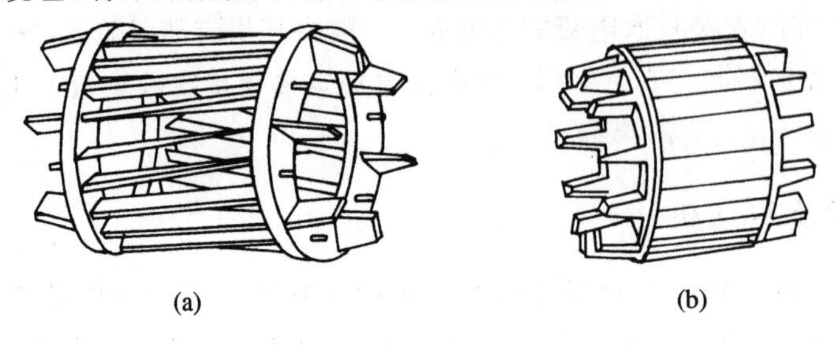

图 5 - 34　单相交流异步电动机转子结构

(a) 鼠笼绕组；(b) 整体结构

3）端盖

端盖是由铸铝或铸铁制成的，起着容纳轴承、支撑和定位转子以及保护定子绕组端部的作用。

4）轴承

按电动机容量和种类的不同，所用轴承有滚动轴承和滑动轴承两类，滑动轴承又分为轴瓦和含油轴承两种。

5）外壳

外壳的作用是罩住电动机的定子和转子，使其不受机械损伤，并可防止灰尘和杂物侵入。

2. 原理

当向单相异步电动机的定子绕组中通入单相交流电后，所产生的磁场是一个脉动磁场，该磁场的轴线在空间固定不变，磁场的大小及方向在不断地变化。

由于磁场只是脉动而不旋转，因此单相异步电动机的转子如果原来静止不动，则在脉动磁场的作用下，转子导体因与磁场之间没有相对运动，不产生感应电动势和电流，也就不存在电磁力的作用，转子仍然静止不动，即单相异步电动机没有启动转矩，不能自行启动。这是单相异步电动机的一个主要缺点。如果用外力拨动一下电动机的转子，则转子导体就切割定子脉动磁场，从而产生感应电动势和电流，并将在磁场中受到电磁力的作用，转子将顺着拨动的方向转动起来。

1）启动方法

单相异步电动机因本身没有启动转矩，转子不能自行启动，为了解决电动机的启动问题，人们采取了许多特殊的方法，例如将单相交流电分成两相通入两相定子绕组中，或将单相交流电产生的磁场设法使转子转动。单相异步电动机根据启动方法的不同可以分为电阻分相、电容分相和罩极式三种。其中电容分相启动是最常用的启动方法，现介绍如下：

单相电容式异步电动机定子铁芯上嵌放有两套绕组，即工作绕组 U1U2(又称主绕组)和启动绕组 Z1Z2(又称副绕组)，它们的结构基本相同，但在空间相差 90°电角度。将电容串入单相异步电动机的启动绕组中，并与工作绕组并联接到单相电源上，选择适当的电容容量，在工作绕组和启动绕组中可以获得不同相位的电流，从而获得旋转磁场。单相异步电动机的笼型转子在该旋转磁场的作用下，获得启动转矩而旋转。若此时通过离心开关将电容和启动绕组切除，则这类电动机就称为电容启动单相异步电动机。若电容和启动绕组一直参与运行，则这类电动机就称为电容运行单相异步电动机。图 5 - 35 所示是几种电容分相启动电动机接线图。

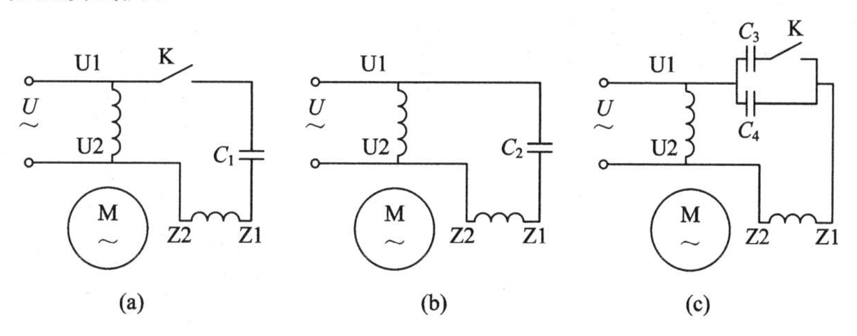

图 5 - 35　电容分相启动电动机接线图

图 5 - 35(a)中的副绕组和电容 C_1 只在电动机启动时使用。当电动机转速达到 75%～80%额定转速时，由启动开关 K 将支路与电源切断，主绕组单独运行。这种运行方式的电动机称为电容启动电动机或单相电容启动电动机。电容启动电动机与电容运转电动机比较，前者有较大的启动转矩，但启动电流也较大，适用于各种满载启动的机械(如小型空气压缩机)，在部分电冰箱压缩机中也有采用。

图 5 - 35(b)中的副绕组和电容 C_2 在启动和运行时都接在电路上。这种运行方式的电动机称为电容启动和运行电动机或单相电容运行电动机。只要任意改变主、副绕组的首端、末端接线，就可改变旋转磁场的转向，从而使电动机反转。其应用最为广泛。

图 5 - 35(c)中的副绕组电路中串入两个并联电容 C_3 和 C_4。考虑到电动机在启动和运行两种状态下都需要不同的电容量，所以启动时 C_3 和 C_4 都接在电路中，当电动机正常运行时，将 C_3 切除，让 C_4 单独参与运行。这种电动机称为单相双值电容电动机或单相双值电容异步电动机。

电容运行单相异步电动机结构简单，使用、维护方便，只要任意改变启动绕组(或主绕组)首端和末端与电源的接线，即可改变旋转磁场的转向，从而实现电动机的反转。电容运行单相异步电动机常用于台扇、吊扇、洗衣机、电冰箱、通风机、录音机、复印机、电子仪表仪器及医疗器械等各种空载或轻载启动的机械上。图 5 - 36 所示为电容运行洗衣机电动机和电容运行吊扇电动机的结构图。

2）单相异步电动机的调速

单相异步电动机可以调速，一般采用降压调速方法：一是在电动机上串一个带抽头的铁芯线圈(电抗器)，另一种方法是用晶闸管调压。

3. 注意事项

在电动机的运行过程中也要经常注意电动机转速是否正常，能否正常启动，温升是否过高，是否有焦臭味，在运行中有无杂音和振动，等等。由于单相异步电动机是使用单相交流电源供电的，因此在启动及运行中容易出现电动机无法启动或转速不正常等故障。这主要是单相异步电动机某组定子绕组断路、启动电容故障、离心开关故障、电动机负载过

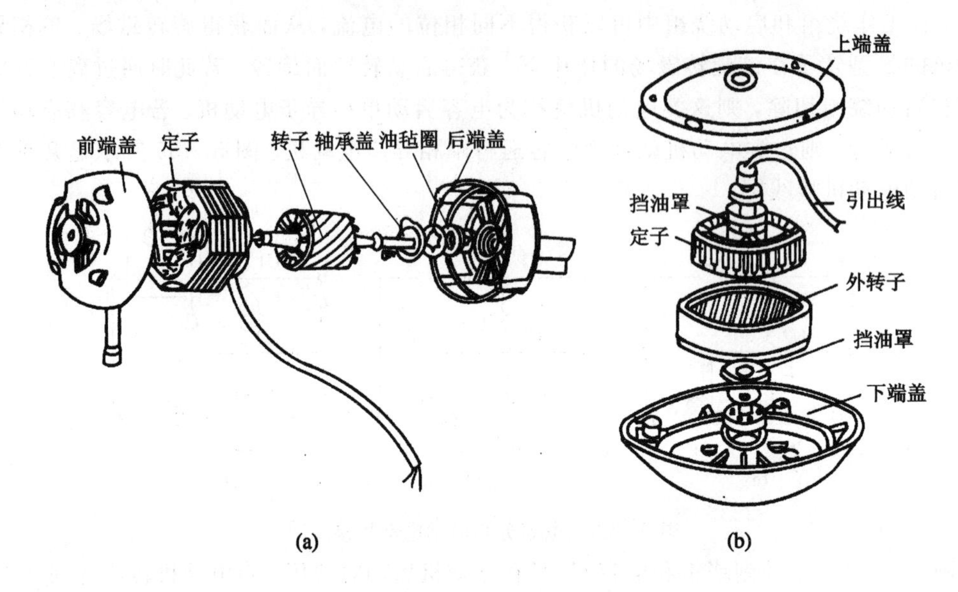

图 5－36　电容运行洗衣机电动机和电容运行吊扇电动机的结构图
(a) 洗衣机电动机；(b) 吊扇电动机

重等原因造成的。给单相异步电动机加上单相交流电源后，如发现电动机不转，则必须立即切断电源，以免损坏电动机。发现上述情况，必须查出故障原因。在故障排除后，再通电试运行。其中最易碰到的现象是给单相异步电动机加上单相交流电源后，电动机不转，但如果去拨动一下电动机转子，则电动机就顺着拨动的方向旋转起来。这主要是启动绕组电路断开所致，也可能是电动机长期未清洗，阻力太大或拖动的负载太大引起的。

5.1.8　漏电保护断路器

漏电保护断路器通常被称为漏电保护开关，也称漏电保护器，是为了防止低压电网中人身触电或漏电造成火灾等事故而研制的一种新型电器。它除了起断路器的作用外，还能在设备漏电或人身触电时迅速断开电路，保护人身和设备的安全，因而使用十分广泛。

1. 分类

因不同电网、不同用户及不同保护的需要，漏电保护断路器有很多类型。按其动作原理可分为电压动作型和电流动作型两种，因电压动作型的结构复杂、检测性能差、动作特性不稳定、易误动作等，目前已趋于淘汰，现在多用电流动作型(剩余电流动作保护器)；按电源分有单相和三相之分；按极数分有二、三、四极之分；按其内部动作结构又可分为电磁式和电子式，其中电子式可以灵活地实现各种要求，具有各种保护性能，并向集成化方向发展。目前，电器厂家把空气断路器和漏电保护器制成模块结构，根据需要可以方便地把二者组合在一起，构成带漏电保护的断路器，其电气保护性能更加优越。

2. 漏电保护断路器的工作原理

1) 三相漏电保护断路器

漏电保护断路器的基本原理与结构如图 5－37 所示，它主要由主回路断路器(含跳闸脱扣器)、零序电流互感器和放大器三个部件组成。

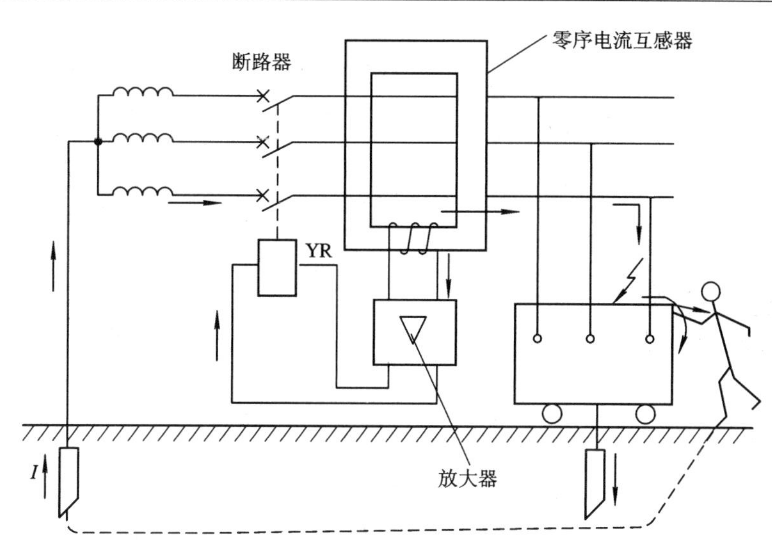

图 5－37　三相漏电保护断路器的工作原理示意图

当电路正常工作时，主电路电流的相量和为零，零序电流互感器的铁芯无磁通，其二次绕组没有感应电压输出，开关保持闭合状态。当被保护的电路中有漏电或有人触电时，漏电电流通过大地回到变压器中性点，从而使三相电流的相量和不等于零，零序电流互感器的二次绕组中就产生感应电流，当该电流达到一定的值并经放大器放大后就可以使脱扣器动作，使断路器在很短的时间内动作而切断电路。

2）单相电子式漏电保护断路器

家用单相电子式漏电保护断路器的外形及动作原理如图 5－38 所示。其主要工作原理为：当被保护电路或设备出现漏电故障或有人触电时，有部分相线电流经过人或设备直接流入地线而不经零线返回，此电流称为漏电电流（或剩余电流），它由漏电流检测电路取样后进行放大，在其值达到漏电保护断路器的预设值时，将驱动控制电路开关动作，迅速断开被保护电路的供电电源，从而达到防止漏电或触电事故的目的。而当电路无漏电或漏电电流小于预设值时，电路的控制开关将不动作，即漏电保护断路器不动作，系统正常供电。

漏电保护断路器的主要型号有 DZ5－20L、DZ15L 系列、DZL－16、DZL18－20 等，其中 DZL18－20 型由于放大器采用了集成电路，因此体积更小，动作更灵敏，工作更可靠。

3. 漏电保护断路器的选用

（1）应根据所保护的线路或设备的电压等级、工作电流及其正常泄漏电流的大小来选择漏电保护断路器。在选用漏电保护断路器时，首先应使其额定电压和额定电流值分别大于或等于线路的额定电压和负载工作电流。

（2）应使其脱扣器的额定电流亦大于或等于线路负载工作电流。

（3）漏电保护断路器的极限通断能力应大于或等于线路最大短路电流，线路末端单相对地短路电流与漏电保护断路器瞬时脱扣器的整定电流之比应大于或等于 1.25。

（4）对于以防触电为目的的漏电保护断路器，例如家用电器配电线路，宜选用动作时间在 0.1 s 以内、动作电流在 30 mA 以下的漏电保护断路器。

（5）对于特殊场合，如 220 V 以上电压、潮湿环境且接地有困难，或发生人身触电会造

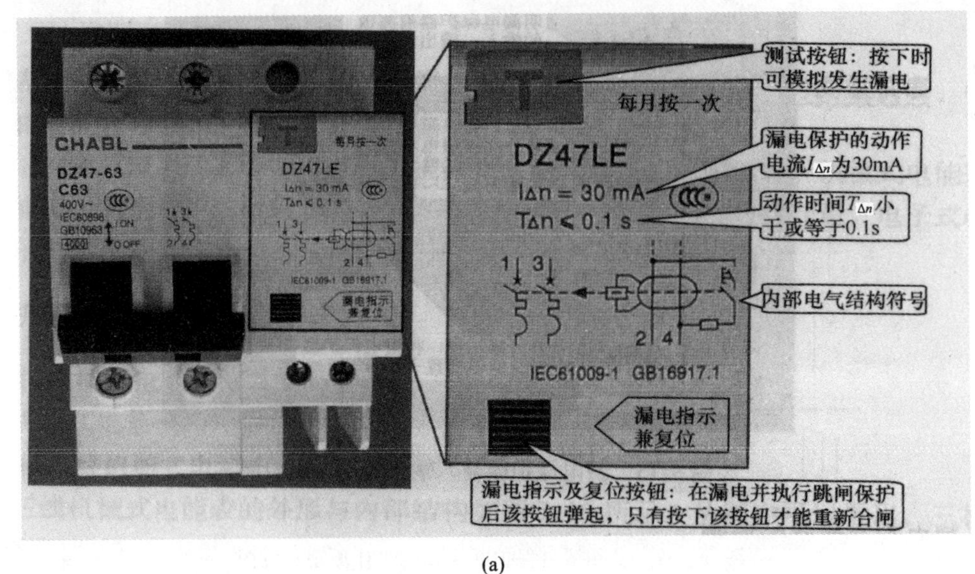

(a)

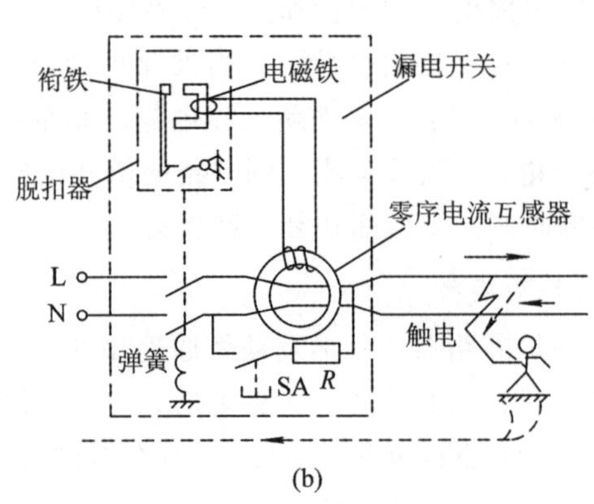

(b)

图 5 - 38　单相电子式漏电保护断路器

(a) 外形图；(b) 动作原理图

成二次伤害时，供电回路中应选择动作电流小于 15 mA、动作时间在 0.1 s 以内的漏电保护器。

(6) 选择漏电保护断路器时应考虑灵敏度与动作可靠性的统一。漏电保护断路器的动作电流选得越低，安全保护的灵敏度就越高，但由于供电回路设备都有一定的泄漏电流，因而容易造成保护器经常性误动作，或不能投入运行，破坏供电的可靠性。

4. 漏电保护断路器的安装及技术要求

(1) 漏电保护断路器应安装在进户线截面较小的配电盘上或照明配电箱内。它通常安装在电度表之后，熔断器(或胶盖刀闸)之前。对于电磁式漏电保护断路器，也可装于熔断器之后。

(2) 所有照明线路导线(包括中性线在内)，均需通过漏电保护断路器，且中性线必须与地绝缘。

(3) 电源进线必须接在漏电保护断路器的正上方，即外壳上标有“电源”或“进线”的一端，出线均接在下方，即标有“负载”或“出线”的一端。倘若把进线、出线接反了，则会导致保护断路器动作后烧毁线圈或影响保护断路器的接通、分断能力。

(4) 安装漏电保护断路器后，不能拆除单相闸刀开关或瓷插、熔丝盒等。其目的一是使维修设备时有一个明显的断开点；二是在刀闸或瓷插中装有熔体，起着短路或过载保护作用。

(5) 漏电保护断路器安装后若始终合不上闸，说明用户线路对地漏电超过了额定漏电动作电流值，应将保护器的“负载”端上的电线拆开(即将照明线拆下来)，并对线路进行整修，合格后才能送电。如果保护器“负载”端线路断开后仍不能合闸，则说明保护器有故障，应送有关部门进行修理，用户切勿乱调乱动。

(6) 漏电保护断路器在安装后先带负荷分、合开关三次，不得出现误动作；再用试验按钮试验三次，应能正确动作(即自动跳闸，负载断电)。按动试验按钮时间不要太长，以免烧坏保护断路器，然后用试验电阻接地试验一次，应能正确动作，自动切断负载端的电源。方法是：取一只 7 kΩ(220 V/30 mA=7.3 kΩ)的试验电阻，一端接漏电保护断路器的相线输出端，另一端接触一下良好的接地装置(如水管)，保护断路器应立即动作，否则，此保护断路器为不合格产品，不能使用。严禁用相线(火线)直接碰触接地装置进行试验。

(7) 运行中的漏电保护断路器，每月至少用试验按钮试验一次，以检查其动作性能是否正常。

5. 漏电保护器的使用

漏电保护器能否起到保护作用及其使用寿命的长短，除取决于产品本身的质量和技术性能以及产品的正确选用外，还与产品使用过程中的正确使用与维护有关。在正常情况下，一般应尽量做到以下几点：

(1) 对于新安装及运行一段时间(通常是相隔一个月)后的漏电保护器，需在合闸通电状态下按动试验按钮，检验漏电保护动作是否正常。检验时不可长时间按住试验按钮，且每两次操作之间应有 10 s 以上的间隔时间。

(2) 使用漏电动作电流能分级可调的漏电保护器时，要根据气候条件、漏电流的大小及时调整漏电动作电流值。切忌调到最大一挡便了事，因为这样将失去它应有的作用。

(3) 有过载保护的漏电保护器在动作后需要投入时，应先按复位按钮使脱扣器复位。不应按漏电指示器，因为它仅指示漏电动作。

(4) 漏电保护器因被保护电路发生过载、短路或漏电故障而打开后，若操作手柄仍处于中间位置，则应查明原因，排除故障，然后方能再次闭合。闭合时，应先将操作手柄向下扳到“分”位置，使操作机构给予“再扣”后，方可进行闭合操作。

6. 漏电保护器的维护

(1)应定期检修漏电保护器，清除附在保护器上的灰尘，以保证其绝缘良好。同时应紧固螺钉，以免发生因振动而松脱或接触不良的现象。

(2) 漏电保护器因执行短路保护而分断后，应打开盖子进行内部清理。清理灭弧室时，要将内壁和栅片上的金属颗粒及烟灰清除干净。清理触头时，要仔细清理其表面上的毛刺、颗粒等，以保证接触良好。当触头磨损到原来厚度的 1/3 时，应更换触头。

(3) 大容量漏电保护器的操作机构在使用一定次数(约 1/4 机械寿命)后，其转动机构部分应加润滑油。

7. 注意事项

(1) 漏电保护断路器的保护范围应是独立回路，不能与其他线路有电气上的连接。一台漏电保护断路器容量不够时，不能两台并联使用，应选用容量符合要求的漏电保护断路器。

(2) 安装漏电保护断路器后，不能撤掉或降低对线路、设备的接地或接零保护要求及措施，安装时应注意区分线路的工作零线和保护零线。工作零线应接入漏电保护断路器，并应穿过漏电保护断路器的零序电流互感器。经过漏电保护断路器的工作零线不得作为保护零线，不得重复接地或接设备的外壳。线路的保护零线不得接入漏电保护断路器。

(3) 在潮湿、高温、金属占有系数大的场所及其他导电良好的场所，必须设置独立的漏电保护断路器，不得用一台漏电保护断路器同时保护两台以上的设备(或工具)。

(4) 安装不带过电流保护的漏电保护断路器时，应另外安装过电流保护装置。采用熔断器作为短路保护时，熔断器的安秒特性与漏电保护断路器的通断能力应满足选择性要求。

(5) 安装时漏电保护断路器应按产品上所标示的电源端和负载端接线，不能接反。

(6) 使用漏电保护断路器前应操作试验按钮，看是否能正常动作，经试验正常后方可投入使用。

(7) 漏电保护断路器有漏电动作后，应查明原因并予以排除，然后按试验按钮，正常动作后方可使用。

5.2 照明设备的安装

5.2.1 照明配线的一般步骤

(1) 熟悉电气施工图，做好预留、预埋工作，主要是确定电源引入的预留、预埋位置和引入配电箱的路径，以及垂直引上、引下及水平穿梁、柱、墙的位置等。

(2) 按图纸要求确定照明灯具、插座、开关、配电箱及电气设备的准确位置，并沿建筑物确定布线的路径。图 5-39 是 3 条分路家居配电箱线路原理图，图 5-40 是家居配电箱的配电电器接线示意图。

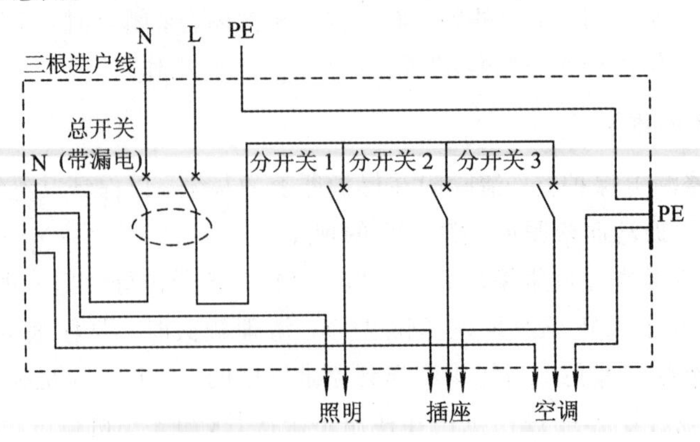

图 5-39　3 条分路家居配电箱线路原理图

图 5-40　家居配电箱的配电电器接线示意图

(3) 将布线路径所需的支撑点打好眼孔，将预埋件埋齐。

(4) 装设绝缘支承物、线夹或线管及配电箱等。

(5) 敷设导线。

(6) 连接导线。

(7) 将导线出线端按要求与电气设备和照明电器相连接。

(8) 检验室内配线是否符合图纸设计和安装工艺的要求。

(9) 测试线路的绝缘性能，对线路作通电检查。检查合格后可会同使用单位或用户进行验收。

目前，电气照明线路的安装多采用暗敷设配线，与土建施工配合进行，基本上是由内线电工来操作。

5.2.2　照明供电的一般要求

(1) 灯的端电压一般不宜高于其额定电压的105%，亦不宜低于其额定电压的下列数值：① 一般工作场所为95%；② 露天工作场所及远离变电所的小面积工作场所的照明难以满足95%时，可降至90%；③ 应急照明、道路照明、警卫照明及电压为12～42 V的照明为90%。

(2) 对于容易触及而又无防止触电措施的固定式或移动式灯具，其安装高度应距地面2.2 m及以下，且具有下列条件之一时，其使用电压不应超过24 V：① 特别潮湿的场所；② 高温场所；③ 具有导电灰尘的场所；④ 具有导电地面的场所。

(3) 在工作场所的狭窄地点，且作业者接触大块金属面(如在锅炉、金属容器内等)时，使用的手提行灯电压不应超过12 V。

(4) 42 V及以下安全电压的局部照明的电源和手提行灯的电源，输入电路与输出电路必须实行电路上的隔离。

(5) 为减小冲击电压波动和闪变对照明的影响，宜采取下列措施：

① 较大功率的冲击性负荷或冲击性负荷群与照明负荷，宜分别由不同的配电变压器

供电，或照明由专用变压器供电。

② 当冲击性负荷和照明负荷共用变压器供电时，照明负荷宜用专线供电。

(6) 由公共低压电网供电的照明负荷，线路电流不超过 30 A 时，可用 220 V 单相供电；否则，应以 220 V/380 V 三相四线供电。

(7) 室内照明线路，每一单相分支回路的电流，一般情况下不宜超过 15 A，所接灯头数不宜超过 25 个，但花灯、彩灯、多管荧光灯除外。插座宜单独设置分支回路。

(8) 对高强气体放电灯的照明，每一单相分支回路的电流不宜超过 30A，并应按启动和再启动特性选择保护电器和验算线路的电压损失值。

5.2.3 灯具安装的基本要求

(1) 灯具的安装高度：一般室内安装不低于 1.8 m，在危险潮湿场所安装则不能低于 2.5 m，当难以达到上述要求时，应采取相应的保护措施或改用 36 V 低压供电。

(2) 室内照明开关一般安装在门边便于操作的位置上。拉线开关安装的高度一般离地 2～3 m，扳把开关一般离地 1.3～1.5 m，与门框的距离一般为 0.15～0.20 m。

(3) 明插座的安装高度一般离地 1.3～1.5 m，暗插座一般离地 0.3 m。同一场所安装高度应一致，其高度差不应大于 5 mm，成排咬装的插座高度差不应大于 2 mm。

(4) 固定灯具需用接线盒及木台等配件。安装木台前应预埋木台固定件或采用膨胀螺栓。安装时，应先按照器具安装位置钻孔，并锯好线槽(明配线时)，然后将导线从木台出线孔穿出后，再固定木台，最后安装挂线盒或灯具。

(5) 采用螺口灯座时，为避免人身触电，应将相线(即开关控制的火线)接入螺口内的中心弹簧片上，零线接入螺旋部分。

(6) 吊灯灯具超过 3 kg 时，应预埋吊钩或螺栓。软线吊灯的重量限于 1 kg 以下，超过时应加装吊链。

(7) 照明装置的接线必须牢固，接触良好，接线时，相线和零线要严格区别，将零线接灯头上，相线须经过开关再接到灯头。

5.2.4 照明电路故障的检修

1. 照明电路故障的检修方法

1) 故障调查法

在处理故障前应进行故障检查，向出事故时在现场者或操作者了解故障前后的情况，以便初步判断故障种类及故障发生的部位。

2) 直观检查法

经过故障调查，进一步通过感官进行直观检查，即：闻、听、看。

闻——有无因温度过高绝缘烧坏而发出的气味。

听——有无放电等异常声响。

看——对于明敷设线路可以沿线路巡视，查看线路上有无明显问题，如：导线破皮、相碰、断线、灯泡损坏、熔断丝烧断、熔断器过热、断路器跳闸、灯座有进水、烧焦等，再进行重点部位检查。

3）测试法

除了对线路、电气设备进行直观检查外，应充分利用试电笔、万用表、试灯等进行测试。

例如，有缺相故障时，仅仅用试电笔检查有无电是不够的。当线路上相线间接有负荷时，试电笔会发光而误认为该相未断，此时应使用电压表或万用表交流电压挡测试，方能准确判断是否缺相。

4）分支路、分段检查法

对于待查电路，可按回路、支路或用“对分法”进行分段检查，缩小故障范围，逐渐逼近故障点。

2. 照明电路的常见故障

照明电路的常见故障主要有断路、短路和漏电三种。

1）断路

产生断路的原因主要是熔丝熔断、线头松脱、断线、开关没有接通、铝线接头腐蚀等，如果一个灯泡不亮而其他灯泡都亮，则应首先检查灯丝是否烧断；若灯丝未断，则应检查开关和灯头是否接触不良、有无断线等。为了尽快查出故障点，可用试电笔测灯座(灯口)的两极是否有电。若两极都不亮，则说明相线断路；若两极都亮(带灯泡测试)，则说明中性线(零线)断路；若一极亮一极不亮，则说明灯丝未接通。对于日光灯来说，还应对其启辉器进行检查。

如果几盏电灯都不亮，则应首先检查总保险是否熔断或总闸是否接通，也可按上述方法判断故障。

2）短路

造成短路的原因大致有以下几种：

(1) 用电器具接线不好，以致接头碰在一起。

(2) 灯座或开关进水，螺口灯头内部松动或灯座顶芯歪斜碰及螺口，造成内部短路。

(3) 导线绝缘层损坏或老化，并在零线和相线的绝缘处碰线。

发生短路故障时，会出现打火现象，并引起短路保护动作(熔丝烧断)。当发现短路打火或熔丝熔断时，应先查出发生短路的原因并找出短路故障点，进行处理后再更换保险丝，恢复送电。

3）漏电

相线绝缘损坏而接地、用电设备内部绝缘损坏使外壳带电等，均会造成漏电。漏电不但造成电力浪费，还可能造成人身触电伤亡事故。

漏电保护装置一般采用漏电开关。当漏电电流超过整定电流值时，漏电保护器动作，切断电路。

若发现漏电保护器动作，则应查出漏电接地点并进行绝缘处理后再通电。照明线路的接地点多发生在穿墙部位和靠近墙壁或天花板等部位。查找接地点时，应注意查看这些部位是否正常。

漏电查找方法如下：

(1) 判断是否确实漏电：可用 500 V 摇表摇测，看其绝缘电阻值的大小，或在被检查建筑物的总刀闸上接一只电流表，接通全部电灯开关，取下所有灯泡，进行仔细观察。若电流表指针摇动，则说明漏电。指针偏转的多少，取决于电流表的灵敏度和漏电电流的大小，若偏转多，则说明漏电大。确定漏电后可按下一步继续进行检查。

(2) 判断漏电类型：是相线与零线间的漏电，还是相线与大地间的漏电，或者是两者兼而有之。以接入电流表检查为例，切断零线，观察电流的变化：若电流表指示不变，则表明是相线与大地之间漏电；若电流表指示为零，则表明是相线与零线之间的漏电；若电流表指示变小但不为零，则表明相线与零线、相线与大地之间均有漏电。

(3) 确定漏电范围：取下分路熔断器或拉下开关刀闸，若电流表不变化，则表明是总线漏电；若电流表指示为零，则表明是分路漏电；若电流表指示变小但不为零，则表明总线与分路均有漏电。

(4) 找出漏电点：按前面介绍的方法确定漏电的分路或线段后，依次拉断该线路灯具的开关。当拉断某一开关时，电流表指针回零或变小，若回零则是这一分支线漏电，若变小则除该分支漏电外还有其他漏电处；若所有灯具开关都拉断后，电流表指针仍不变，则说明是该段干线漏电。

依照上述方法依次把故障范围缩小到一个较短线段或小范围之后，便可进一步检查该段线路的接头及电线穿墙处等是否有漏电情况。当找到漏电点后，应及时妥善处理。下面介绍检查照明电路故障的具体方法和步骤，其电路如图 5 - 41 所示。

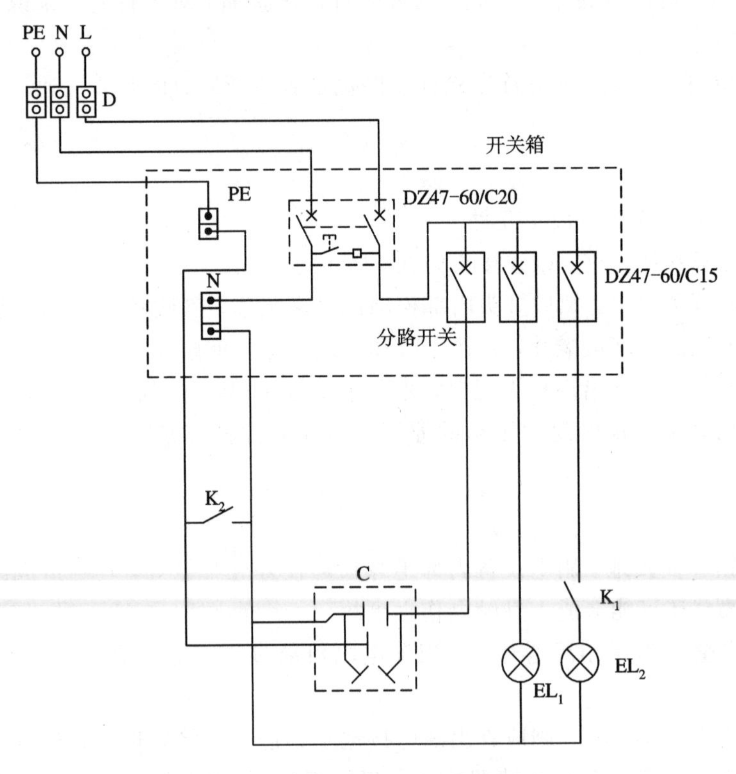

图 5 - 41　照明电路故障检修模拟电路

图 5 - 41 中 D 为接线端子，PE 为接地端了，N 为接零端了，DZ47　60/C20 为漏电断

路器，DZ47－60/C15 为单极断路器，EL 为负载，C 为二、三插座，K 为设定的故障点。

(1) 断路故障的判断：如图 5－41 所示，合上开关盒漏电开关，并依次合上各路的分开关，再合上负载开关，当合上某一负载开关，灯不亮或插座无电时，则表明该支路处于断路状态。

(2) 漏电故障的判断：如图 5－41 所示，当出现总开关跳闸时，判断漏电支路的程序是：断开各负载开关和分路开关→合上总开关→依次合上分路开关→分别合上负载开关。当合上某一负载开关时，漏电开关跳闸，则表明该支路有漏电故障。漏电故障和断路故障的查找方法见表 5－2。

表 5－2　漏电故障和断路故障的查找方法

故障现象	故 障 原 因	检 查 方 法
漏电开关合不上	漏电开关复位按钮没按上	按上漏电开关复位按钮
	电路短路	将万用表打到电阻挡，分别测配电箱火线、地线、零线间的电阻(在无负载情况下，即灯泡开关在开位置)，电阻无穷大
	零线与地线混用	用万用表测配电箱与插座的线路各火对火连通、零与零连通、地与地连通
插座无电	电路断路	断开电源，检查插座回路，用电阻挡测各线路应连通，若不通则为接触不良，压胶或零线、火线未接好
灯泡不亮	电路断路	断开电源，检查照明回路，用电阻挡测各线路应连通

必须指出：照明电路开关箱壳应接地良好，用黄绿色双线连接；火线过开关，零线应接在螺口灯头的螺纹上；零线用黑色或蓝色线；插座接线应左零右火。

5.2.5　停电检修的安全措施

停电检修的安全措施如下：

(1) 停电时应切断可能输入被检修线路或设备的所有电源，而且应有明确的分断点。在分断点上挂上“有人操作，禁止合闸”的警告牌。如果分断点是熔断器的熔体，最好取下带走。

(2) 检修前必须用验电笔复查被检修电路，证明确实无电时，才能开始动手检修。

(3) 如果被检修线路比较复杂，应在检修点附近安装临时接地线，将所有相线互相短路后再接地，人为造成相间短路或对地短路。

(4) 线路或设备检修完毕，应全面检查是否有遗漏和检修不合要求的地方，包括该拆换的导线、元器件、应排除的故障点、应恢复的绝缘层等是否全部无误地进行了处理。有无工具、器材等留在线路和设备上，工作人员是否全部撤离现场。

(5) 拆除检修前安装的作安全用的临时接地装置和各相临时对地短线路或相间短接线路，取下电源分断点的警告牌。

(6) 向已修复的电路或设备供电。

5.3 实训——照明电路1装接

1. 实训目的

(1) 能正确识别照明器件与材料，并能检查其好坏和正确使用。

(2) 能根据控制要求和提供的器件，设计出控制原理图。

(3) 学会照明电路各种线路敷设的装接与维修，掌握工艺要求。

2. 实训材料与工具

(1) 电工刀、尖嘴钳、钢丝钳、剥线钳、旋具各1把。

(2) 芯线截面为1 mm^2 和2.5 mm^2 的单股塑料绝缘铜线(BV或BVV)若干；线槽、线管若干；塑料绝缘胶带若干；固定用材料等。

(3) 照明器件：日光灯管1支，日光灯座1套，日光灯整流器1只，启动器1个，白炽灯2只，白炽灯座2只，二、三插座1个，开关底盒3个，两极漏电开关(两极断路器开关)1个，感应开关1只，触摸开关1只，单相电度表1只，熔断器1只。

(4) 电工常用仪表(如万用表、摇表)各1只。

3. 实训前准备

(1) 了解照明电路的实际应用、照明原理图和系统图，以及线路敷设的种类；

(2) 明确照明电路接线方法、安装与工艺要求；

(3) 明确元器件的基本分类与常用型号安装要求。

4. 实训内容

(1) 根据所提供材料和电路功能要求，设计电路并绘出电路原理图；

(2) 根据现场确定照明线路敷设方式；

(3) 选择器件并装接电路；

(4) 电路故障排除。

5. 实训步骤

1) 电路的功能要求

(1) 本电路应有过载、短路、漏电保护功能。

(2) 能计量电路用电量。

(3) 用一总开关控制所有负载。

(4) 用一感应开关和一触摸开关分别控制两盏白炽灯。

(5) 用一开关控制一盏日光灯。

2) 电路的设计

(1) 根据各项功能要求，画出原理图，如图5-42所示。

(2) 原理图分析，图5-42是个比较简单的单相照明电路，通入电源后，单相电度表得电，并不转动，合上QF，此时电路进入通电状态。合上 K_1，白炽灯 EL_1 发亮，电度表表盘

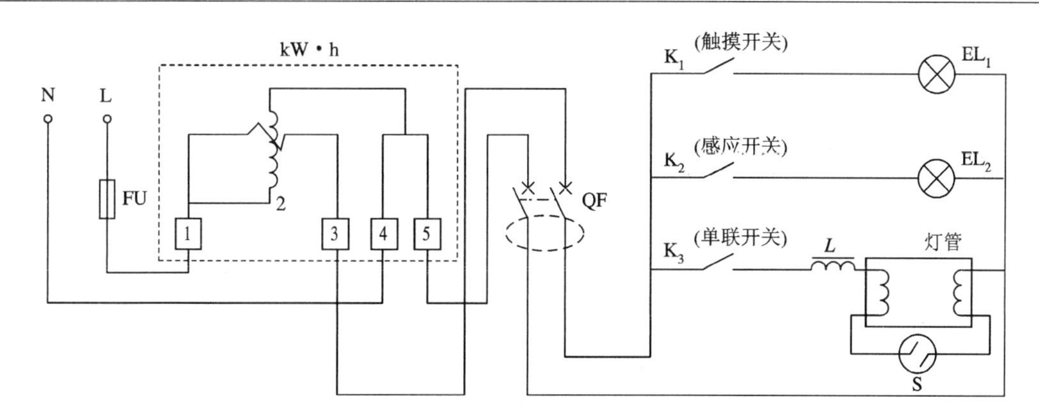

图 5－42　照明原理图

旋转(从左向右转)，计量开始。合上 K_2，白炽灯 EL_2 发亮。由于有两盏灯同时发光，负荷增大，因此电度表表盘的转速比刚才的速度快了一点。合上 K_3，日光灯启动，日光灯发光，负荷最大，表盘的转速最快。

3) 选择元器件和导线

根据电路负荷，电路的计算电流以 5 A 来计算。

(1) 空气断路器(QF)的选择：16 A、250 V 两极带漏电断路器。

(2) 熔断器(FU)选择：5 A、250 V。

(3) 单相功率表(kW·h)的选择：5 A、DT862 型单相电度表。

(4) 开关的选择：K_1(触摸开关)、K_2(感应开关)、K_3(10 A、250 V 一位单联开关)。

(5) 导线(BV)的选择：2.5 mm^2 铜单芯塑料绝缘导线；导线颜色有红色、黑色、黄绿双色。

(6) 白炽灯(EL_1、EL_2)的选择：40 W、250 V。

(7) 日光灯的选择：20 W、250 V。

(8) 底盒与开关配套。

4) 电路的安装

根据实训室现场条件情况，确定采用板面布线，能够在板面上安装出美观、符合要求的照明电路。

(1) 布局：根据电路图，确定各器件安装位置，要求符合要求，布局合理，结构紧凑，控制方便，美观大方。

(2) 固定器件：将选择好的器件和开关底盒固定在板上，排列各个器件时必须整齐。固定的时候，先对角固定，再两边固定。要求可靠，稳固。

(3) 布线：先处理好导线，将导线拉直，消除弯、折；从上至下，由左到右，先串联后并联；布线要横平竖直，转弯成直角，少交叉，多根线并拢平行走。在走线的时候必须注意“左零右火”的原则(即左边接零线，右边接火线)。

(4) 接线：接头牢固，无露铜、反圈、压胶，绝缘性能好，外形美观。红色线接电源火线(L)，黑色线接零线(N)，黄绿双色线专门作为接地线(PE)；火线过开关，零线一般不进照明开关底盒；电源火线进线接单相电度表端子“1”，电源零线进线接端子“4”，端子“3”为火线出线，端子“5”为零线出线。

5）检查电路

用肉眼观看电路，看有没有接出多余的线头，每条线是否严格按要求来接，每条线有没有接错位，注意电度表有无接反，开关有无接错，等等。

用万用表检查，将表打到欧姆挡的位置，断开电源，把两表笔分别放在火线与零线上，表盘上会显示出电度表电压线圈的电阻值，分别合上各开关，电阻值应作相应变化。

用 500 V 摇表测量线路绝缘电阻，应不小于 0.22 MΩ。

6）通电

送电由电源端开始往负载依次顺序送电，停电操作顺序相反。

首先通入电源，再合上 QF，按下漏电保护断路器试验按钮，漏电保护断路器应跳闸，重复两次操作；正常后，合上开关 K_1，EL_1 发亮；合上开关 K_2，EL_2 发亮；再合上 K_3，日光灯正常发亮。负荷大小决定电度表表盘转动快慢，负荷大时，表盘就转动快，用电就多。

7）故障排除

操作各功能开关时，若不符合功能要求，应立即停电，用万用表欧姆挡检查电路。用电位法带电排除电路故障时，一定要注意人身安全和万用表挡位。

6. 安全文明要求

（1）未经指导教师同意，不得通电，通电试运转要按电工安全要求操作。

（2）要节约导线材料(尽量利用使用过的导线)。

（3）操作时应保持工位整洁，完成全部操作后应马上把工位清理干净。

（4）做好实训记录，整理实训报告。

5.4　实训——照明电路 2 装接

1. 实训目的

（1）能正确识别照明器件与材料，并能检查其好坏和正确使用。

（2）能根据控制要求和提供的器件，设计出控制原理图。

（3）了解调光原理，学会较复杂照明电路各种线路敷设的装接与维修，掌握工艺要求。

（4）了解单相电动机工作原理和控制方法，掌握单相电动机接线和检修方法。

2. 实训材料与工具

（1）电工刀、尖嘴钳、钢丝钳、剥线钳、旋具各 1 把。

（2）芯线截面为 1 mm^2 和 2.5 mm^2 的单股塑料绝缘铜线(BV 或 BVV)若干；线槽、线管若干；塑料绝缘胶带若干；固定用材料等。

（3）照明器件：白炽灯 5 只，白炽灯座 5 个，二、三插座 1 只，两极漏电开关 1 个，计数开关 1 个，单联开关 3 个，双联开关 2 个，开关和插座底盒 6 个，单相电度表 1 只，单相三极插头 1 个，单相电动机 1 台，电容器 1 只，二极管 1 个，熔断器 1 只，单极断路器开关 2 个，入户配电箱 1 只。

（4）电工常用仪表(如万用表、摇表)各 1 只。

3. 实训前的准备

(1) 了解照明电路的实际应用、照明原理图和系统图，以及线路敷设的种类；
(2) 明确照明电路接线方法、安装与工艺要求；
(3) 明确元器件的基本分类与常用型号安装要求。

4. 实训内容

(1) 根据控制要求，绘出控制原理图；
(2) 根据现场情况确定照明线路敷设方式；
(3) 选择器件并装接电路；
(4) 电路故障排除。

5. 实训步骤

1) 电路功能要求

(1) 本电路应有过载、短路、漏电保护功能。
(2) 能计算电路用电量。
(3) 用两单极断路器控制两种不同类型的负载。
(4) 用一开关和一个计数器控制三个白炽灯负载。
(5) 用两开关实现两地控制一个白炽灯负载。
(6) 用两开关实现一个白炽灯调光。
(7) 用一插座作为单相异步电动机控制电源。

2) 电路的设计

(1) 根据各项功能控制要求，画出原理图，如图 5 - 43 所示。用插头接单相电动机，如图 5 - 44 所示。

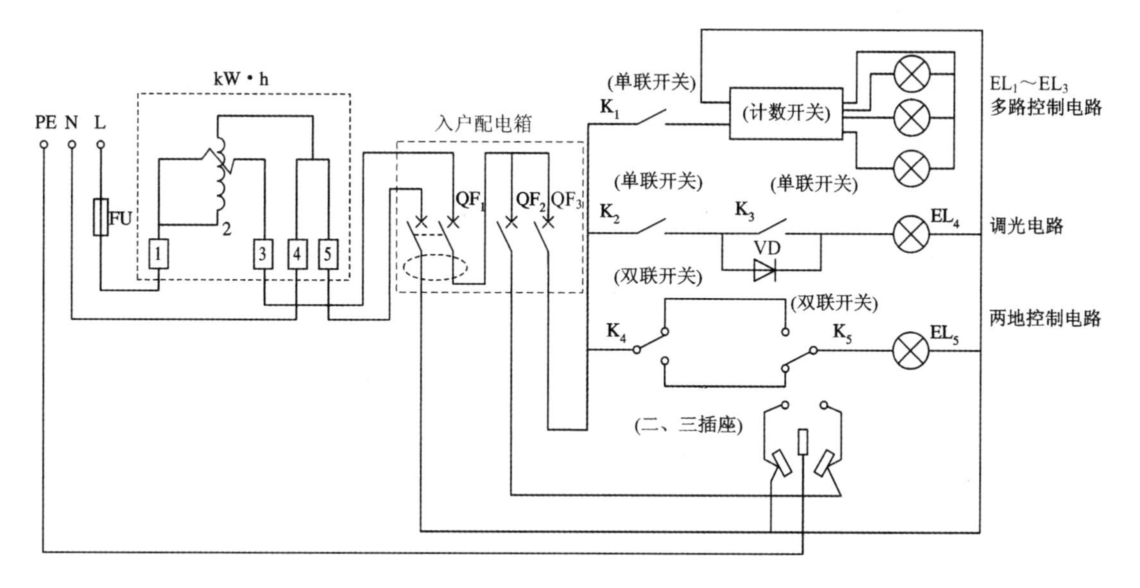

图 5 - 43　照明原理图

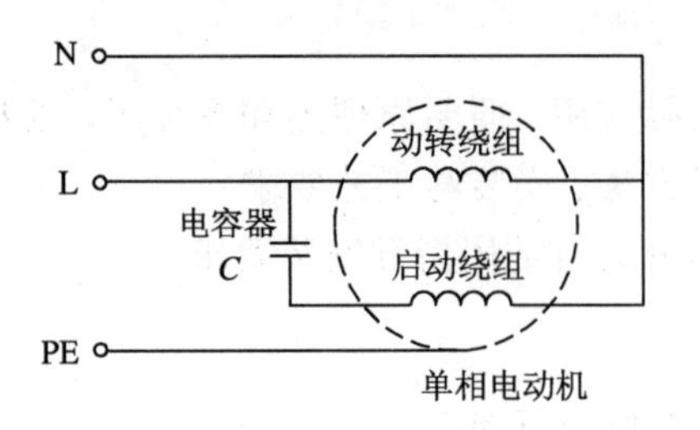

图 5－44　单相电动机接线图

(2) 原理图分析：图 5－43 是个比较复杂的单相照明电路，通入电源后，电表得电，并不转动，合上 QF_1、QF_2、QF_3，此时电路进入通电状态，在插座的火线与零线之间可以检测到 220 V 的相电压。第一次合上 K_1 的时候，有一盏白炽灯发亮，电表表盘旋转(从左向右转)，计量开始；断开 K_1，第二次合上 K_1 时，有两盏白炽灯发光，断开 K_1，第三次合上 K_1 时，三盏白炽灯同时发光；合上 K_5，白炽灯发光变暗，由于半波整流原理，合上 K_3，白炽灯发光变亮；K_4、K_5 开关实现两地控制白炽灯；插座为单相异步电动机提供电源。

单相电动机为单相电容运行电动机，只要与单相电源接通，电动机就单向运行。若要使电动机反转，只要任意改变主、副绕组的首端、末端接线，就可改变旋转磁场的转向，从而使电动机反转。

3) 选择元器件和导线

根据电路负荷，电路的计算电流以 5 A 来计算。

(1) 空气断路器的选择：QF_1(16 A、250 V 单极带漏电断路器)、QF_2(10 A、250 V 单极断路器)、QF_3(5 A、250 V 单极断路器)。

(2) 熔断器(FU)选择：5 A、250 V。

(3) 单相功率表(kW·h)的选择：5 A、DT862 型单相电度表。

(4) 开关的选择：K_1、K_2、K_3(10 A、250 V 一位单联开关)、K_4、K_5(10 A、250 V 一位双联开关)。

(5) 插座、插头的选择：10 A、250 V 三极扁脚插座和插头。

(6) 计数器的选择：600 W、250 V 三路控制计数器。

(7) 电动机的选择：200 W、250 V 单相异步电动机。

(8) 电动机电容的选择：10 μF、500 V 聚苯乙烯电容。

(9) 导线(BV)的选择：2.5 mm^2 铜单芯塑料绝缘导线；导线颜色有红色、黑色、黄绿双色。

(10) 白炽灯(EL_1、EL_2、EL_3、EL_4、EL_5)的选择：40 W、250 V。

(11) 底盒与开关和插座配套。

4) 电路的安装

根据实训室现场条件情况，确定采用板面布线，能够在板面上安装出美观、符合要求的照明电路。

(1) 布局：根据电路图，确定各器件安装位置，要求符合要求、布局合理、结构紧凑、控制方便、美观大方。

(2) 固定器件：将选择好的器件和开关底盒固定在板上，排列各个器件时必须整齐。固定的时候，先对角固定，再两边固定，要求可靠、稳固。

(3) 布线：先处理好导线，将导线拉直，消除弯、折；从上至下，由左到右，先串联后并联；布线要横平竖直，转弯成直角，少交叉，多根线并拢平行走。而且在走线的时候牢记"左零右火"的原则(即左边接零线，右边接火线)。

(4) 接线：接头牢固，无露铜、反圈、压胶，绝缘性能好，外形美观。红色线接电源火线(L)，黑色线接零线(N)，黄绿双色线专作地线(PE)；火线过开关，零线一般不进照明开关底盒。

5) 检查电路

目测检查电路，看有没有接出多余的线头，每条线是否严格按要求来接，每条线有没有接错位，注意电度表有无接反，双联开关有无接错。

用万用表检查，将表打到欧姆挡的位置，断开电源开关，把两表笔分别放在火线与零线上，表盘上会显示出电度表电压线圈的电阻值。分别合上开关，电阻值应作相应变化。

用 500 V 摇表测量线路绝缘电阻，应不小于 0.22 MΩ。

6) 通电

送电由电源端开始往负载依次顺序送电，停电操作顺序相反。

首先通入电源，再合上 QF_1，按下漏电保护断路器试验按钮，漏电保护断路器应跳闸，重复两次操作；正常后，合上 QF_2、QF_3，然后往复合上、关断 K_1 三次，三盏白炽灯 EL_1、EL_2、EL_3 有三种不同组合发光；合上 K_2，白炽灯 EL_4 发光较暗，合上 K_3，白炽灯 EL_4 正常发光；合上 K_4，白炽灯 EL_5 发光，合上 K_5，白炽灯 EL_5 不亮；把接有单相异步电动机的插头插到插座上，电动机启动运转。负荷大小决定电度表表盘转动快慢，负荷大时，表盘就转动快，用电就多。

7) 故障排除

操作各功能开关时，若不符合功能要求，应立即停电，用万用表欧姆挡检查电路。用电位法带电排除电路故障时，一定要注意人身安全和万用表挡位。

6. 安全文明要求

(1) 未经指导教师同意，不得通电，通电试运转要按电工安全要求操作。

(2) 要节约导线材料(尽量利用使用过的导线)。

(3) 操作时应保持工位整洁，完成全部操作后应马上把工位清理干净。

(4) 做好实训记录，整理实训报告。

注意：本实训可以根据现场条件和学生掌握知识的程度，在功能要求和敷设方式方面做适当删减和调整。

思　考　题

5－1　塑料绝缘护套线的配线方法有哪些？

5－2　导线穿管敷设时，暗钢管敷设与明钢管敷设有何不同？

5－3　一般灯具的安装要求是什么？

5－4　如何根据负荷情况，确定计算负荷和选择导线？

5－5　安装开关与插座时应注意哪些问题？

电力拖动知识

第六章课件

用来接通和断开控制电路的电气元件统称控制电器。采用按钮、接触器及继电器等组成的有触点断续控制的系统，统称电力拖动控制系统。目前，继电接触控制系统仍广泛应用于电动机拖动控制和液压、气压传动控制，前者受控对象为电动机，后两者受控对象则为油(或气)泵及各种电磁阀。掌握各种电器元件的图形符号和文字符号表示的含义，了解常用的控制电器和保护电器的结构、动作原理及控制(或保护)作用，是理解控制电路工作原理、功能和特点的基础。

6.1　低压电器概述

低压电器通常是指工作在 1000 V 以下的电力线路中，起保护、控制或调节等作用的电气设备。低压配电电器主要用于低压配电系统中，要求工作可靠，在系统发生异常情况下动作准确，并有足够的热稳定性和动稳定性。低压控制电器主要用于电力传动系统中，要求使用寿命长，体积小，重量轻，工作可靠。低压电器的种类繁多，用途很广，但就其用途或所控制的对象，可分为低压配电电器和低压控制电器两大类。

6.1.1　电器的定义和分类

1. 电器的定义

凡是对电能的生产、输送、分配和使用起控制、调节、检测、转换及保护作用的器件均称为电器。

2. 电器的分类

电器的用途广泛，种类繁多，构造各异，功能多样，通常可按以下方式对其进行分类。

1) 按工作电压分类

(1) 低压电器：是指工作电压在交流 1200 V、直流 1500 V 以下的电器。低压电器常用于低压供配电系统和机电设备自动控制系统中，实现电路的保护、控制、检测和转换等，如各种刀开关、按钮、继电器、接触器等。

(2) 高压电器：是指工作电压在交流 1000 V、直流 1200 V 以上的电器。高压电器常用于高压供配电电路中，实现电路的保护和控制等，如高压断路器、高压熔断器等。

2）按动作方式分类

（1）手动电器：这类电器的动作是由工作人员手动操纵的，如刀开关、组合开关及按钮等。

（2）自动电器：这类电器是按照操作指令或参量变化信号自动动作的，如接触器、继电器、熔断器和行程开关等。

3）按作用分类

（1）执行电器：是用来完成某种动作或传递功率的电器，如电磁铁、电磁离合器等。

（2）控制电器：是用来控制电路通断的电路，如开关、继电器等。

（3）主令电器：是用来控制其他自动电器的动作，以发出控制“指令”的电器，如按钮、行程开关等。

（4）保护电器：是用来保护电源、电路及用电设备，使它们不致在短路、过载等状态下运行遭到损坏的电器，如熔断器、热继电器等。

4）按工作环境分类

（1）一般用途低压电器：是指用于海拔高度不超过 2000 m，周围环境温度为－25～40℃，空气相对湿度为 90%，安装倾斜度不大于 5°，无爆炸危险的介质及无显著摇动和冲击振动的场合的电器。

（2）特殊用途电器：是指在特殊环境和工作条件下使用的各类低压电器，通常是在一般用途低压电器的基础上派生而成的，如防爆电器、船舶电器、化工电器、热带电器、高原电器以及牵引电器等。

6.1.2　低压电器结构的基本特点

低压电器在结构上种类繁多，且没有固定的结构形式。因此在讨论各种低压电器的结构时显得较为烦琐。但是从低压电器各组成部分的作用上去理解，低压电器一般有三个基本组成部分：感受部分、执行部分和灭弧机构。

（1）感受部分：用来感受外界信号并根据外界信号做特定的反应或动作。不同的电器，感受部分结构不一样，对手动电器来说，操作手柄就是感受部分；而对电磁式电器而言，感受部分一般指电磁机构。

（2）执行部分：根据感受机构的指令，对电路进行“通断”操作。对电路实行“通断”控制的工作一般由触点来完成，所以执行部分一般是指电器的触点。

（3）灭弧机构：触点在一定条件下断开电流时往往伴随有电弧或火花，电弧或火花对断开电流的时间和触点的使用寿命都有极大的影响，特别是电弧，必须及时熄灭。用于熄灭电弧的机构称为灭弧机构。

从某种意义上说，可以将电器定义为：根据外界信号的规律（有无或大小等），实现电路通、断的一种“开关”。

6.1.3　低压电器的主要性能参数

电器种类繁多，控制对象的性质和要求也不一样，为正确、合理、经济地使用电器，每一种电器都有一套用于衡量其性能的技术指标。电器主要的技术参数有额定绝缘电压、额定工作电压、额定发热电流、额定工作电流、通断能力、电气寿命和机械寿命等。

(1) 额定绝缘电压：是一个由电器结构、材料、耐压等因素决定的名义电压值。额定绝缘电压为电器最大的额定工作电压。

(2) 额定工作电压：低压电器在规定条件下长期工作时，能保证电器正常工作的电压值，通常是指主触点的额定电压。有电磁机构的控制电器还规定了吸引线圈的额定电压。

(3) 额定发热电流：在规定条件下，电器长时间工作，各部分的温度不超过极限值时所能承受的最大电流值。

(4) 额定工作电流：是保证电器能正常工作的电流值。同一电器在不同的使用条件下，有不同的额定电流等级。

(5) 通断能力：低压电器在规定的条件下，能可靠接通和分断的最大电流。通断能力与电器的额定电压、负载性质、灭弧方法等有很大关系。

(6) 电气寿命：低压电器在规定条件下，在不需修理或更换零件时的负载操作循环次数。

(7) 机械寿命：低压电器在需要修理或更换机械零件前所能承受的负载操作次数。

6.2　常用低压电器

6.2.1　刀开关

刀开关又称闸刀开关，是结构最简单、应用最广泛的一种手动电器。它适用于频率为50 Hz/60 Hz、额定电压为380 V(直流为440 V)、额定电流150 A以下的配电装置中，主要作为电气照明电路、电热回路的控制开关，也可作为分支电路的配电开关，具有短路或过载保护功能。在降低容量的情况下，刀开关还可作为小容量(功率在5.5 kW及以下)动力电路不频繁启动的控制开关。在低压电路中，刀开关常用作电源引入开关，也可用作不频繁接通的小容量电动机或局部照明电路的控制开关。

1. 刀开关的结构

刀开关主要由手柄、熔丝、静触点(触点座)、动触点(触刀片)、瓷底座和胶盖组成。胶盖使电弧不致飞出灼伤操作人员，并防止极间电弧短路；熔丝对电路起短路保护作用。

常用的刀开关有开启式负荷开关和半封闭式负荷开关。

1) 开启式负荷开关

开启式负荷开关又名瓷底胶盖闸刀开关，它由刀开关和熔断器组合而成。瓷质底座上装有静触头、熔丝接头、瓷质手柄(瓷柄)等，并有上、下胶盖，其结构如图6-1(a)所示，电气符号如图6-1(b)所示。这种开关易被电弧烧坏，因此不宜带负载接通或分断电路，但其结构简单，价格低廉，常用作照明电路的电源开关，也用于5.5 kW以下三相异步电动机不频繁启动和停止的控制。在拉闸与合闸时动作要迅速，以利于迅速灭弧，减少刀片和触座的灼损。它具有结构简单，价格便宜，安装、使用和维修方便等优点，是一种结构简单而应用广泛的电器。

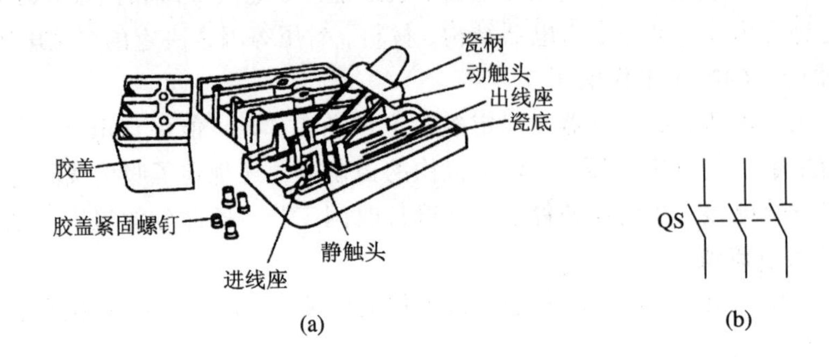

图 6－1　刀开关
(a) 结构图；(b) 电气符号

2) 半封闭式负荷开关

半封闭式负荷开关又名铁壳开关，它由刀开关、熔断器、灭弧机构、操作机构和钢板(或铸铁)做成的外壳构成。这种开关的操作机构中，在手柄转轴与底座间装有速断弹簧，使刀开关的接通和断开速度与手柄操作速度无关，这样有利于迅速灭弧。为了保证用电安全，它还装有机械联锁装置，必须将壳盖闭合后，手柄才能(向上)合闸；只有当手柄(向下)拉闸后，壳盖才能打开。其结构如图 6－2 所示。

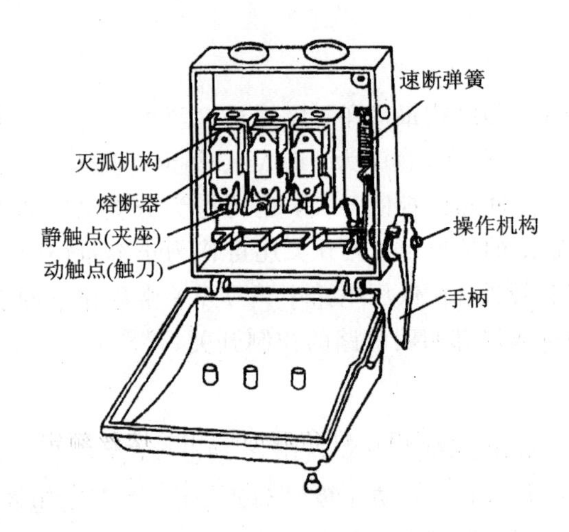

图 6－2　铁壳开关结构图

2. 刀开关的主要技术参数和型号含义

(1) 额定电压：是指刀开关长期工作时能承受的最大电压。

(2) 额定电流：是指刀开关在合闸位置时允许长期通过的最大电流。

(3) 分断电流能力：是指刀开关在额定电压下能可靠分断最大电流的能力。

常用刀开关的型号有 HK1、HK2、HK4 和 HK8 等系列。表 6－1 列出了 HK2 系列刀开关的主要技术参数。

表 6-1 HK2 系列刀开关的主要技术参数

型 号	额定电压/V	额定电流/A	极数	开关的分断电流	熔断器极限分断能力/A	控制电动机的功率/kW
HK2-10/2	220	10	2	$4I_N$	500	1.1
HK2-15/2		15			500	1.5
HK2-30/2		30			1000	3.0
HK2-15/3	380	15	3	$2I_N$	500	2.2
HK2-30/3		30			1000	4.0
HK2-60/3		60		$1.5I_N$	1000	5.5

(4) 型号含义：负荷开关可分为二极和三极两种，二极式额定电压为 250 V，三极式额定电压为 500 V。常用的刀开关有 HK 和 HH 两个系列，其型号含义如下：

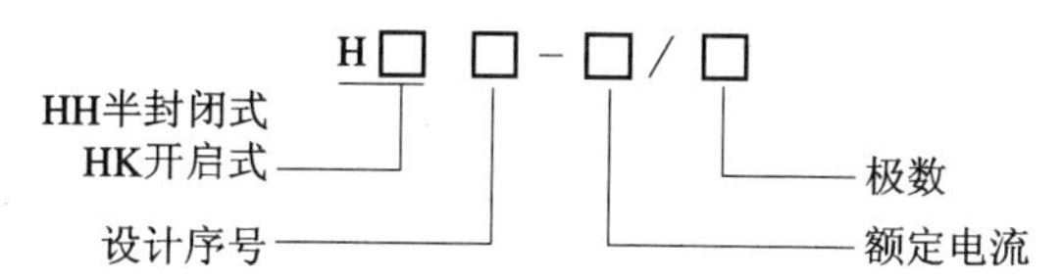

例如：HK1-30/20，“HK”表示开关类型为开启式负荷开关，“1”表示设计序号，“30”表示额定电流为 30 A，“2”表示单相，“0”表示不带灭弧罩。

3. 刀开关的选用

1) 额定电压的选用

刀开关的额定电压要大于或等于线路实际的最高电压。控制单相负载时，选用 250 V 二极开关，控制三相负载时，选用 500 V 三极开关。

2) 额定电流的选用

(1) 当作为隔离开关使用时，刀开关的额定电流要等于或稍大于线路实际的工作电流。当直接用其控制小容量(小于 5.5 kW)电动机的启动和停止时，则需要选择电流容量比电动机额定值大的刀开关。

(2) 用于控制照明电路或其他电阻性负载时，开关熔丝额定电流应不小于各负载额定电流之和；当控制电动机或其他电感性负载时，开启式负荷开关的额定电流应为电动机额定电流的 3 倍，封闭式负荷开关额定电流可选电动机额定电流的 1.5 倍左右，它们开关熔丝的额定电流是最大一台电动机额定电流的 2.5 倍。

4. 安装方法

(1) 选择开关前，应注意检查动刀片对静触点接触是否良好、是否同步。如有问题，应予以修理或更换。

(2) 安装时，瓷底板应与地面垂直，手柄向上推为合闸，不得倒装和平装。因为闸刀正装便于灭弧，而倒装或横装时灭弧比较困难，易烧坏触头，再则因刀片的自重或振动，可能导致误合闸而引发危险。

(3) 接线时，螺钉应紧固到位，电源进线必须接闸刀上方的静触头接线柱，通往负载的引线接下方的接线柱。

5. 刀开关的使用与维护

(1) 刀开关作电源隔离开关使用时，合闸顺序是先合上刀开关，再合上其他用以控制负载的开关电器。分闸顺序则相反，要先使控制负载的开关电器分闸，然后再让刀开关分闸。

(2) 严格按照产品说明书规定的分断能力来分断负载，无灭弧罩的刀开关一般不允许分断负载；否则，有可能导致稳定持续燃弧，使刀开关寿命缩短，严重的还会造成电源短路，开关被烧毁，甚至发生火灾。

(3) 对于多极的刀开关，应保证各极动作的同步性，而且应接触良好；否则，当负载是三相异步电动机时，便可能发生电动机因缺相运转而烧坏的事故。

(4) 如果刀开关未安装在封闭的控制箱内，则应经常检查，防止因积尘过多而发生相间闪络现象。

(5) 当对刀开关进行定期检修时，应清除底板上的灰尘，以保证良好的绝缘；检查触刀的接触情况，如果触刀(或静插座)磨损严重或被电弧烧坏，则应及时更换；发现触刀转动铰链过松时，如果是采用螺栓紧固的，则应把螺栓拧紧。

6. 注意事项

(1) 安装后应检查闸刀和静触头是否成直线和紧密可靠连接。

(2) 更换熔丝时，必须先拉闸断电后，按原规格安装熔丝。

(3) 胶壳刀开关不适合用来直接控制 5.5 kW 以上的交流电动机。

(4) 合闸、拉闸动作要迅速，使电弧很快熄灭。

6.2.2 组合开关

组合开关包括转换开关和倒顺开关。其特点是用动触片的旋转代替闸刀的推合和拉开，实质上是一种由多组触点组合而成的刀开关。这种开关可用作交流 50 Hz、380 V 和直流 220 V 以下的电路电源引入开关或控制 5.5 kW 以下小容量电动机的直接启动，以及电动机正、反转控制和机床照明电路控制。额定电流有 6 A、10 A、15 A、25 A、60 A、100 A 等多种。在电气设备中主要作为电源引入开关，用于非频繁接通和分断电路。在机床电气系统中，组合开关多用作电源开关，一般不带负载接通或断开电源，而是在开车前空载接通电源，在应急、检修或长时间停用时空载断开电源。其优点是体积小、寿命长、结构简单、操作方便、灭弧性能较好，多用于机床控制电路。

1. 结构

(1) 转换开关：它主要由手柄、转轴、凸轮、动触片、静触片及接线柱等组成。当转动手柄时，每层的动触片随方形转轴一起转动，使动触片插入静触片中，使电路接通；或使动触片离开静触片，使电路分断。各极是同时通断的。

HZ5 - 30/3 转换开关的外形如图 6 - 3(a)所示，其结构及电气符号分别如图 6 - 3(b)、(c)所示。

(2) 倒顺开关：倒顺开关又称可逆转开关，是组合开关的一种特例，多用于机床的进刀、

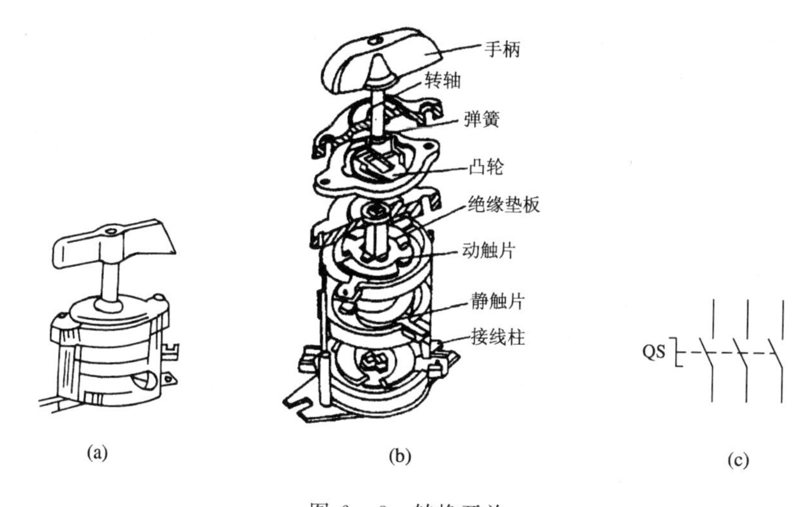

图 6－3　转换开关

(a) 外形；(b) 结构；(c) 电气符号

退刀，电动机的正、反转和停止的控制或升降机的上升、下降和停止的控制，也可作为控制小电流负载的负荷开关。其外形和结构如图 6－4(a)所示，电气符号如图 6－4(b)所示。

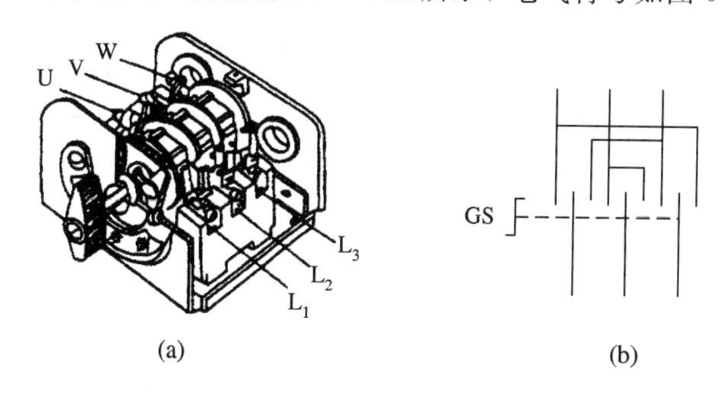

图 6－4　倒顺开关

(a) 外形和结构；(b) 电气符号

2. 组合开关的主要技术参数与型号含义

组合开关的主要技术参数与刀开关相同，有额定电压、额定电流、极数和可控制电动机的功率等。

HZ 系列组合开关的型号含义如下：

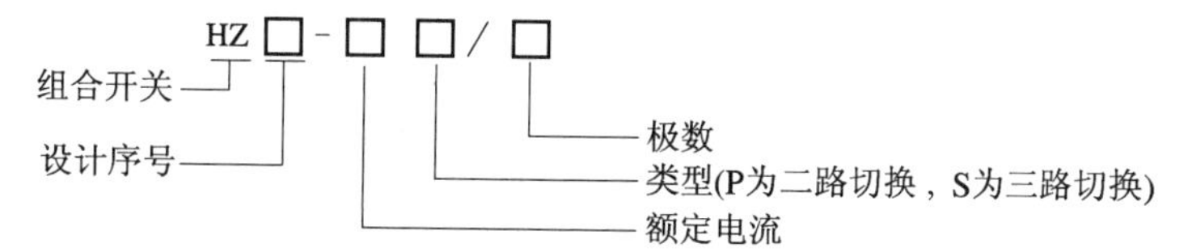

例如：HZ5－30P/3，“HZ”表示开关类型为组合开关，“5”表示设计序号，“30”表示额定电流值大小为 30 A，“P”表示二路切换，“3”表示极数为三极。

3. 组合开关的选用

(1) 选用转换开关时，应根据电源种类、电压等级、所需触点数及电动机的容量来选用，开关的额定电流一般取电动机额定电流的 1.5～2 倍。

(2) 用于一般照明、电热电路，其额定电流应大于或等于被控电路的负载电流总和。

(3) 当用作设备电源引入开关时，其额定电流应稍大于或等于被控电路的负载电流总和。

(4) 当用于直接控制电动机时，其额定电流一般可取电动机额定电流的 2～3 倍。

4. 安装方法

(1) 安装转换开关时应使手柄保持平行于安装面。

(2) 转换开关需安装在控制箱(或壳体)内时，其操作手柄最好伸出在控制箱的前面或侧面，应使手柄在水平旋转位置时为断开状态。

(3) 需在控制箱内操作时，转换开关最好装在箱内右上方，而且在其上方不宜安装其他电器，否则应采取隔离或绝缘措施。

5. 组合开关的使用与维护

(1) 由于组合开关的通断能力较低，故不能用来分断故障电流。当用于控制电动机作可逆运转时，必须在电动机完全停止转动后，才允许反向接通。

(2) 当操作频率过高或负载功率因数较低时，组合开关要降低容量使用，否则会影响开关寿命。

(3) 在使用时应注意，组合开关每小时的转换次数一般不超过 15～20 次。

(4) 应经常检查开关固定螺钉是否松动，以免引起导线压接松动，造成外部连接点放电、打火、烧蚀或断路。

(5) 检修组合开关时，应注意检查开关内部的动、静触片接触情况，以免造成内部接点起弧烧蚀。

6. 注意事项

(1) 由于转换开关的通断能力较低，因此不能用来分断故障电流。当用于控制电动机正、反转时，必须在电动机完全停转后，才能操作。

(2) 当负载功率因数较低时，转换开关要降低额定电流使用，否则会影响开关寿命。

6.2.3 低压断路器

低压断路器又称为自动空气开关。它主要用于交、直流低压电路中手动或电动分合电路，以在电气设备出现过载、短路、失压等故障时产生保护，也可用于电动机不频繁启停控制和保护。自动空气开关具有多种保护功能、动作后不需要更换元件、动作电流可按需要整定、工作可靠、安装方便和分断能力较强等特点，因此广泛应用于各种动力线路和机床设备中。它是低压电路中重要的保护电器之一，但低压断路器的操作传动机构比较复杂，因此不能频繁开、关。

1. 断路器的结构

断路器的结构有框架式(又称万能式)和塑料外壳式(又称装置式)两大类。框架式断路器为敞开式结构，适用于大容量配电装置。塑料外壳式断路器的特点是各部分元件均安装在塑料壳体内，具有良好的安全性，结构紧凑简单，可独立安装，常用作供电线路的保护开关和电动机或照明系统的控制开关，也广泛在电器控制设备及建筑物内用于电源线路保护及对电动机进行过载和短路保护。低压断路器一般由触点系统、灭弧系统、操作机构、脱扣器及外壳或框架等组成。各组成部分的作用如下：

(1) 触点系统：触点系统用于接通和断开电路。触点的结构形式有对接式、桥式和插入式三种，一般采用银合金材料和铜合金材料制成。

(2) 灭弧系统：灭弧系统有多种结构形式，采用的灭弧方式有窄缝灭弧和金属栅灭弧。

(3) 操作机构：操作机构用于实现断路器的闭合与断开，有手动操作机构、电动机操作机构和电磁操作机构等。

(4) 脱扣器：脱扣器是断路器的感测元件，用来感测电路特定的信号(如过电压、过电流等)。电路一旦出现非正常信号，相应的脱扣器就会动作，通过联动装置使断路器自动跳闸而切断电路。

脱扣器的种类很多，有电磁脱扣、热脱扣、自由脱扣、漏电脱扣等。电磁脱扣又分为过电流、欠电流、过电压、欠电压、分励脱扣等。

几种常用断路器结构如图 6-5 所示。

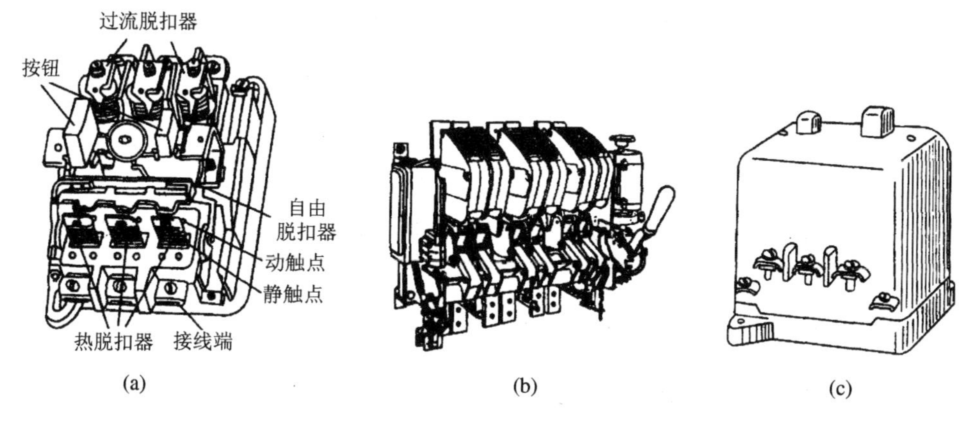

图 6-5 几种常用断路器结构示意图

(a) 塑料外壳式；(b) 框架式；(c) 漏电保护式

2. 断路器的工作原理与型号含义

1) 工作原理

通过手动或电动等操作机构可使断路器合闸，从而使电路接通。当电路发生故障(短路、过载、欠电压等)时，通过脱扣装置使断路器自动跳闸，达到设备保护的目的。断路器的图形符号和文字符号如图 6-6 所示。

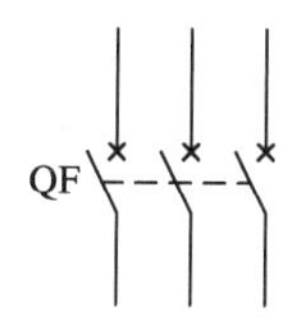

图 6-6 断路器的图形和文字符号

图 6-7 所示为断路器工作原理的示意图。断路器工作原理分析如下：主触点闭合后，若 L_3 相电路发生短路或过电流(电流达到或超过过电流脱扣器动作值)事故时，过电流脱扣器的衔铁吸合，驱动自由脱扣器动作，主触点在弹簧的作用下断开；当电路过载时(L_3

相)，热脱扣器的热元件发热，使双金属片产生足够的弯曲，推动自由脱扣器动作，从而使主触点断开，切断电路；当电源电压不足(小于欠电压脱扣器释放值)时，欠电压脱扣器的衔铁释放，使自由脱扣器动作，主触点断开，切断电路。分励脱扣器用于远距离切断电路，当需要分断电路时，按下分断按钮，分励脱扣器线圈通电，衔铁驱动自由脱扣器动作，使主触点断开而切断电路。

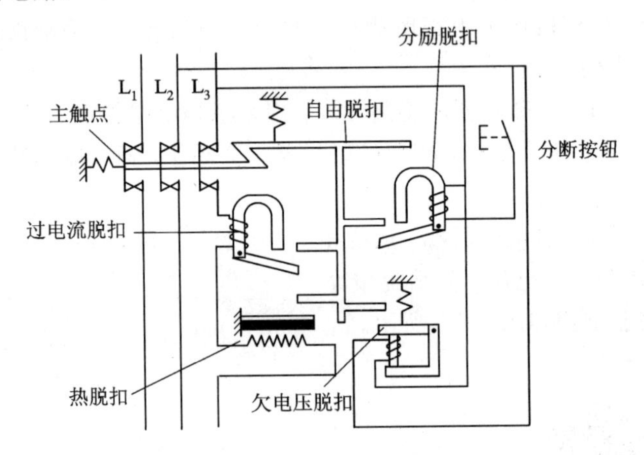

图 6-7　断路器工作原理示意图

2) 型号含义

低压断路器按结构形式，可分为塑壳式(DZ 系列)和框架式(DW 系列)两类。其型号含义如下：

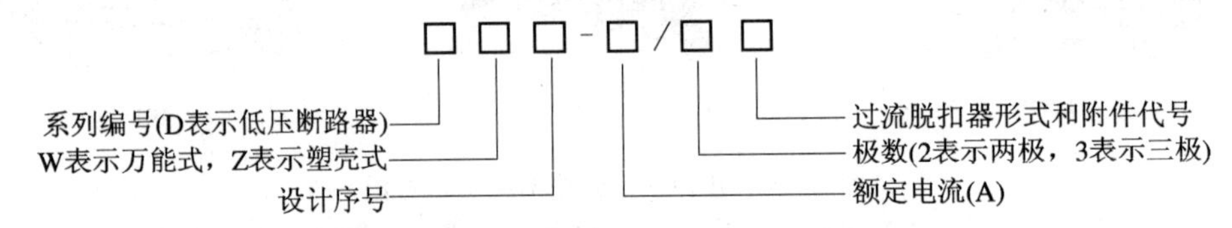

常用的框架结构低压断路器有 DW10、DW15 两个系列；塑料外壳有 DZ5、DZ10、DZ20 等系列，其中 DZ20 为统一设计的新产品。

3. 断路器的一般选用原则

(1) 根据用途选择断路器的类型及极数；根据最大工作电流选择断路器的额定电流；根据需要选择脱扣器的类型、附件的种类和规格。其具体要求如下：

① 断路器的额定工作电压大于等于线路额定电压；

② 断路器的额定短路通断能力大于等于线路计算负载电流；

③ 断路器的额定短路通断能力大于等于线路中可能出现的最大短路电流(一般按有效值计算)；

④ 线路末端单相对地短路电流大于等于 1.25 倍断路器瞬时(或短延时)脱扣整定电流；

⑤ 断路器欠压脱扣器额定电压等于线路额定电压；

⑥ 断路器的分励脱扣器额定电压等于控制电源电压；

⑦ 电动传动机构的额定工作电压等于控制电源电压；

⑧ 断路器用于照明电路时，电磁脱扣器的瞬时整定电流一般取负载电流的 6 倍。

(2) 采取断路器作为单台电动机的短路保护时，瞬时脱扣器的整定电流为电动机启动电流的 1.35 倍(DW 系列断路器)或 1.7 倍(DZ 系列断路器)。

(3) 采用断路器作为多台电动机的短路保护时，瞬时脱扣器的整定电流为 1.3 倍最大一台电动机的启动电流再加上其余电动机的工作电流。

(4) 采用断路器作为配电变压器低压侧总开关时，其分断能力应大于变压器低压侧的短路电流值，脱扣器的额定电流不应小于变压器的额定电流，短路保护的整定电流一般为变压器额定电流的 6～10 倍；过载保护的的整定电流等于变压器的额定电流。

(5) 初步选定断路器的类型和等级后，还要与上、下级开关的保护特性进行配合，以免越级跳闸，扩大事故范围。

4. 电动机保护用断路器的选用

电动机保护用断路器可分为两类：一类是指断路器只作保护而不负担正常操作；另一类是指断路器需兼作保护和不频繁操作之用。后一类情况需考虑操作条件和电寿命。

电动机保护用断路器的选用原则如下：

(1) 长延时电流整定值等于电动机额定电流。

(2) 瞬时整定电流：对保护笼型电动机的断路器，瞬时整定电流等于 8～15 倍电动机额定电流，取决于被保护电动机的型号、容量和启动条件；对于保护绕线转子电动机的断路器，瞬时整定电流等于 3～6 倍电动机额定电流，主要取决于被保护绕线转子电动机的型号、容量和启动条件。

(3) 6 倍长延时电流整定值的可返回时间大于等于电动机实际启动时间。按启动时负载的轻重，可选用可返回时间为 1、3、5、8、15 s 中的某一档。

5. 导线保护断路器的选用

照明、生活用导线保护断路器是指在生活建筑中用来保护配电系统的断路器，选用时应考虑以下原则：

(1) 长延时整定值小于等于线路计算负载电流。

(2) 瞬时动作整定值等于 6～20 倍线路计算负载电流。

6. 断路器的级联保护性

在配电系统的设计中，断路器的上下两级之间的选择性配合必须具有“选择性、快速性和灵敏性”。选择性与上下两级断路器之间的配合有关，而快速性和灵敏性分别与保护电器本身的特点和线路运行方式有关。上下两级断路器配合得当，则能有选择地将故障回路切除，保证配电系统的其他无故障回路继续正常工作；反之，则会影响配电系统的可靠性。

级联保护是断路器限流特性的具体应用，其主要原理是利用上级断路器的限流作用，在选择下级断路器时，可选择分断能力较低的断路器，以达到降低成本节约费用的目的。上级的限流型断路器能分断其安装处的最大预期短路电流，由于配电系统中上下级的断路器为串联安装，当下级断路器出口处发生短路时，该短路电流由于上级断路器的限流作用而使其实际值远小于该处的预期短路电流，也就是说，下级断路器的分断能力在上级断路器帮助下大大增强，超过了其额定分断能力。

7. 断路器的安装维护方法

(1) 断路器在安装前应将脱扣器的电磁铁工作面的防锈油脂抹净，以免影响电磁机构的动作值。

(2) 断路器应上端接电源，下端接负载。

(3) 断路器与熔断器配合使用时，熔断器应尽可能装于断路器之前，以保证使用安全。

(4) 电磁脱扣器的整定值一经调好后就不允许随意更动，长时间使用后要检查其弹簧是否生锈卡住，以免影响其动作。

(5) 断路器在分断短路电流后，应在切除上一级电源的情况下及时检查触头。若发现有严重的电灼痕迹，可用干布擦去；若发现触头烧毛，可用砂纸或细锉小心修整，但主触头一般不允许用锉刀修整。

(6) 应定期清除断路器上的积尘和检查各种脱扣器的动作值，操作机构在使用一段时间(1～2 年)后，在传动机构部分应加润滑油(小容量塑壳断路器不需要)。

(7) 灭弧室在分断短路电流后或较长时间使用后，应清除其内壁和栅片上的金属颗粒和黑烟灰，如灭弧室已破损，则决不能再使用。

8. 注意事项

(1) 在确定断路器的类型后，再进行具体参数的选择。

(2) 断路器的底板应垂直于水平位置，固定后应保持平整，倾斜度不大于 5°。

(3) 有接地螺丝的断路器应可靠连接地线。

(4) 具有半导体脱扣装置的断路器，其接线端应符合相序要求，脱扣装置的端子应可靠连接。

6.2.4 熔断器

熔断器俗称“保险”，是电网和用电设备的安全保护电器之一。低压熔断器广泛用于低压供配电系统和控制系统中，主要用作短路保护，有时也可用于过载保护。其主体是用低熔点金属丝或金属薄片制成的熔体，串联在被保护的电路中。在正常情况下，熔体相当于一根导线；当发生短路或严重过载时，电流很大，熔体因过热熔化而切断电路，使线路或电气设备脱离电源，从而起到保护作用。熔断器由于结构简单、体积较小、价格低廉、工作可靠、维护方便，因而应用极为广泛，是低压电路和电动机控制电路中最简单、最常用的过载和短路保护电器。但熔断器大多只能一次性使用，功能单一，更换需要一定时间，而且时间较长，所以现在很多电器电路使用空气开关断路器代替低压熔断器。

熔断器的种类很多，按其结构可分为半封闭插入式熔断器、螺旋式熔断器、无填料封闭管式熔断器、有填料管式快速熔断器、半导体保护用熔断器及自复式熔断器等。熔断器的种类不同，其特性和使用场合也有所不同，在工厂电气设备自动控制中，半封闭插入式熔断器、螺旋式熔断器使用最为广泛。

1. 熔断器的结构

熔断器种类很多，常用的有 RC1A 系列瓷插式(插入式)和 RL1 系列螺旋式两种。RC1A 系列熔断器价格便宜，更换方便，广泛用于照明和小容量电动机的短路保护。RL1

系列熔断器断流能力大，体积小，安装面积小，更换熔丝方便，安全可靠，熔丝熔断后有显示，常用于电动机控制电路做短路保护。

1）瓷插式熔断器

瓷插式熔断器也称为半封闭插入式熔断器，它主要由瓷座、瓷盖、静触头、动触头和熔丝等组成，熔丝安装在瓷插件内。熔丝通常用铅锡合金或铅锑合金等制成，也有的用铜丝作熔丝。常用 RC1A 系列瓷插式(插入式)熔断器的结构和电气符号如图 6－8 所示。

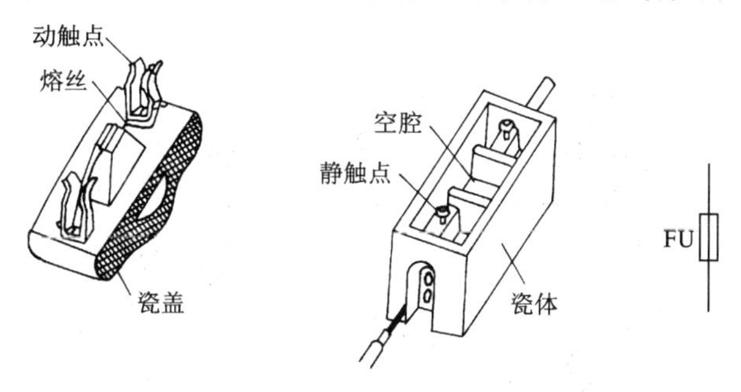

图 6－8　RC1A 系列瓷插式(插入式)熔断器

瓷座中部有一空腔，与瓷盖的凸出部分组成灭弧室。60 A 以上的瓷插式熔断器空腔中还垫有纺织石棉层，用以增强灭弧能力。该系列熔断器具有结构简单、价格低廉、体积小、带电更换熔丝方便等优点，且具有较好的保护特性，主要用于交流 400 V 以下的照明电路中作保护电器。但其分断能力较小，电弧较大，只适用于小功率负载的保护，已趋于被淘汰。

RC1A 系列熔断器的额定电压为 380 V，额定电流有 5 A、10 A、15 A、30 A、60 A、100 A、200 A 七个等级。

2）螺旋式熔断器

螺旋式熔断器主要由瓷帽、熔体、瓷套、上接线端、下接线端和底座等组成，熔体内安装有熔丝，周围填充有起灭弧作用的石英砂。熔断体自身带有熔体熔断指示装置。螺旋式熔断器是一种有填料的封闭管式熔断器，结构较瓷插式熔断器复杂，其结构如图 6－9 所示。

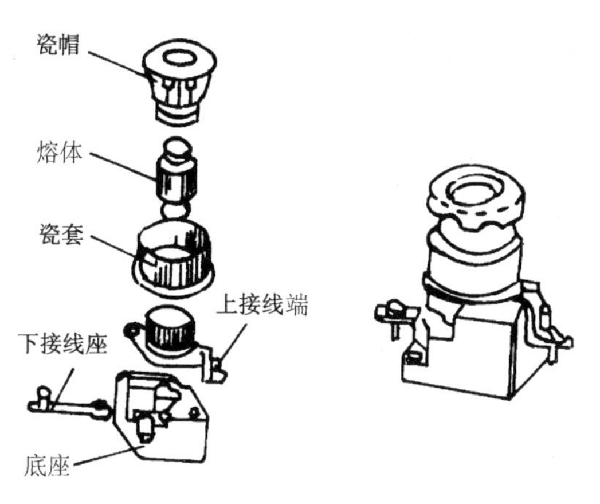

图 6－9　RL1 系列螺旋式熔断器

螺旋式熔断器用于交流 400 V 以下、额定电流在 200 A 以内的电气设备及电路的过载和短路保护，具有较好的抗震性能，灭弧效果与断流能力均优于瓷插式熔断器，它广泛用于机床电气控制设备中。

螺旋式熔断器常用的型号有 RL6、RL7(取代 RL1、RL2)、RLS2(取代 RLS1)等系列。

3) 有填料封闭管式熔断器

有填料封闭管式熔断器的结构如图 6 - 10 所示。它由底座、熔体两部分组成，熔体内有熔丝及石英砂。

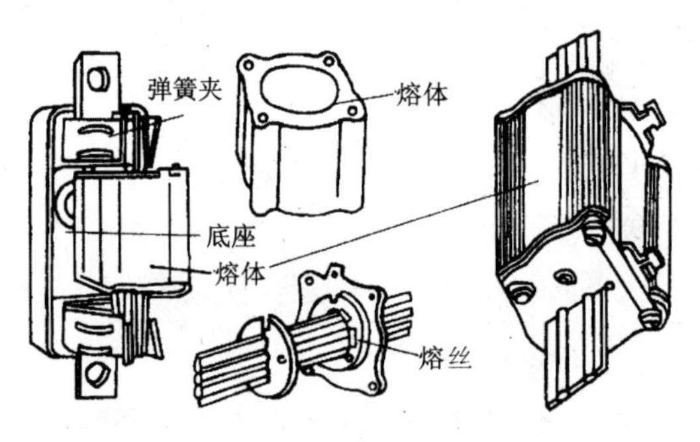

图 6 - 10　有填料封闭管式熔断器

有填料封闭管式熔断器具有熔断迅速、分断能力强、无声光现象等良好性能，但结构复杂，价格昂贵，主要用于供电线路及要求分断能力较高的配电设备中。

有填料封闭管式熔断器常用的型号有 RT12、RT14、RT15、RT17 等系列。

4) 无填料封闭管式熔断器

这种熔断器主要用于低压电力网以及成套配电设备中。无填料封闭管式熔断器由底座、弹簧夹、熔体等组成。其主要型号有 RM10 系列。

2. 熔断器的主要参数与型号含义

(1) 额定电压：这是从灭弧角度出发，规定熔断器所在电路工作电压的最高限额。如果线路的实际电压超过熔断器的额定电压，一旦熔体熔断，则有可能发生电弧不能及时熄灭的现象。

(2) 额定电流：实际上是指熔座的额定电流，这是由熔断器长期工作所允许的温升决定的电流值。配用的熔体的额定电流应小于或等于熔断器的额定电流。

(3) 熔体的额定电流：熔体长期通过此电流而不熔断的最大电流。生产厂家生产不同规格(额定电流)的熔体供用户选择使用。

(4) 极限分断能力：熔断器所能分断的最大短路电流值。分断能力的大小与熔断器的灭弧能力有关，而与熔断器的额定电流值无关。熔断器的极限分断能力必须大于线路中可能出现的最大短路电流值。

(5) 熔断器的型号含义如下：

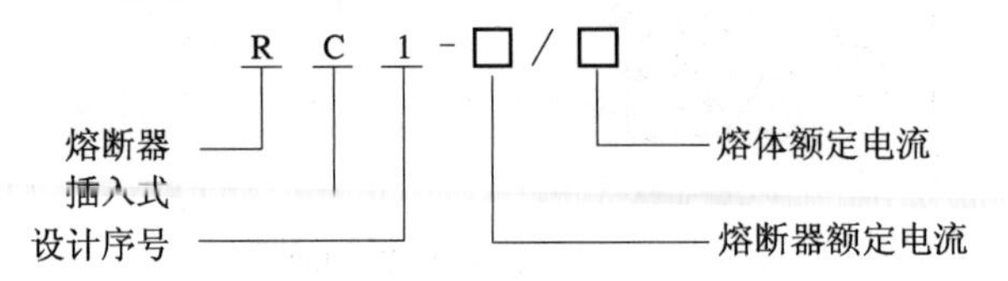

例如：RS1－25/20，“RS”表示电器类型为熔断器，其中“S”表示熔断器类型为快速式[其余常用类型有“C”(表示瓷插式)、“M”(表示无填料密闭管式)、“T”(表示有填料密闭管式)、“L”(表示螺旋式)、“LS”(表示螺旋快速式)]，“1”表示设计序号，“25”表示熔断器额定电流为25 A，“20”表示熔断体额定电流为20 A。

3. 熔断器选择

(1) 熔断器的类型应根据不同的使用场合和保护对象有针对性地选择。

(2) 熔断器的选择包括种类的选择和额定参数的选择。

(3) 熔断器的种类选择应根据各种常用熔断器的特点、应用场所及实际应用的具体要求来确定。熔断器在使用中选用恰当，才能既保证电路正常工作又能起到保护作用。

(4) 在选用熔断器的具体参数时，应使熔断器的额定电压大于或等于被保护电路的工作电压；其额定电流大于或等于所装熔体的额定电流，如表6－2所示。

表6－2　RL系列熔断器技术数据

型号	熔断器额定电流/A	可装熔丝的额定电流/A	型号	熔断器额定电流/A	可装熔丝的额定电流/A
RL15	15	2、4、5、6、10、15	RL100	100	60、80、100
RL60	60	20、25、30、35、40、50、60	RL200	200	100、125、150、200

(5) 熔体的额定电流是指相当长时间流过熔体而不熔断的电流。额定电流值的大小与熔体线径的粗细有关，熔体线径越粗的额定电流值越大。表6－3中列出了熔体熔断的时间数据。

表6－3　熔体熔断时间

熔断电流倍数	1.25～1.3	1.6	2	3	4	8
熔断时间	∞	1 h	40 s	4.5 s	2.5 s	瞬时

(6) 用于电炉、照明等阻性负载电路的短路保护时，熔体额定电流不得小于负载额定电流。

(7) 用于单台电动机短路保护时，熔体额定电流＝(1.5～2.5)×电动机额定电流。

(8) 用于多台电动机短路保护时，熔体额定电流＝(1.5～2.5)×容量最大的一台电动机的额定电流＋其余电动机额定电流总和。

系数1.5～2.5的选用原则是：电动机功率越大，系数选用得越大；相同功率时，启动电流较大，系数也应选得较大。日常使用中，一般只选到2.5，小型电动机带负载启动时，允许取系数为3，但不得超过3。

一般首先选择熔体的规格，再根据熔体的规格来确定熔断器的规格。

4. 熔断器安装方法

(1) 装配熔断器前应检查熔断器的各项参数是否符合电路要求。

(2) 安装熔断器时必须在断电情况下操作。

(3) 安装时熔断器必须完整无损(不可拉长)，接触紧密可靠，但也不能绷紧。

(4) 熔断器应安装在线路的各相线(火线)上，在三相四线制的中性线上严禁安装熔断器，在单相二线制的中性线上应安装熔断器。

(5) 螺旋式熔断器在接线时，为了更换熔断管时的安全，下接线端应接电源，而连螺口的上接线端应接负载。

5. 熔断器的使用与维护

(1) 熔体烧断后，应先查明原因，排除故障。分清熔断器是在过载电流下熔断的，还是在分断极限电流下熔断的。一般在过载电流下熔断时响声不大，熔体仅在一两处熔断，且管壁没有大量熔体蒸发物附着和烧焦现象；而在分断极限电流下熔断时则与上述情况相反。

(2) 更换熔体时，必须选用原规格的熔体，不得用其他规格的熔体代替，也不能用多根熔体代替一根较大的熔体，更不准用细铜丝或铁丝来替代，以免发生重大事故。

(3) 更换熔体(或熔管)时，一定要先切断电源，将开关断开，不要带电操作，以免触电，尤其不得在负荷未断开时带电更换熔体，以免电弧烧伤。

(4) 插入和拔出熔断器时应使用绝缘手套等防护工具，不准用手直接操作或使用不适当的工具，以免发生危险。

(5) 更换无填料密闭管式熔断器熔片时，应先查明熔片规格，并清理管内壁污垢后再安装新熔片，且要拧紧两头端盖。

(6) 更换瓷插式熔断器熔丝时，熔丝应沿螺钉顺时针方向弯曲一圈，压在垫圈下拧紧。

(7) 更换熔体前，应先清除接触面上的污垢，再装上熔体，且不得使熔体发生机械损伤，以免因熔体截面变小而发生误动作。

(8) 运行中如有两相断相，则在更换熔断器时应同时更换三相。因为没有熔断的那相熔断器实际上已经受到了损害，若不及时更换，则很快也会断相。

(9) 更换熔体时，不要使熔体受机械扭伤。熔体一般软而易断，容易发生断裂或截面减小，这将降低额定电流值，影响设备运行。

(10) 更换熔体时，应注意熔体的电压值、电流值及片数，并要使熔体与管子相配合，不可把熔体硬拉硬弯装在不相配的管子里，更不能找一根铜线代替熔体凑合使用。

(11) 对于封闭管式熔断器，管子不能用其他绝缘代替，否则容易炸裂管子，发生人身伤害事故。也不能在熔断器管上钻孔，因为钻孔会使灭弧困难，可能会喷出高温金属和气体，这对人和周围设备非常危险。

(12) 当熔体熔断后，特别是在分断极限电流后，经常有熔体的熔渣熔化在管的表面，因此，在更换新熔体前，应仔细擦净管子内表面和接触部分的熔渣、烟尘和尘埃等。当熔断器已经达到所规定的分断极限电流的次数时，即使用眼睛观察没有发现管子有损伤现象，也不宜继续使用，应更换新管子。

6. 注意事项

(1) 只有正确选择熔体和熔断器才能起到保护作用。

(2) 熔断器的额定电流不得小于熔体的额定电流。

(3) 对保护照明电路和其他非电感设备的熔断器，其熔丝或熔断管额定电流应大于电路工作电流。对于保护电动机电路的熔断器，应考虑电动机的启动条件，按电动机启动时间的长短和频繁启动的程度来选择熔体的额定电流。

（4）多级保护时应注意各级间的协调配合，下一级熔断器熔断电流应比上一级熔断电流小，以免出现越级熔断，扩大动作范围。

6.2.5 按钮开关

按钮开关是一种手动操作接通或分断小电流控制电路的主令电器。一般情况下它不直接控制主电路的通断，而是在控制电路中发出“指令”去控制接触器、继电器等电器，再由它们来控制主电路。

1. 按钮开关结构

按钮开关由按钮帽、复位弹簧、桥式动触点、静触点和外壳等组成。其触点允许通过的电流很小，一般不超过 5 A。

根据使用要求、安装形式、操作方式的不同，按钮开关的种类很多。根据触点结构不同，按钮开关可分为停止按钮（常闭按钮）、启动按钮（常开按钮）及复合按钮（常闭、常开组合为一体的按钮）。复合按钮（如图 6－11 所示）在按下按钮帽时，首先断开常闭触头，再通过一小段时间后接通常开触头；松开按钮帽时，复位弹簧先使常开触头分断，通过一小段时间后常闭触头才闭合。

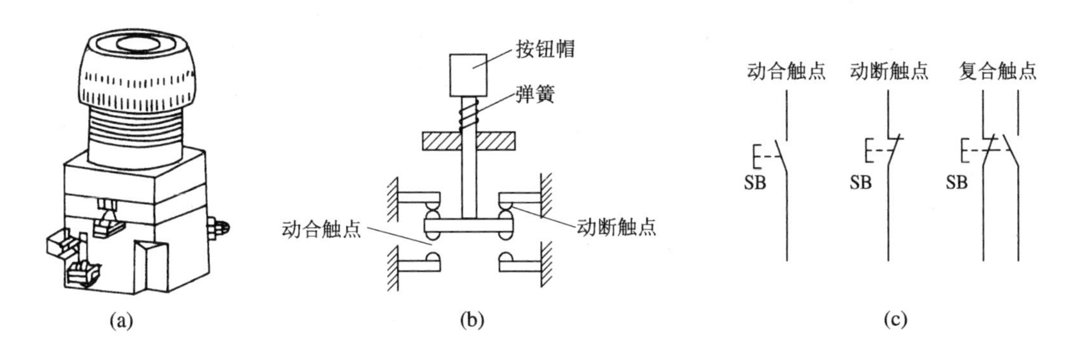

图 6－11 按钮开关

（a）外形图；（b）结构和原理示意图；（c）符号

2. 型号含义

按钮开关的型号含义如下：

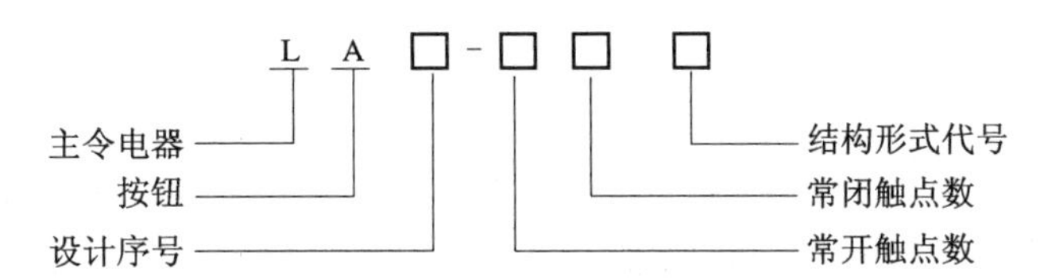

例如：LA19－22K，“LA”表示电器类型为按钮开关，“19”表示设计序号，前“2”表示常开触头数为两对，后“2”表示常闭触头数为两对，“K”表示按钮开关的结构类型为开启式[其余常用类型分别为“H”（表示保护式）、“X”（表示旋钮式）、“D”（表示带指示灯式）、“J”（表示紧急式），若无标示则表示为平钮式]。

3. 按钮的选用

(1) 根据使用场合选择按钮的种类，如开启式、保护式、防水式和防腐式等。

(2) 根据用途选用合适的形式，如手把旋钮式、钥匙式、紧急式和带灯式等。

(3) 按照控制回路的需要，确定不同的按钮数，如单钮、双钮、三钮和多钮等。

(4) 按照工作状态指示和工作情况要求，选择按钮和指示灯的颜色(参照国家有关标准)。

(5) 核对按钮额定电压、电流等指标是否满足要求。

常用控制按钮的型号有 LA4、LA10、LA18、LA19、LA20 和 LA25 等系列。

4. 按钮的安装

(1) 按钮安装在面板上时，应布置合理，排列整齐。可根据生产机械或机床启动、工作的先后顺序，从上到下或从左至右依次排列。如果它们有几种工作状态，如上、下，前、后，左、右，松、紧等，则应使每一组正、反状态的按钮安装在一起。

(2) 在面板上固定按钮时安装应牢固，停止按钮用红色，启动按钮用绿色或黑色，按钮较多时，应在显眼且便于操作处用红色蘑菇头设置总停按钮，以应付紧急情况。

5. 控制按钮的使用与维护

(1) 使用前，应检查按钮帽弹性是否正常，动作是否自如，触头接触是否良好。

(2) 应经常检查按钮，及时清除其上面的尘垢，必要时采取密封措施。

(3) 若发现按钮接触不良，则应查明原因;若发现触头表面有损伤或尘垢，则应及时修复或清除。

(4) 带指示灯的按钮，一般不宜用于通电时间较长的场合，以免塑料件受热变形，造成更换灯泡困难，若欲使用，则可降低灯泡电压，以延长使用寿命。

6. 注意事项

(1) 由于按钮的触头间距较小，有油污时极易发生短路故障，因此使用时应经常保持触头间的清洁。

(2) 用于高温场合时，容易使塑料变形老化，导致按钮松动，引起接线螺钉间相碰短路，在安装时可视情况再多加一个紧固垫圈并拼紧。

(3) 带指示灯的按钮由于灯泡要发热，时间长时易使塑料灯罩变形，造成调换灯泡困难，因此不宜用作长时间通电按钮。

6.2.6 接触器

接触器是一种通用性很强的开关式电器，是电力拖动与自动控制系统中一种重要的低压电器。它可以频繁地接通和分断交、直流主电路，是有触点电磁式电器的典型代表，相当于一种自动电磁式开关。它利用电磁力的吸合和反向弹簧力作用使触点闭合和分断，从而使电路接通和断开。它具有欠电压释放保护及零压保护，控制容量大，可运用于频繁操作和远距离控制，且工作可靠，寿命长，性能稳定，维护方便，主要用来控制电动机，也可用来控制电焊机、电阻炉和照明器具等电力负载。接触器不能切断短路电流，因此通常需与熔断器配合使用。

接触器的分类方法较多，可以按驱动触点系统动力来源的不同分为电磁式接触器、气动式接触器和液动式接触器；也可按灭弧介质的性质，分为空气式接触器、油浸式接触器和真空接触器等；还可按主触点控制的电流性质，分为交流接触器和直流接触器等。本节主要介绍在电力控制系统中使用最为广泛的电磁式交流接触器。

1. 交流接触器的结构

交流接触器由电磁机构、触点系统和灭弧系统三部分组成。电磁机构一般为交流电磁机构，也可采用直流电磁机构。吸引线圈为电压线圈，使用时并接在电压相应的控制电源上。触点可分为主触点和辅助触点，主触点一般为三极动合触点，电流容量大，通常装设灭弧机构，因此具有较大的电流通断能力，主要用于大电流电路（主电路）；辅助触点电流容量小，不专门设置灭弧机构，主要用在小电流电路（控制电路或其他辅助电路）中作联锁或自锁之用。图 6－12 所示为交流接触器的外形结构示意图及图形符号与文字符号。

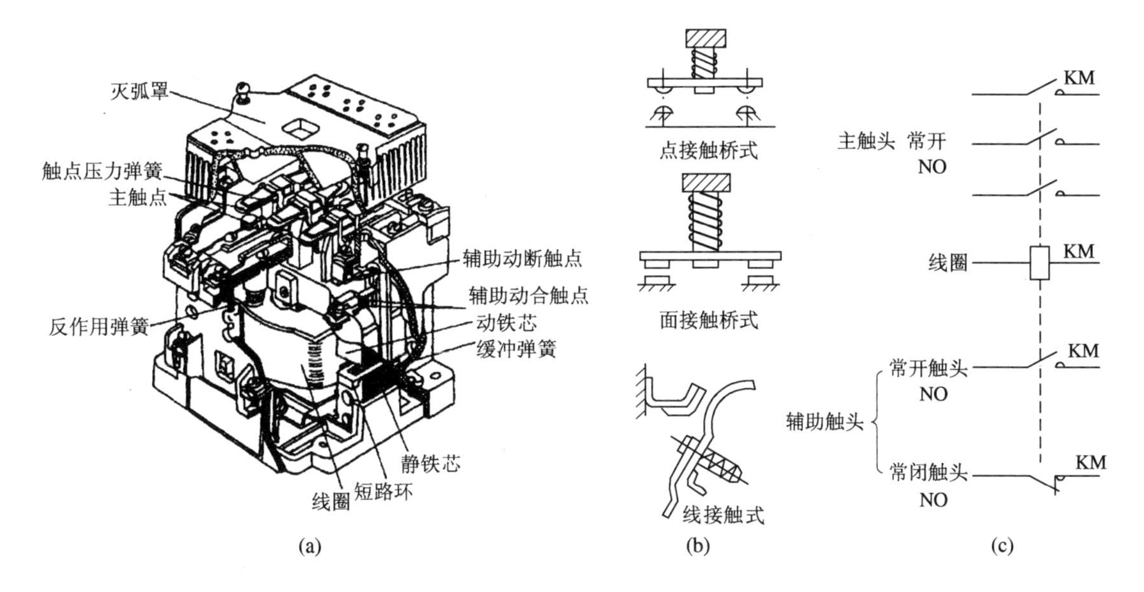

图 6－12　交流接触器

(a) 结构和外形；(b) 触头类型；(c) 电气符号

1）电磁系统

电磁系统是接触器的重要组成部分，它由吸引线圈和磁路两部分组成，磁路包括静铁芯、动铁芯、铁轭和空气隙，利用气隙将电磁能转化为机械能，带动动触点与静触点接通或断开。图 6－13 所示为 CJ20 接触器电磁系统结构图。

交流接触器的线圈是由漆包线绕制而成的，以减少铁芯中的涡流损耗，避免铁芯过热。在铁芯上装有一个短路的铜环作为减震器，使铁芯中产生了不同相位的磁通量 ϕ_1、ϕ_2，以减少交流接触器吸合时的振动和噪声，如图 6－14 所示。减震器的材料一般为铜、康铜或镍铬合金。

电磁系统的吸力与气隙的关系曲线称为吸力特性，它随励磁电流的种类（交流和直流）和线圈的连接方式（串联或并联）而有所差异。反作用力的大小与反作用弹簧的弹力和动铁芯重量有关。

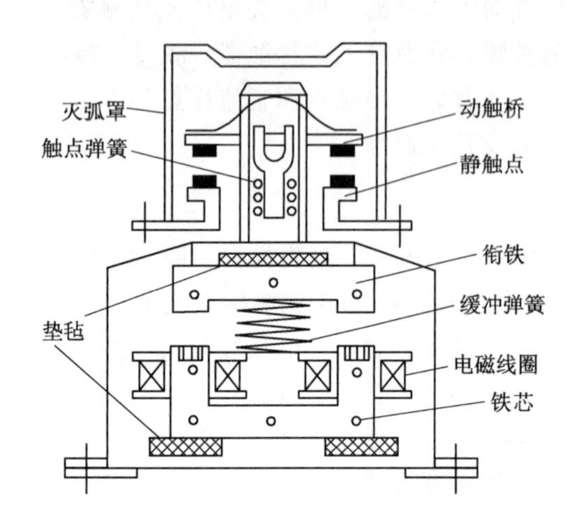

图 6－13　CJ20 接触器电磁系统结构图

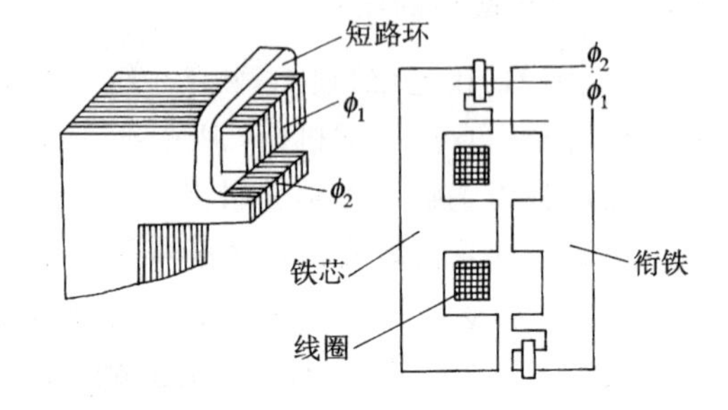

图 6－14　交流接触器的短路环

2）触点系统

触点系统用来直接接通和分断所控制的电路。根据用途不同，接触器的触头分主触头和辅助触头两种。辅助触头通过的电流较小，通常接在控制回路中。主触头通过的电流较大，接在电动机主电路中。

触点是用来接通和断开电路的执行元件。按其接触形式可分为点接触、面接触和线接触三种。

（1）点接触：它由两个半球形触点或一个半球形与另一个平面形触点构成，如图 6－12(b)所示。它常用于控制小电流的电器中，如接触器的辅助触点或继电器触点。

（2）面接触：可允许通过较大的电流，应用较广，如图 6－12(b)所示。在这种触点的表面上镶有合金，以减小接触电阻和提高耐磨性，多用作较大容量接触器上的主触点。

（3）线接触：它的接触区域是一条直线，如图 6－12(b)所示。触点在通断过程中是滚动接触的，其好处是可以自动清除触点表面的氧化膜，保证了触点的良好接触。这种滚动接触多用于中等容量的触点，如接触器的主触点。

3）电弧的产生与灭弧装置

当接触器触点断开电路时，若电路中动、静触点之间的电压超过 10～12 V，电流超过 80～100 mA，则动、静触点之间将出现强烈火花，这实际上是一种空气放电现象，通常称为“电弧”。所谓空气放电，就是空气中有大量的带电质点作定向运动。在触点分离瞬间，间隙很小，电路电压几乎全部降落在动、静两触点之间，在触点间形成了很高的电场强度，负极中的自由电子会逸出到气隙中，并向正极加速运动。由于撞击电离、热电子发射和热游离的结果，在动、静两触点间呈现大量向正极飞驰的电子流，形成电弧。随着两触点间距离的增大，电弧也相应地拉长，不能迅速切断。由于电弧的温度高达 3000℃或更高，导致触点被严重烧灼，缩短了电器的寿命，给电气设备的运行安全和人身安全等都造成了极大的威胁，因此，必须采取有效方法，尽可能消灭电弧。常采用的灭弧方法和灭弧装置有：

（1）电动力灭弧：电弧在触点回路电流磁场的作用下，受到电动力作用拉长，并迅速离开触点而熄灭，如图 6－15(a)所示。

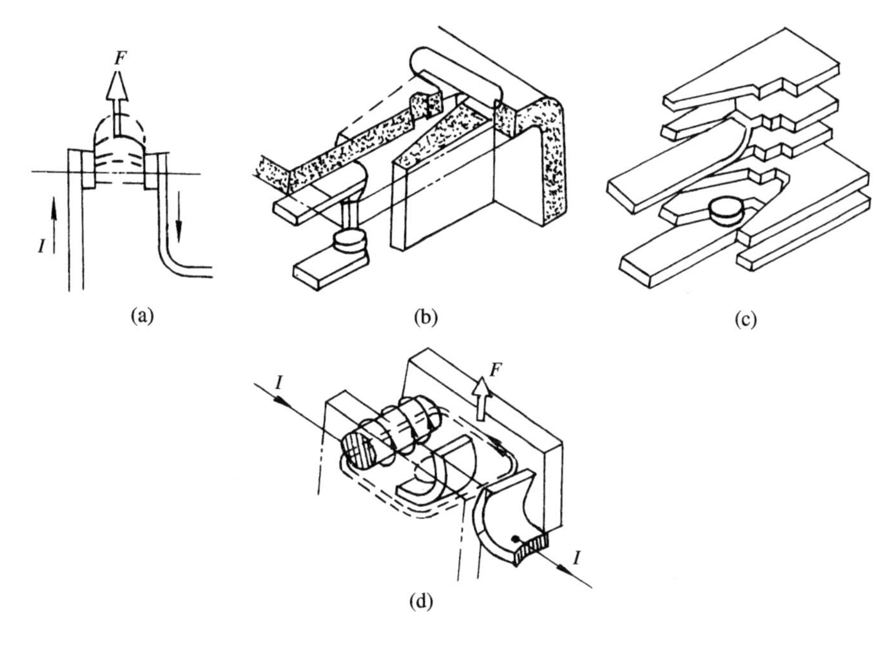

图 6－15　接触器的灭弧措施

(a) 电动力灭弧；(b) 纵缝灭弧；(c) 栅片灭弧；(d) 磁吹灭弧

(2) 纵缝灭弧：电弧在电动力的作用下，进入由陶土或石棉水泥制成的灭弧室窄缝中，电弧与室壁紧密接触，被迅速冷却而熄灭，如图 6－15(b)所示。

(3) 栅片灭弧：电弧在电动力的作用下，进入由许多定间隔的金属片所组成的灭弧栅之中，电弧被栅片分割成若干段短弧，使每段短弧上的电压达不到燃弧电压，同时栅片具有强烈的冷却作用，致使电弧迅速降温而熄灭，如图 6－15(c)所示。

(4) 磁吹灭弧：灭弧装置设有与触点串联的磁吹线圈，电弧在吹弧磁场的作用下受力拉长，吹离触点，加速冷却而熄灭，如图 6－15(d)所示。

2. 接触器的基本技术参数与型号含义

(1) 额定电压。接触器额定电压是指主触头上的额定电压。其电压等级为

交流接触器：220 V、380 V、500 V。

直流接触器：220 V、440 V、660 V。

(2) 额定电流。接触器额定电流是指主触头的额定电流。其电流等级为

交流接触器：10 A、15 A、25 A、40 A、60 A、150 A、250 A、400 A、600 A，最高可达 2500 A。

直流接触器：25 A、40 A、60 A、100 A、150 A、250 A、400 A、600 A。

(3) 线圈的额定电压。其电压等级为

交流线圈：36 V、110 V、127 V、220 V、380 V。

直流线圈：24 V、48 V、110 V、220 V、440 V。

(4) 额定操作频率：即每小时通断次数。交流接触器可高达 6000 次/h，直流接触器可达 1200 次/h。电气寿命达 500～1000 万次。

(5) 型号含义。交流接触器和直流接触器的型号代号分别为 CJ 和 CZ。

直流接触器型号的含义如下：

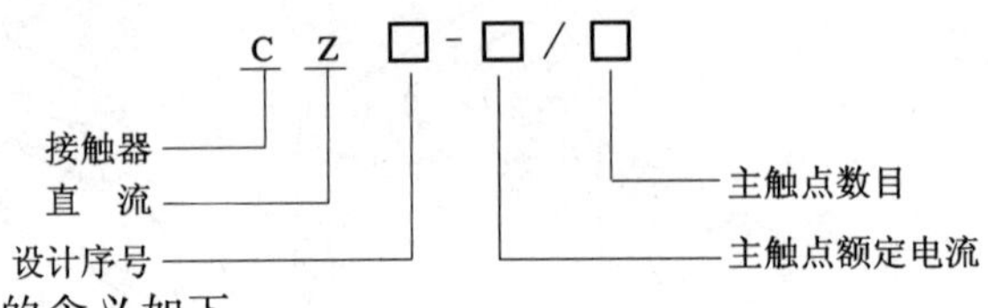

交流接触器型号的含义如下：

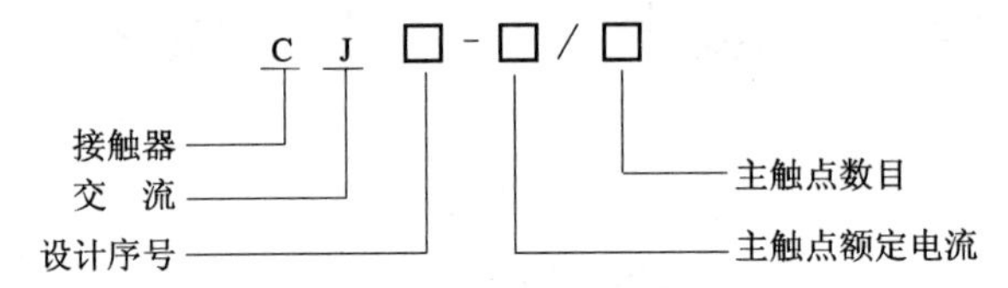

我国生产的交流接触器常用的有 CJ1、CJ10、CJ12、CJ20 等系列产品。其中，CJ12 和 CJ20 为新系列接触器，所有受冲击的部件均采用了缓冲装置，并合理地减小了触点开距和行程。其运动系统布置合理，结构紧凑。

直流接触器常用的有 CZ1 和 CZ3 等系列和新产品 CZ20 系列。新系列接触器具有寿命长、体积小、工艺性能更好、零部件通用性更强等优点。

3. 接触器的选用

(1) 类型的选择：根据所控制的电动机或负载电流类型来选择接触器类型，交流负载应采用交流接触器，直流负载应采用直流接触器。

(2) 主触点额定电压和额定电流的选择：接触器主触点的额定电压应大于或等于负载电路的额定电压；主触点的额定电流应大于负载电路的额定电流，或者根据经验公式计算，计算公式如下：

$$I_C = \frac{P_N \times 10^3}{KU_N} \quad \text{（适用于 CJ0、CJ10 系列）}$$

式中：K 为经验系数，一般取 1～1.4；P_N 为电动机额定功率(kW)；U_N 为电动机额定电压(V)；I_C 为接触器主触头电流(A)。

如果接触器控制的电动机启动、制动或正反转较频繁，则一般将接触器主触头的额定电流降一级使用。

(3) 线圈电压的选择：接触器线圈的额定电压不一定等于主触头的额定电压，从人身和设备安全角度考虑，线圈电压可选择低一些；但当控制线路简单，线圈功率较小时，为了节省变压器，可选 220 V 或 380 V。

(4) 接触器操作频率的选择：操作频率是指接触器每小时通断的次数。当通断电流较大及通断频率过高时，会引起触头过热，甚至熔焊。操作频率若超过规定值，则应选用额定电流大一级的接触器。

(5) 触点数量及触点类型的选择：通常接触器的触点数量应满足控制支路数的要求，触点类型应满足控制线路的功能要求。

4. 接触器的安装方法

(1) 接触器安装前应检查线圈的额定电压等技术数据是否与实际使用相符，然后将铁芯极面上的防锈油脂或锈垢用汽油擦净，以免多次使用后被油垢粘住，造成接触器断电时不能释放触点。

(2) 接触器安装时，一般应垂直安装，其倾斜度不得超过 5°，否则会影响接触器的动作特性。安装有散热孔的接触器时，应将散热孔放在上下位置，以利于线圈散热。

(3) 接触器安装与接线时，注意不要把杂物散落到接触器内，以免引起卡阻而烧毁线圈，同时应将螺钉拧紧，以防振动松脱。

5. 接触器的使用与维护

接触器经过一段时间使用后，应进行维护。维护时，应在断开主电路和控制电路的电源情况下进行。

(1) 触头的厚度减小到原厚度的 1/3 时，应更换触头。

(2) 接触器不允许在去掉灭弧罩的情况下使用，因为这样在触头分断时很可能造成相间短路事故。

(3) 陶土制成的灭弧罩易碎，应避免因碰撞而损坏。

(4) 若接触器已不能修复，则应予以更换。更换前应检查接触器的铭牌和线圈标牌上标出的参数是否相符，并将铁芯上的防锈油擦干净，以免油污黏滞造成接触器不能释放。

(5) 真空接触器的真空管灭弧室的维护工作与真空断路器基本相同，可结合被控设备同时进行维护。

(6) 真空接触器的维护工作除真空灭弧管外，其他部件均与电磁式接触器相同。

6. 注意事项

(1) 接触器的触头应定期清扫并保持整洁，但不得涂油，当触头表面因电弧作用形成金属小珠时，应及时铲除，但银及银合金触头表面产生的氧化膜，由于接触电阻很小，可不必修复。

(2) 触点过热：主要原因有接触压力不足、表面接触不良、表面被电弧灼伤等，造成触点接触电阻过大，使触点发热。

(3) 触点磨损：有两种原因，一是电气磨损，由于电弧的高温使触点上的金属氧化和蒸发所致；二是机械磨损，由于触点闭合时的撞击，触点表面相对滑动摩擦所致。

(4) 线圈失电后触点不能复位：其原因有触点被电弧熔焊在一起；铁芯剩磁太大，复位弹簧弹力不足；活动部分被卡住等。

(5) 衔铁振动有噪声：主要原因有短路环损坏或脱落；衔铁歪斜；铁芯端面有锈蚀尘垢，使动静铁芯接触不良；复位弹簧弹力太大；活动部分有卡滞，使衔铁不能完全吸合等。

(6) 线圈过热或烧毁：主要原因有线圈匝间短路；衔铁吸合后有间隙；操作频繁，超过允许操作频率；外加电压高于线圈额定电压等。

6.2.7 热继电器

热继电器是利用电流的热效应来推动动作机构，使触点闭合或断开的保护电器。它主要用于电动机的过载保护、断相保护、电流不平衡运行保护及其他电气设备发热状态的控制。

1. 热继电器的结构

常用的热继电器有由两个热元件组成的两相结构和由三个热元件组成的三相结构两种形式。两相结构的热继电器主要由热元件、主双金属片动作机构、触点系统、电流整定装置、复位按钮和温度补偿元件等组成，如图 6 - 16 所示。

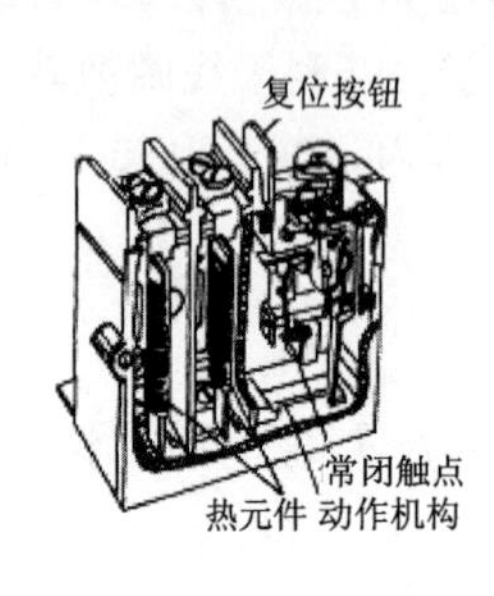

名称	常闭触点	热元件
符号	FR	FR

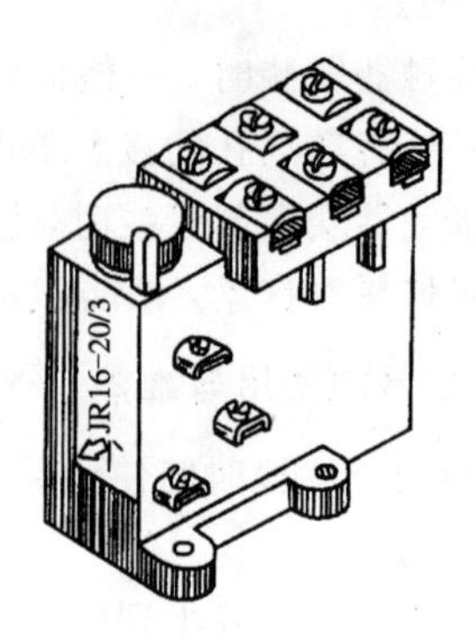

图 6 - 16　热继电器

（1）热元件：是热继电器接收过载信号的部分，它由双金属片及绕在双金属片外面的绝缘电阻丝组成。双金属片由两种热膨胀系数不同的金属片复合而成，如铁-镍-铬合金和铁-镍合金。电阻丝用康铜和镍铬合金等材料制成，使用时串联在被保护的电路中。当电流通过热元件时，热元件对双金属片进行加热，使双金属片受热弯曲。热元件对双金属片加热的方式有三种：直接加热、间接加热和复式加热，如图 6 - 17 所示。

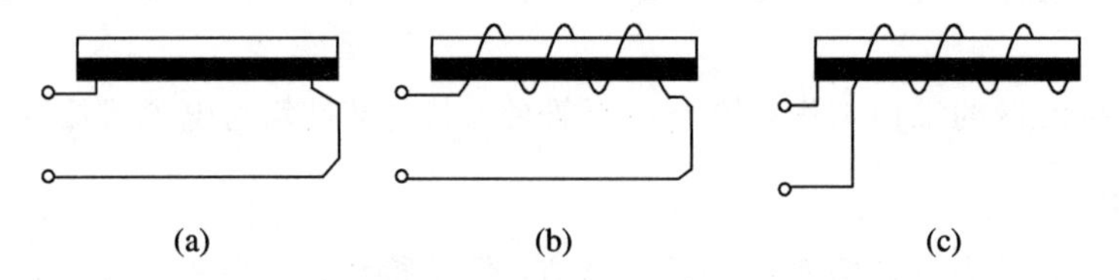

图 6 - 17　热继电器双金属片加热方式示意图

（a）直接加热；（b）间接加热；（c）复式加热

（2）触点系统：一般配有一组切换触点，可形成一个动合触点和一个动断触点。

（3）动作机构：由导板、补偿双金属片、推杆、杠杆及拉簧等组成，用来补偿环境温度的影响。

（4）复位按钮：热继电器动作后的复位有手动复位和自动复位两种，手动复位的功能由复位按钮来完成，自动复位功能由双金属片冷却自动完成，但需要一定的时间。

（5）电流整定装置：由旋钮和偏心轮组成，用来调节整定电流的数值。热继电器的整定电流是指热继电器长期不动作的最大电流值，超过此值就要动作。

2. 热继电器的工作原理

普通三相结构热继电器的工作原理如图 6 - 18 所示。当电动机电流未超过额定电流时，双金属片自由弯曲的程度(位移)不足以触及动作机构，因此热继电器不会动作；当电路过载时，热元件使双金属片向上弯曲变形，扣板在弹簧拉力作用下带动绝缘牵引板，分断接入控制电路中的动断触头，切断主电路，从而起到过载保护作用。由于双金属片弯曲的速度与电流大小有关，因此电流越大时，弯曲的速度也越快，于是动作时间就短；反之，时间就长。这种特性称为反时限特性。只要热继电器的整定值调整得恰当，就可以使电动机在温度超过允许值之前停止运转，避免因高温造成损坏。热继电器动作后，一般不能立即自动复位，要等一段时间，只有待双金属片冷却、电流恢复正常、双金属片复原后，再按复位按钮方可重新工作。热继电器动作电流值的大小可用调节旋钮进行调节。

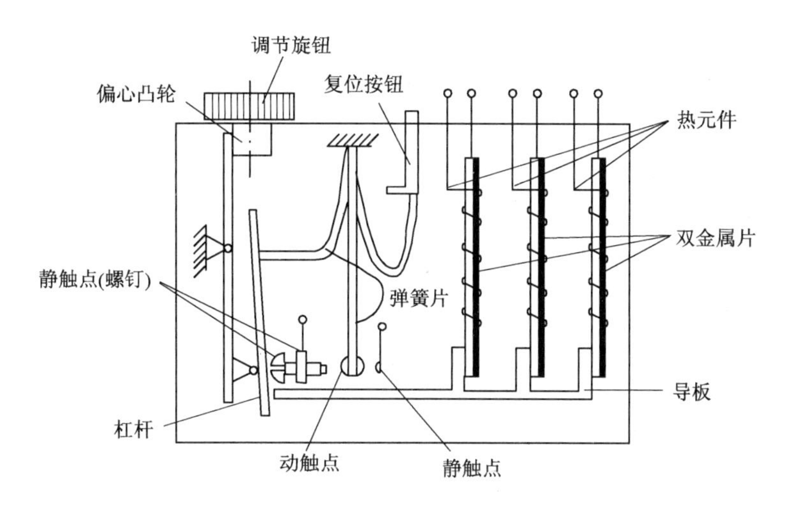

图 6-18　三相结构热继电器工作原理示意图

3. 热继电器的参数与型号含义

(1) 额定电压：触点的电压值。

(2) 额定电流：允许装入的热元件的最大额定电流值。

(3) 热元件规格用电流值：热元件允许长时间通过的最大电流值。

(4) 热继电器的整定电流：长期通过热元件又刚好使热继电器不动作的最大电流值。

(5) 热继电器的型号含义如下：

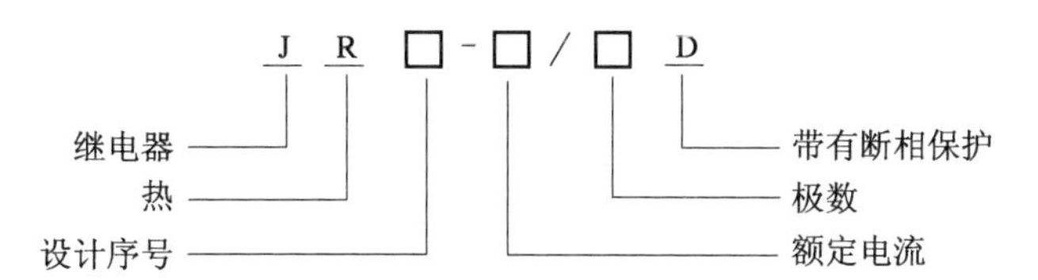

例如：JR16-20/3D，"JR"表示电气类型为热继电器，"16"表示设计序号，"20"表示额定电流，"3"表示三相，"D"表示具有断相保护。

4. 热继电器的选用

(1) 热继电器种类的选择：应根据被保护电动机的连接形式进行选择。当电动机为星形连接时，应选用两相或三相热继电器均可进行保护；当电动机为三角形连接时，应选用三相差分放大机构的热继电器进行保护。

(2) 热继电器主要根据电动机的额定电流来确定其型号和使用范围。

(3) 热继电器额定电压选用时要求额定电压大于或等于触点所在线路的额定电压。

(4) 热继电器额定电流选用时要求额定电流大于或等于被保护电动机的额定电流。

(5) 热元件规格用电流值选用时一般要求其电流规格小于或等于热继电器的额定电流。

(6) 热继电器的整定电流要根据电动机的额定电流、工作方式等而定。一般情况下可按电动机额定电流值整定。

(7) 对过载能力较差的电动机，可将热元件整定值调整到电动机额定电流的 0.6～0.8 倍。对启动时间较长，拖动冲击性负载或不允许停车的电动机，热元件的整定电流应调节到电动机额定电流的1.1～1.15倍。

(8) 对于重复短时工作制的电动机(例如起重电动机等)，由于电动机不断重复升温，热继电器双金属片的温升跟不上电动机绕组的温升变化，因而电动机将得不到可靠保护，故不宜采用双金属片式热继电器作过载保护。

热继电器的主要产品型号有JR20、JRS1、JR0、JR10、JR14和JR15等系列，引进产品有T系列、3 μA系列和LR1-D系列等。

5. 热继电器的安装

(1) 热继电器安装接线时，应清除触头表面污垢，以避免因电路不通或接触电阻加大而影响热继电器的动作特性。

(2) 如电动机启动时间过长或操作次数过于频繁，则有可能使热继电器误动作或烧坏热继电器，因此这种情况一般不用热继电器作过载保护，如仍用热继电器，则应在热元件两端并接一副接触器或继电器的常闭触头，待电动机启动完毕，使常闭触头断开后，再将热继电器投入工作。

(3) 热继电器周围介质的温度，原则上应和电动机周围介质的温度相同，否则，势必要破坏已调整好的配合情况。当热继电器与其他电器安装在一起时，应将它安装在其他电器的下方，以免其动作特性受到其他电器发热的影响。

(4) 热继电器出线端的连接导线不宜过细，如连接导线过细，轴向导热性差，则热继电器可能提前动作；反之，连接导线太粗，轴向导热快，热继电器可能滞后动作。在电动机启动或短时过载时，由于热元件的热惯性，热继电器不能立即动作，从而保证了电动机的正常工作。如果过载时间过长，超过一定时间(由整定电流的大小决定)，则热继电器的触点动作，切断电路，起到保护电动机的作用。

6. 热继电器的维护

(1) 应定期检查热继电器的零部件是否完好，有无松动和损坏现象，可动部分有无卡碰现象，发现问题及时修复。

(2) 应定期清除触头表面的锈斑和毛刺，当触头严重磨损至其厚度的1/3时，应及时更换。

(3) 热继电器的整定电流应与电动机的情况相适应，若发现其经常提前动作，则可适当提高整定值。若发现电动机温升较高，且热继电器动作滞后，则应适当降低整定值。

(4) 对重要设备，在热继电器动作后，应检查原因，以防再次脱扣，应采用手动复位。若其动作原因是电动机过载，则应采用自动复位。

(5) 应定期校验热继电器的动作特性。

6.2.8 三相异步电动机

电机分为电动机和发电机，是实现电能和机械能相互转换的装置，对使用者来讲，广泛接触的是各类电动机，最常见的是交流电动机。交流电动机，尤其是三相交流异步电动机，其具有结构简单、制造方便、价格低廉、运行可靠、维修方便等一系列优点，因此被广泛用于工农业生产、交通运输、国防工业和日常生活等许多方面。

1. 结构

图 6 - 19 所示为三相异步电动机的外形。异步电动机主要由定子和转子两大部分组成，另外还有端盖、轴承及风扇等部件，如图 6 - 20 所示。

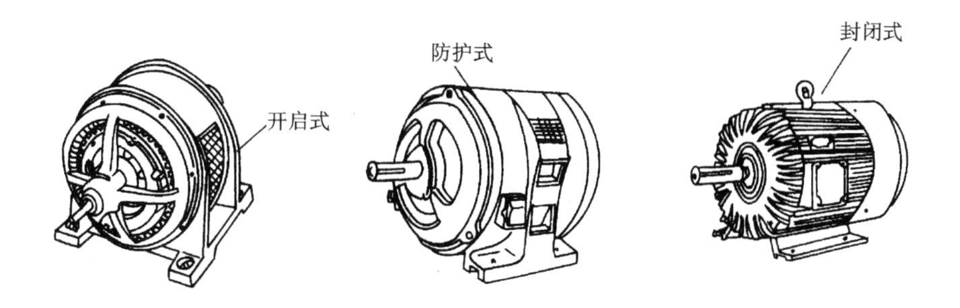

图 6 - 19　三相异步电动机的外形

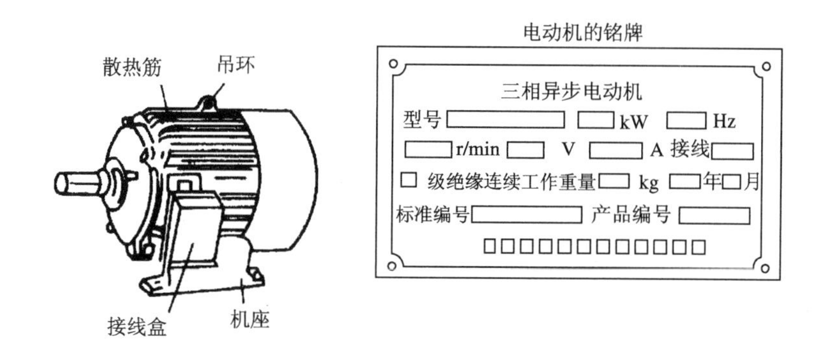

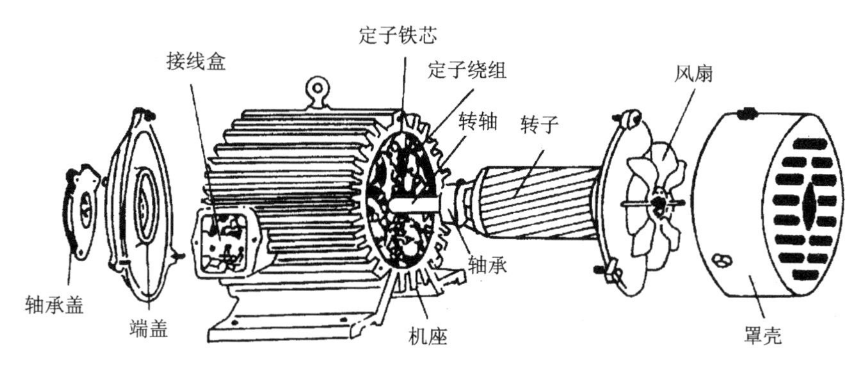

图 6 - 20　三相异步电动机的结构

1）定子

异步电动机的定子由定子铁芯、定子绕组和机座等组成。

(1) 定子铁芯是电动机的磁路部分，一般由厚度为 0.5 mm 的硅钢片叠成，其内圆冲成均匀分布的槽，槽内嵌入三相定子绕组，绕组和铁芯之间有良好的绝缘。

(2) 定子绕组是电动机的电路部分，由三相对称绕组组成，并按一定的空间角度依次嵌入定子槽内，三相绕组的首、尾端分别为 U_1、V_1、W_1 和 U_2、V_2、W_2。其接线方式根据电源电压不同可接成星形(Y)或三角形(△)，如图 6 - 21 所示。

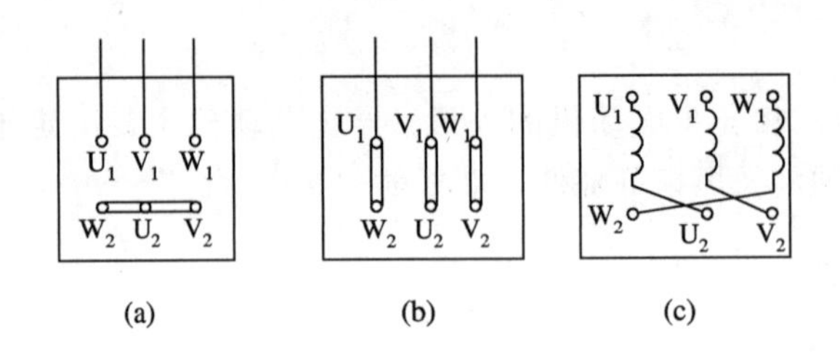

图 6-21　三相异步电动机接法

(a) 星形(Y)接法；(b) 三角形(△)接法；(c) 绕组内部接法

(3) 机座一般由铸铁或铸钢制成，其作用是固定定子铁芯和定子绕组，封闭式电动机外表面还有散热筋，以增加散热面积。

(4) 机座两端的端盖用来支撑转子轴，并在两端设有轴承座。

2) 转子

转子包括转子铁芯、转子绕组和转轴。

(1) 转子铁芯是由厚度为 0.5 mm 的硅钢片叠成的，压装在转轴上，外圆周围冲有槽，一般为斜槽，并嵌入转子导体。

(2) 转子绕组有笼型和绕线型两种，笼型转子绕组一般用铝浇入转子铁芯的槽内，并将两个端环与冷却用的风扇翼浇铸在一起；而绕线型转子绕组和定子绕组相似，三相绕组一般接成星形，三个出线头通过转轴内孔分别接到三个铜制集电环上，而每个集电环上都有一组电刷，通过电刷使转子绕组与变阻器接通来改善电动机的启动性能或调节转速。

(3) 转轴一般用合金钢锻压加工而成，是穿在轴承中间或齿轮中间的圆柱形物件，其作用是传递转矩，输出机械能，也可以说是输入机械能的轴。它是支承转动零件并与之一起回转以传递运动、扭矩或弯矩的机械零件。

2. 工作原理

如图 6-22 所示，当异步电动机定子三相绕组中通入对称的三相交流电时，在定子和转子的气隙中形成一个随三相电流的变化而旋转的磁场，其方向与三相定子绕组中电流的相序一致，三相定子绕组中电流的相序发生改变，旋转磁场的方向也跟着发生改变。对于 p 对极的三相交流绕组，旋转磁场每分钟的转速与电流频率的关系是

$$n=\frac{60f}{p}$$

式中：n 为旋转磁场每分钟的转速，即同步转速(r/min)；f 为定子电流的频率(我国规定为 $f=50$ Hz)；p 为旋转磁场的磁极对数。

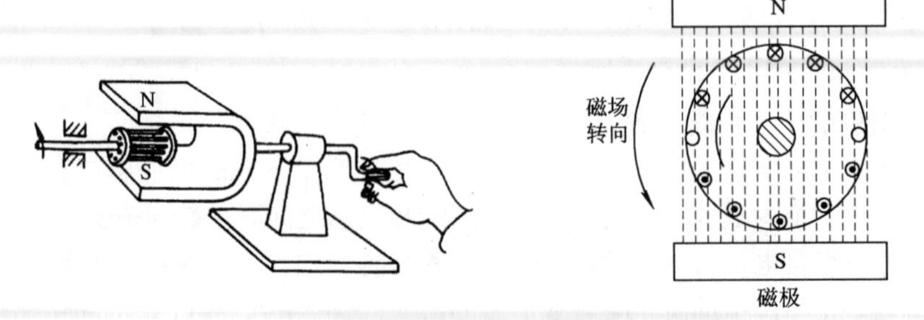

图 6-22　三相异步电动机的原理

如当 $p=2$(4 极)时，$n=60\times50/2=1500$ r/min。

旋转磁场切割转子导体，在转子导体中产生感应电动势(感应电动势的方向用右手定则判断)。由于转子导体通过端环相互连接形成闭合回路，因此在导体中产生感应电流。在旋转磁场和转子感应电流的相互作用下产生电磁力(电磁力的方向用左手定则判断)，转子在电磁力的作用下旋转，其方向与旋转磁场的旋转方向一致。

3. 三相异步电动机的铭牌

三相异步电动机的铭牌如表 6－4 所示。

表 6－4　三相异步电动机的铭牌

	三相异步电动机		
	型号 Y2－132S－4	功率 5.5 kW	电流 11.7 A
频率 50 Hz	电压 380 V	接法△	转速 1440 r/min
防护等级 IP44	重量 68 kg	工作制 S1	F 级绝缘
XX 电机厂			

(1) 型号：表示电动机的机座形式和转子类型。国产异步电动机的型号用 Y(Y2)、YR、YZR、YB、YQ 等汉语拼音字母来表示。其含义为：

Y——笼型异步电动机(容量为 0.55～90 kW)；

YR——绕线转子异步电动机(容量为 250～2500 kW)；

YZR——起重机上用的绕线转子异步电动机；

YB——防爆式异步电动机；

YQ——高启动转矩异步电动机。

异步电动机型号的其他部分举例说明如下：

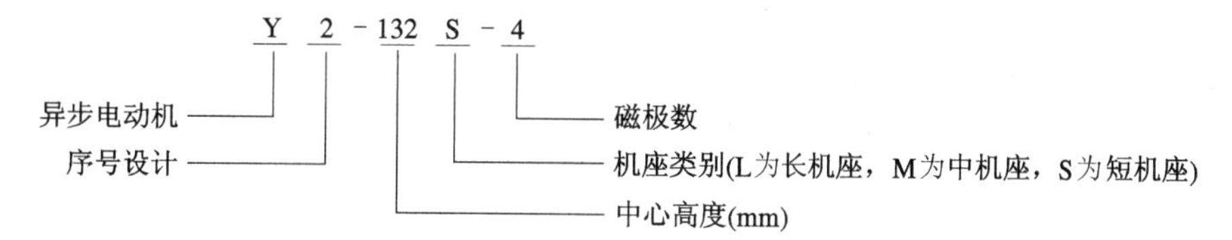

(2) 额定功率(P_N)：在额定运行时，电动机轴上输出的机械功率(kW)。

(3) 额定电压(U_N)：在额定运行时，定子绕组端应加的线电压值，一般为 220 V/380 V。

(4) 额定电流(I_N)：在额定运行时，定子的线电流(A)。

(5) 接法：电动机定子三相绕组接入电源的连接方式。

(6) 转速(n)：额定运行时的电动机转速。

(7) 功率因数($\cos\Phi$)：电动机输出额定功率时的功率因数，一般为 0.75～0.90。

(8) 效率(η)：电动机满载时输出的机械功率 P_2 与输入的电功率 P_1 之比，即 $\eta=P_2/P_1\times100\%$。

(9) 防护形式：电动机的防护形式用“IP”和两个阿拉伯数字表示，数字代表防护形式(如防尘、防溅)的等级。

(10) 温升：电动机在额定负载下运行时，自身温度高于环境温度的允许值。如允许温升为 80℃，周围环境温度为 35℃，则电动机所允许达到的最高温度为 115℃。

(11) 绝缘等级：是由电动机内部所使用的绝缘材料决定的，它规定了电动机绕组和其他绝缘材料可承受的允许温度。目前Y系列电动机大多数采用B级绝缘，B级绝缘的最高允许温度为130℃；高压和大容量电机常采用H级绝缘，H级绝缘最高允许工作温度为180℃。

(12) 运行方式：有连续、短时和间歇三种，分别用S1、S2、S3表示。

电动机接线前首先要用兆欧表检查其绝缘电阻。额定电压在1000 V以下的，绝缘电阻不应低于0.5 MΩ。

三相异步电动机接线盒内应有六个端头，各相的始端用U_1、V_1、W_1表示，终端用U_2、V_2、W_2表示。电动机定子绕组的接线盒内端子的布置形式，常见的有Y形接法和△形接法，如图6-21所示。当电动机没有铭牌，端子标号又弄不清楚时，需用仪表或其他方法确定三相绕组引出线的头尾。

6.3　电气控制图的识读

1. 电气原理图的布置

(1) 电气原理图一般分电源电路、主电路、控制电路、信号电路及照明电路等部分。

电源电路一般画在图面的上方或左方，三相交流电源L_1、L_2、L_3按相序由上而下依次排列，中性线N和保护线PE画在相线下面；直流电源则在正下方画出，电源开关要水平方向设置。

主电路要垂直电源电路画在电气原理图的左侧。

控制电路、信号电路、照明电路要跨接在两相电源之间，依次垂直画在主电路的右侧，并且电路中的耗能元件(如接触器和继电器的线圈、信号灯、照明灯等)要画在电气原理图的下方，而线圈的触点则画在耗能元件的上方。

(2) 电气原理图中各线圈的触点都按电路未通电或器件未受外力作用时的常态位置画出。分析工作原理时，应从触点的常态位置出发。

(3) 各元器件不画实际外形图，而采用国家规定的统一图形符号画出。

(4) 同一电器的各元件不按实际位置画在一起，而是根据它们在线路中所起的作用分别画在不同部位，并且它们的动作是相互关联的，必须标以相同的文字符号。

2. 识读电气原理图的要点

(1) 看图纸说明：图纸说明包括图纸目录、技术说明、元件明细表和施工说明书等。看图纸说明有助于了解大体情况和抓住识读的重点。

(2) 分清电气原理图：分清主电路和控制电路、交流电路和直流电路。

(3) 识读主电路：通常从下往上看，即从电气设备(如电动机)开始，经控制元件，依次到电源，搞清电源是经过哪些元件到达用电设备的。

(4) 识读控制电路：通常从左向右看，即先看电源，再依次到各条回路，分析各回路元件的工作情况及对主电路的控制关系。搞清回路构成、各元件间的联系、控制关系以及在什么条件下回路通路或断路，等等。

3. 识读电气原理图

下面就三相异步电动机正、反转控制电路图作简单分析，电路图如图6-23所示。

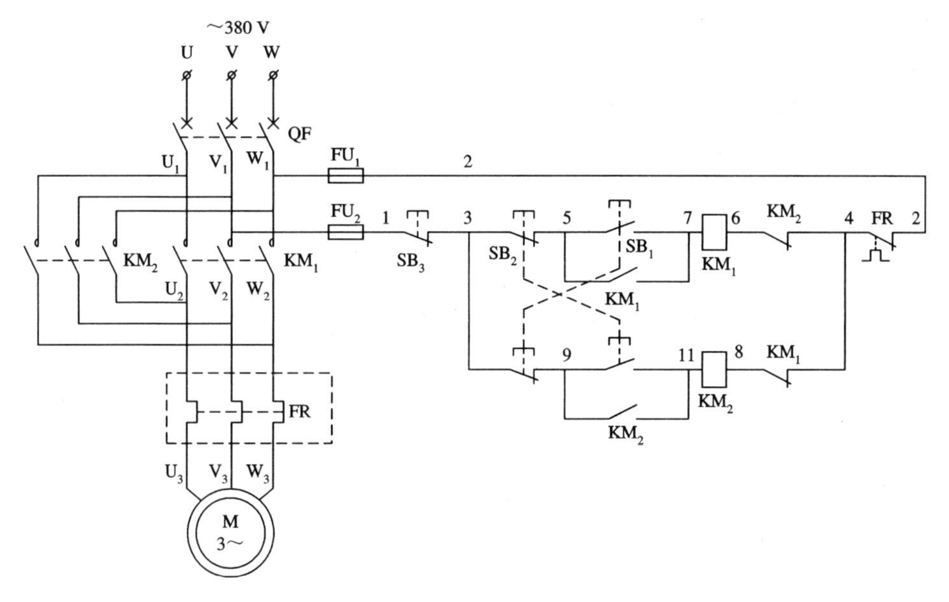

图 6－23 电动机双重联锁正、反转控制线路的电气原理图

1）电路组成

由热继电器、接触器和按钮等控制电器实现对电动机的控制，叫做继电接触控制。控制电路在实现对电动机的启、停控制和正、反转控制的同时，还具有短路保护、过载保护和零压保护的作用。它主要由按钮开关 SB(启、停电动机使用)、交流接触器 KM(用作接通和切断电动机的电源以及改变电源的相序、失压和欠压保护等)、热继电器或电机保护器 FR(用作电动机的过载保护)等组成。

2）电动机的旋转方向

异步电动机的旋转方向取决于磁场的旋转方向，而磁场的旋转方向又取决于三相电源的相序，所以电源的相序决定了电动机的旋转方向。任意改变电源的相序时，电动机的旋转方向也会随之改变。

3）控制线路

控制线路主要由两个复合启动按钮、一个停止按钮、两个交流接触器和一个热继电器(或电机保护器)等组成。

4）控制过程

当按下正转启动按钮 SB_1 后，电源 V_1 相中的电流通过停止按钮 SB_3 的常闭触点、反转启动按钮 SB_2 的常闭触点、正转交流接触器线圈 KM_1、反转交流接触器 KM_2 的辅助触点(KM_2 的常闭触点)及热继电器 FR 的常闭触点接通到电源的 W_1 相上形成闭合回路，使正转接触器线圈得电而使常开触点闭合，电动机正向旋转，并通过接触器的辅助触点 KM_1 自锁保持运行。反转的过程是按下反转启动按钮 SB_2 后，SB_2 常闭触点断开，使正转接触器 KM_1 失电，触点脱离的同时，反转接触器 KM_2 接通得电而使常开触点闭合，调换了两根电源线 U、W 相，改变了相序，从而实现电动机反转。

5）互锁原理

为了保证电动机在正向运转时反转电路不工作(即两个交流接触器线圈不能同时得电，

否则会引起电源的相间短路），需在控制线路中设置互锁功能。互锁功能可以将启动按钮的动、断触点互串在正、反转的控制回路中(称按钮互锁)，或将交流接触器的常闭触点互串在正、反转的控制回路中使接触器互锁，使得正转或反转启动运行的同时，断开反转或正转的控制回路；也可同时采用两种互锁方式，实现双重互锁功能。这种在控制电路中采取的互锁方式一般称电气互锁。还有一种互锁方式叫机械互锁，就是利用机械装置杠杆原理来控制两个交流接触器线圈不能同时得电。

6.4　电气控制线路的安装方法

利用各种有触点电器，如接触器、继电器、按钮、刀开关等，可以组成电气控制电路，从而实现电力拖动系统的启动、反转、制动和保护，为生产过程自动化奠定基础。因此，掌握电气控制电路的安装方法是学习电气控制技术的重要基础之一。

1. 电气器件的布局

根据电气原理图的要求，对需装接的电气元件进行板面布置，并按电气原理图进行导线连接，是电工必须掌握的基本技能。如果电气元件布局不合理，就会给具体安装和接线带来较大的困难。简单的电气控制线路可直接进行布置装接，较为复杂的电气控制线路，布置前必须绘制电气接线图。图 6 - 24 所示是电动机双重联锁正、反转控制线路的电气接线图。

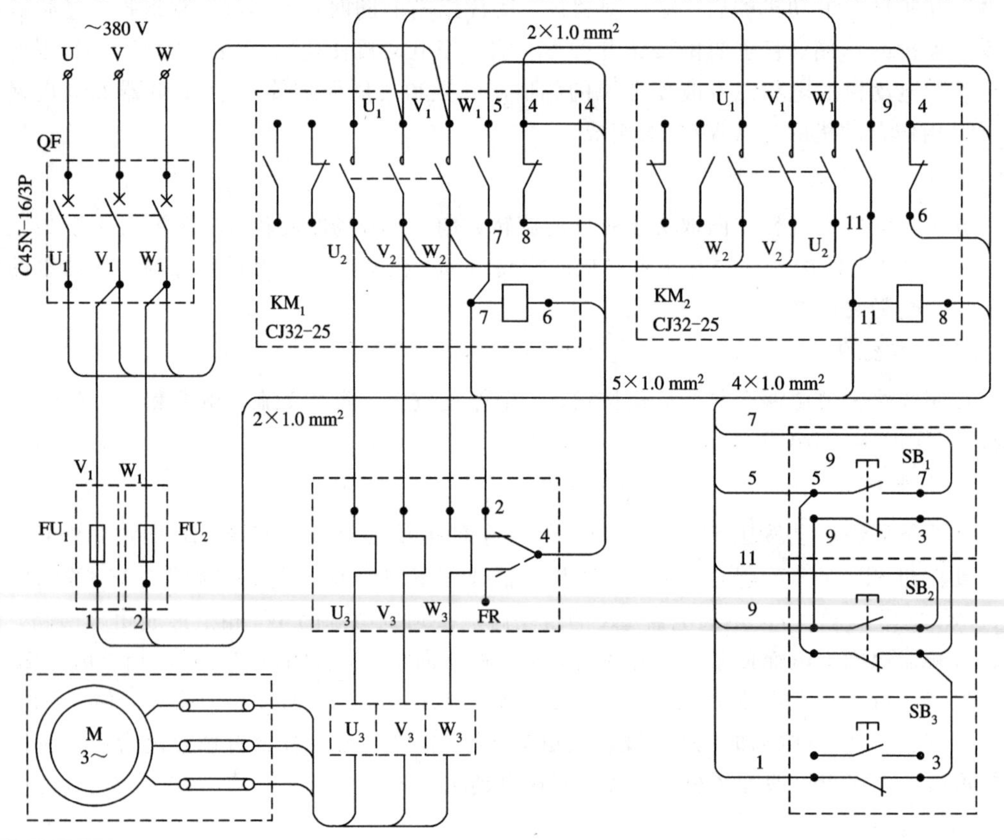

图 6 - 24　电动机双重联锁正、反转控制线路的电气接线图

（1）主电路：一般是三相、单相交流电源或者是直流电源直接控制用电设备，如电动机、变压器、电热设备等。在主电路电气元件工作（合闸或接通）的情况下，受电设备就处在运行情况下。因此，布置主电路元件时，要考虑好电气元件的排列顺序：将电源开关（闸刀、转换开关、空气开关等）、熔断器、交流接触器、热继电器等从上到下排列整齐，元件位置应恰当，便于接线和维修。同时，元件不能倒装或横装，电源进线位置要明显，电气元件的铭牌应容易看清，并且调整时不受其他元件影响。

（2）控制电路：控制电路的电气元件有按钮、行程开关、中间继电器、时间继电器、速度继电器等，这些元器件的布置与主电路密切相关，应与主电路的元器件尽可能接近，但必须明显分开。外围电气控制元件，通过接线端引出，绝对不能直接接在主电路或控制电路的元器件上，如按钮接线等。

无论是主电路还是控制电路，电气元件的布置都要考虑到接线方便，用线最省，接线最可靠等。

2. 选择元器件

选择原则：元件的选择应满足设备元件额定电流和额定电压条件。一般情况下，380 V三相异步电机的额定电流按二倍设备容量（功率）来估算。算出的电流、电压数据在设备元件系列中没有相同数据规格时，必须往上一级最接近的数据选择，严禁向小于数据规格选。

1）熔断器的选择

熔断器在照明线路中起过载及短路保护作用，在动力线路中起短路保护作用。

（1）熔体电流的确定。熔断器用于主电路：对于单台电机，$I_{re}=(1.5\sim2.5)I_e$；对于多台电机，$I_{re}=(1.5\sim2.5)I_{em}+\sum I_{ej}$；熔断器用于控制回路：熔体额定电流按2～5 A选择。

注：I_{re}为熔体额定电流；I_e为电动机额定电流；I_{em}为其中最大一台电动机的额定电流；$\sum I_{ej}$为其余电动机额定电流之和。

（2）熔断器额定电流的确定。熔断器额定电流应大于或等于熔体的额定电流。

2）接触器的选择

线圈额定电压应由控制回路电压决定，二者应相符；主触头额定电流应不小于线路工作电流，主触头容量应按不小于线路工作电流的1.3倍选择。

所有电气控制器件，至少应具有制造厂的名称或商标，或索引号、工作电压性质和数值等标志。若工作电压标志在操作线圈上，则应使装在器件上线圈的标志显而易见，并进行好坏检查。

3）热继电器的选择与整定

当电动机为△接法时，应选择带断相保护型的热继电器；热元件额定电流应大于或等于电动机额定电流；热继电器的整定电流应等于$0.95I_e\sim1.05I_e$，整定系数应依据负荷大小确定，一般情况下按1倍I_e整定。

3. 选用导线

（1）导线的类型：硬线只能用在固定安装的不动部件之间，在其余场合则应采用软线。

电路U、V、W三相用黄色、绿色、红色导线，中线(N)用黑色导线，保护线(PE)必须采用黄绿双色导线。

(2) 导线的绝缘：导线必须绝缘良好，并应具有抗化学腐蚀的能力。

(3) 导线的截面积：在必须能承受正常条件下流过的最大电流的同时，还应考虑到线路中允许的电压降、导线的机械强度，以及要与熔断器相配合，并且规定主电路导线的最小截面应不小于2.5 mm^2，控制电路导线的截面应不小于1.5 mm^2。

4. 安装控制箱(板)

控制箱(板)的尺寸应根据电器的安排情况决定。

5. 接线

电气元件布局确定以后，就要根据电气原理图并按一定工艺要求进行布线和接线。控制箱(板)内部布线一般采用正面布线方法，如板前线槽布线或板前明线布线，较少采用板后布线的方法。布线和接线的正确、合理、美观与否，会直接影响控制质量。

1) 接线工艺要求

(1) 导线尽可能靠近元器件走线；尽量用导线颜色分相，必须做到平直、整齐、走线合理等要求。

(2) 对明露导线要求横平竖直，自由成形；导线之间避免交叉；导线转弯应成90°直角。

(3) 布线应尽可能贴近控制板面，相邻元器件之间亦可“空中走线”。

(4) 可移动控制按钮连接线必须用软线，与配电板上元器件连接时必须通过接线端，并加以编号。

(5) 所有导线从一个端子到另一个端子的走线必须是连续的，中间不得有接头。

(6) 所有导线的连接必须牢固、无松动，不得压胶，露铜不得超过2 mm。导线与端子的接线，一般是一个端子只连接一根导线，最多两根。

(7) 接线时有些端子不适合连接软导线，可在导线端头上采用针形、叉形等冷压接线头。

(8) 导线线号的标志应与原理图和接线图相符。在每一根连接导线的线头上必须套上标有线号的套管，位置应接近端子处。线号的编制方法应符合国家相关标准。

2) 装接线路

装接线路的顺序是先接主电路，后接控制电路，先接串联电路，后接并联电路，并且按照从上到下、从左到右的顺序逐根连接。对于电气元件的进出线，则必须按照上面为进线，下面为出线，左边为进线，右边为出线的原则接线，以免造成元件被短接、接错或漏接的情况。

6. 通电前检查

装接好后要首先进行目测检查，无误后，再用万用表、摇表检查主电路和控制电路。

(1) 检查元器件的代号、标志是否与原理图上的一致，是否齐全。

(2) 检查各个电气元件、接线端子安装是否正确和牢靠，各个安全保护措施是否可靠。

(3) 检查控制电路是否满足原理图所要求的各种功能，布线是否符合要求、整齐。

(4) 检查各个按钮、信号灯罩和各种电路绝缘导线的颜色是否符合要求。

(5) 用万用表测量主电路和控制电路的直流电阻，所测阻值应与理论值相符。

(6) 测量电气绝缘电阻(应不小于0.22 MΩ)。

7. 热继电器的整定

根据电动机的额定电流，选择1倍电动机额定电流的热元件电流，再将热继电器整定为电动机的额定电流。

8. 线路的运行与调试

安装完线路，经检查无误后，接上试车电动机进行通电试运转，观察电气元件及电动机的动作、运转情况。掌握操作方法，注意通电顺序：先合电源侧闸刀开关，再合电源侧断路器；断电顺序相反。通电后应先检验电气设备的各个部分的工作是否正确和动作顺序是否正常。然后在正常负载下连续运行，检验电气设备所有部分运行的正确性。同时要检验全部器件的温升不得超过规定的允许温升。若异常，则应立即停电后检查。

6.5 电气控制线路故障检修

电动机控制线路的故障一般可分为自然故障和人为故障两类。自然故障是由于电气设备运行过载、振动或金属屑、油污侵入等原因引起的，造成电气绝缘下降，触点熔焊和接触不良，散热条件恶化，甚至发生接地或短路。人为故障是由于在维修电气故障时没有找到真正的原因或操作不当，不合理地更换元件或改动线路，或者在安装线路时布线错误等原因引起的。

电气控制线路的形式很多，复杂程度不一，它的故障常常和机械系统的故障交错在一起，难以分辨。这就要求我们首先要弄懂原理，并应掌握正确的维修方法。每个电气控制线路往往由若干个电气基本单元组成，每个基本单元控制环节由若干电气元件组成，而每个电气元件又由若干零件组成。但故障往往只是由于某个或某几个电气元件、部件或接线有问题而产生的。因此，只要我们善于学习，善于总结经验，找出规律，掌握正确的维修方法，就一定能迅速准确地排除故障。下面介绍电动机控制线路发生自然故障后的一般检修步骤和方法。

1. 电气控制线路故障的检修步骤

(1) 经常看、听、检查设备运行状况，善于发现故障。

(2) 根据故障现象，依据原理图找出故障发生的部位或回路，并尽可能地缩小故障范围，在故障部位或回路找出故障点。

(3) 根据故障点的不同情况，采用正确的检修方法排除故障。

(4) 通电空载校验或局部空载校验。

(5) 试运行正常后，投入运行。

在以上检修步骤中，找出故障点是检修的难点和重点。在寻找故障点时，首先应该分清发生故障的原因是属于电气故障还是属于机械故障，同时还要分清是属于电气线路故障还是属于电气元件的机械结构故障。

2. 电气控制线路故障的检查和分析方法

常用的电气控制线路的故障检查和分析方法有调查研究法、试验法、逻辑分析法和测量法等。在一般情况下，调查研究法能帮助找出故障现象；试验法不仅能找出故障现象，而且还能找出故障部位或故障回路；逻辑分析法是缩小故障范围的有效方法；测量法是找出故障点的基本、可靠和有效的方法。

(1) 调查研究法。主要是通过以下几个方面来进行分析、检修：询问设备操作工人，看有无由于故障引起的明显的外观征兆，听设备各电气元件在运行时的声音与正常运行时有无明显差异，用手摸电气发热元件及线路的温度是否正常等。

(2) 试验法。在不损伤电气、机械设备的条件下，可进行通电试验。一般可先点动试验各控制环节的动作程序，若发现某一电器动作不符合要求，即说明故障范围在与此电器有关的电路中。然后在这一部分故障电路中进一步检查，便可找出故障点。

(3) 逻辑分析法。逻辑分析法是根据电气控制线路工作原理，控制环节的动作程序，以及它们之间的联系，结合故障现象作具体的分析，迅速地缩小检查范围，然后判断故障所在。逻辑分析法是一种以准为前提、以快为目的的检查方法。它更适用于对复杂线路的故障检查。在使用时，应根据原理图，对故障现象作具体分析，在划出可疑范围后，再借鉴试验法，对与故障回路有关的其他控制环节进行控制，就可排除公共支路部分的故障，使貌似复杂的问题变得条理清晰，从而提高维修的针对性，以收到准而快的效果。

(4) 电阻测量法。利用万用表的电阻挡检测元件是否有短路或断路现象的方法必须是在断电情况下运行才比较安全，在实际中使用较多。图 6－25 是一台三相异步电动机控制电路的一部分，若按下启动按钮 SB_2，接触器 KM_1 不吸合，电机无法启动，则说明线路有故障。运用电阻测量法时，先断开电源，再将控制电路从主电路上断开，量出接触器线圈的阻值并记录下来。

① 分阶测量法。按下 SB2 不放松，测出 1—7 点间电阻，正常应为接触器线圈电阻值，若为零，则说明接触器线圈短路；若为无穷大，则说明电路有断路，需逐级分阶测量 1—2、1—3、1—4、1—5、1—6 各电器触头两点间的电阻值，如图 6－25 所示，正常应为零，若某两点间阻值突然增大，则说明表笔刚跨过的触头或连接导线接触不良或断路。这种测量方法像台阶一样，所以称为分阶测量法。也可分阶测量 6—7、5—7、4—7、3—7、2—7、1—7 各点间的电阻值进行故障分析。

② 分段测量法。如图 6－26 所示，按下 SB_2 不放松，分段测量各对电器触头间的电阻值，即测量 1—2、2—3、3—4、4—5、5—6 各点间的电阻值，正常应为零，若为无穷大，则说明该两点间的触头接触不良或导线断路。再测 6—7 点间电阻值，正常应为接触器线圈电阻值，若为零，则接触器线圈被短路，若为无穷大，则说明接触器线圈断路或接线端接触不良。

(5) 电压测量法。检测时将万用表拨到交流 500 V 挡。

① 分阶测量法。电压的分阶测量法如图 6－27 所示。若按下启动按钮 SB2，接触器 KM1 不吸合，则说明电路有故障。

检查时，首先万用表测量 1—7 两点间电压，若电路正常则应为 380 V。然后，按住启动按钮 SB2 不放，同时将黑色表笔接到点 7 上，红色表笔按点 6、5、4、3、2 标号依次向前移动，分别测量 7—6、7—5、7—4、7—3、7—2 各阶之间的电压，电路正常情况下，各阶的电压值均应为 380 V。如果测到 7—6 之间无电压，则说明是断路故障，此时可将红色表笔向前移，当移至某点(如点 2)时电压正常，说明点 2 以前的触头或接线是完好的，而点 2 以后的触头或连接线有断路，一般是该点后第一个触头(即刚跨过的停止按钮的触头)或连接线断路。根据各阶电压值来检查故障的方法见表 6-5。分阶测量法可向上测量(即由点 7 向点 1 测量)，也可向下测量，即依次测量 1—2、1—3、1—4、1—5、1—6 各阶之间的电压。特别注意：向下测量时，若各阶电压等于电源电压，则说明测过的触头或连接导线有断路故障。

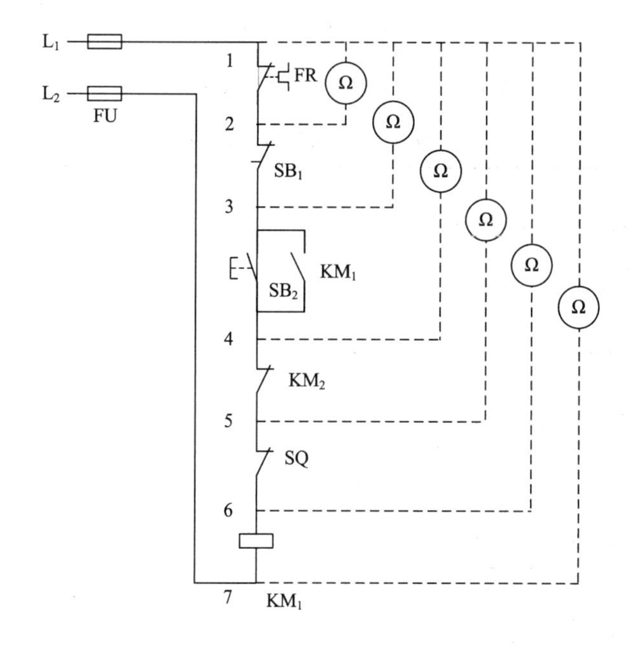

图 6-25　电阻分阶测量法

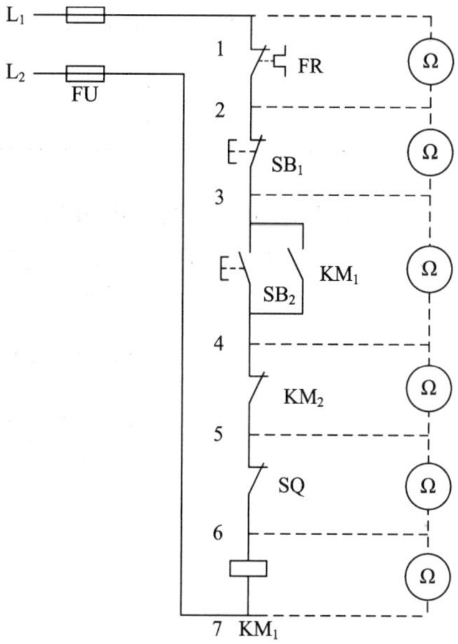

图 6-26　电阻分段测量法

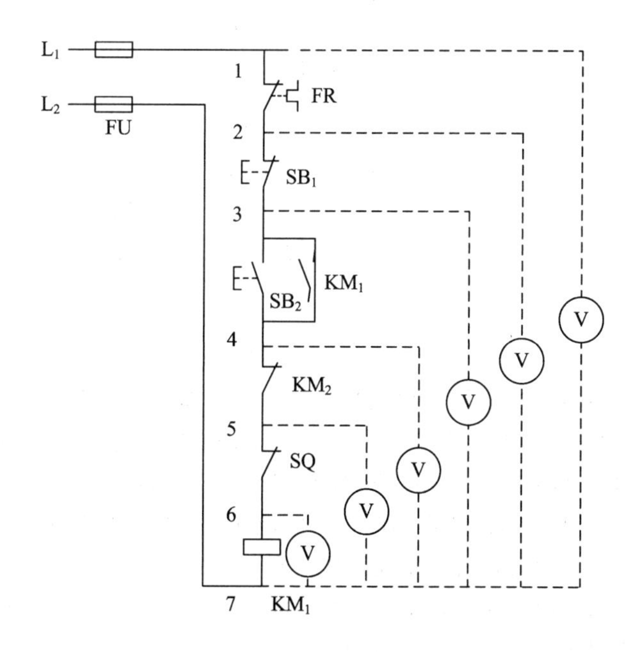

图 6-27　电压分阶测量法

表 6-5　电压的分阶测量法确定电路故障原因

故障现象	测试状态	1—2	2—3	3—4	4—5	5—6	故障原因
按下 SB_2 时，KM_1 不吸合	按下 SB_2 不放松	380 V	0	0	0	0	FR 常闭触头接触不良，未导通
		0	380 V	0	0	0	SB_1 触头接触不良，未导通
		0	0	380 V	0	0	SB_2 触头接触不良，未导通
		0	0	0	380 V	0	KM_2 常闭触头接触不良，未导通
		0	0	0	0	380 V	SQ 触头接触不良，未导通

② 分段测量法。电压的分段测量法如图 6-28 所示。先用万用表测试 1—7 两点，若电压两点值为 380 V，则说明电源电压正常。

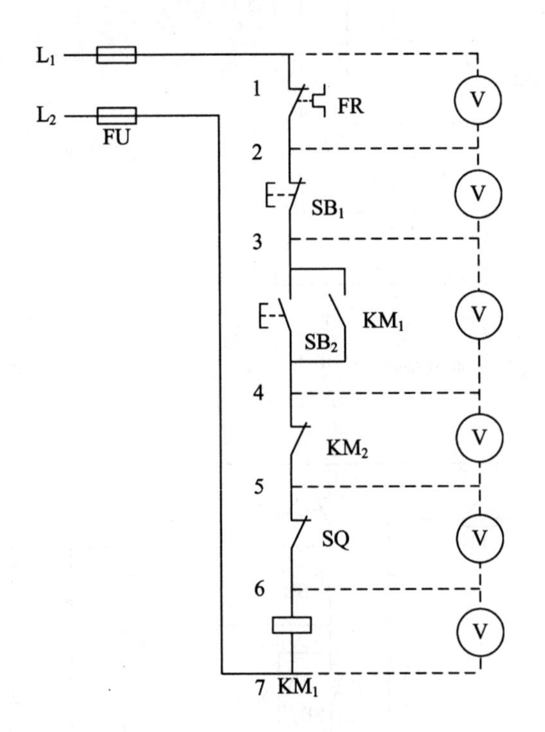

图 6-28　电压分段测量法

电压的分段测量法是将红、黑两根表笔逐段测量相邻两标号点 1—2，2—3，3—4，4—5，5—6，6—7 间的电压。如果电路正常，则除 6—7 两点间的电压等于 380V 之外，其他任何相邻两点间的电压值均为零。如果按下启动按钮 SB2，接触器 KM1 不吸合，则说明电路断路，此时可用电压表逐段测试各相邻两点间的电压。如果测量到某相邻两点间的电压为 380 V 时，则说明这两点间所包含的触头、连接导线接触不良或有断路。例如，标号 4—5 两点间的电压为 380 V，说明接触器 KM2 的常闭触头接触不良，未导通。

根据各段电压值来检查故障的方法见表 6-6。

表 6-6　电压的分段测量法确定电路故障原因

故障现象	测试状态	7—6	7—5	7—4	7—3	7—2	故障原因
按下 SB_2 时，KM_1 不吸合	按下 SB_2 不放松	0	380 V	380 V	380 V	380 V	SQ 触头接触不良，未导通
		0	0	380 V	380 V	380 V	KM2 触头接触不良，未导通
		0	0	0	380 V	380 V	SB2 触头接触不良，未导通
		0	0	0		380 V	SB1 接触不良，未导通
		0	0	0		0	FR 常闭触头接触不良，未导通

(6) 试电笔检测法。对于简单的电气控制线路，可以在带电状态下用试电笔判断电源好坏，如用试电笔碰触主电路组合开关及三个熔断器输出端，若氖管发光均较亮或电笔显示正常电压值，则电源是好的；若其中一相亮度不亮或电笔显示电压不正常，则说明电源存在缺相故障。对于图 6-28 所示的控制电路，当按下 SB2 不放松时，可用试电笔分别在 1～7 点处接触电路带电部分，若氖管发光较亮或电笔显示电压正常，则说明该点以前电路是好的；若氖管亮度不亮或电笔显示电压不正常，则说明该点以前各点间的电器触头或线路接触不良或断路。

需要注意的是，该控制电路两端所接是相线，额定电压为 380 V，如果试电笔在分别碰触 6、7 点，氖管均较亮或电笔显示电压正常，而接触器仍不动作，此时就要借助万用表来进行测量。若接触器线圈两端电压为额定值，则说明线圈有断裂故障；若接触器线圈两端电压为零，则说明线圈两接线端子或两端连接线有接触不良或断路故障。

(7) 导线短接法。导线短接法比较适合于在电路带电状态下判断电器触头的接触不良和导线的断路故障。对于图 6-28 所示的控制电路，当按下 SB_2 时，接触器不动作，说明电路有故障，此时可用一段导线以逐段短接法来缩小故障范围。用导线依次短接 1—2、2—3、3—4、4—5、5—6 各点，绝对不允许短接 6—7 点，否则会引起电源短路。若短接某两点后接触器能动作，则说明这两点间的电器触头或导线存在接触不良或断路故障；若短接后接触器仍不动作，则只能借助万用表检测接触器线圈及其接线端判断有无故障了。在操作时，也可短接 1—2、1—3、1—4、1—5、1—6 各点进行判定。

应用导线短接法时，必须注意人身及设备的安全，要遵守安全操作规程，不得随意触动带电部分，尽可能切断主电路，只在控制电路带电的情况下进行检查，同时一定不要短接接触器线圈、继电器线圈等控制电路的负载，以免引起电源短路，并要充分估计到局部电路动作后可能发生的不良后果。

以上测量法是利用测电笔、万用表、摇表等对线路进行带电或断电测量，是找出故障点的有效方法。在测量时要特别注意是否有并联支路或其他回路对被测线路的影响，以防产生误判。

总之，电动机控制线路的故障不是千篇一律的，即使是同一种故障现象，发生的部位也不一定相同。因此，在采用故障检修的一般步骤和方法时，不要生搬硬套，而应按不同的故障情况灵活处理，力求迅速准确地找出故障点，判明故障原因，及时正确地排除故障。

6.6 实训——电动机单向运转控制电路装接

1. 实训目的

(1) 掌握单向运转控制的工作原理。

(2) 掌握单向运转控制的接线方法及工艺要求。

(3) 掌握单向运转控制线路的检查方法及通电运转过程。

(4) 掌握常用电工仪表、低压电器的选择和使用方法。

2. 实训材料与工具

(1) 电工刀、尖嘴钳、钢丝钳、剥线钳、旋具各1把。

(2) 五种颜色(BV或BVV)、芯线截面为1.5 mm^2 和2.5 mm^2 的单股塑料绝缘铜线若干。

(3) 电动机控制实训台1台。

(4) 三极自动开关1个、熔断器4个、交流接触器1个、三元件热继电器1个、按钮2个。

(5) 接线端子20位。

(6) 功率为4 kW的三相异步电动机(Y-112-4)1台。

(7) 万用表1只、钳表1只、500 V摇表1只。

3. 实训前的准备

(1) 了解三相异步电动机单向运转控制电路的应用;

(2) 熟练分析三相异步电动机单向运转控制电路的工作原理及动作过程;

(3) 明确低压电器的功能、使用范围及接线工艺要求。

4. 实训内容

1) 分析控制原理

电动机单向运转控制电路是利用按钮、接触器来控制电动机朝单一方向运转的,其控制简单、经济,维修方便,广泛用于大于5.5 kW以上电动机间接启动的控制。其控制线路如图6-29所示。

(1) 启动控制:合上电源断路器QF,按下启动按钮SB_1→KM线圈得电→KM主触头闭合(辅助常开触头同时闭合)→电动机M启动并单向连续运行。当松开SB_1时,它虽然恢复到断开位置,但由于有KM的辅助常开触头与SB_1并联,在KM动作时,KM的辅助常开触头也动作(即闭合),因此KM线圈仍保持通电。这种利用接触器本身的常开触头使接触器线圈继续保持通电的控制称为自锁或自保,该辅助常开触头就叫自锁(或自保)触头。正是由于自锁触头的作用,在松开SB_1时,电动机仍能继续运转,而不是点动运转。

(2) 停止控制:按下停止按钮SB→KM线圈失电→KM主触头断开(KM自锁触头也断开)→电动机M停止运转。当松开SB时,其常闭触头虽恢复为闭合位置,但因接触器KM的自锁触头在其线圈失电的瞬间已断开,并解除了自锁,所以接触器KM的线圈不能继续得电,即电动机M停止转动。

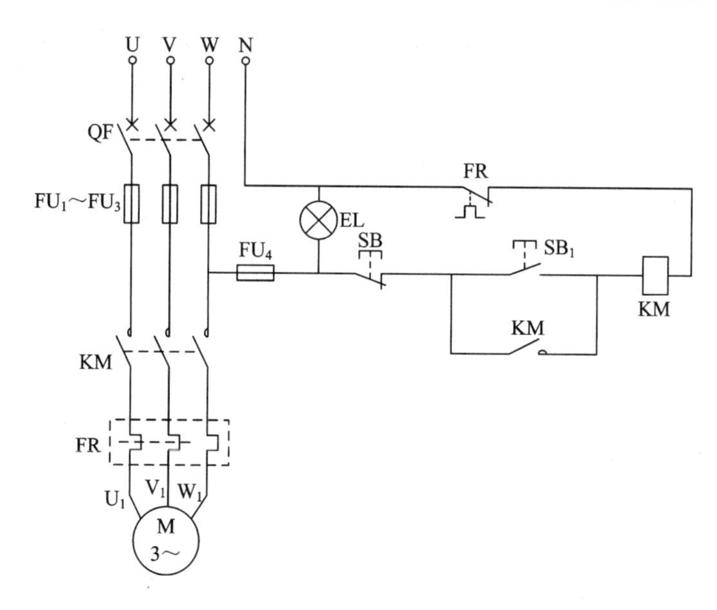

图 6-29　电动机单向运转控制线路

2）选择并检查元件

根据电动机功率正确选择空气断路器、接触器、熔断器、热继电器、按钮和指示灯的型号。本电路使用的是 4 kW 三相异步电动机，按经验公式，线路的额定电流 $I_e \approx 8$ A。

检查所用元件好坏，首先从外观和机械动作方面检查，确认完好后，再用仪表检查。

（1）空气断路器 QF 的选择：断路器的额定电压应大于或等于线路的额定电压；断路器的额定电流 $I=1.3I_e$，所以 $I=10.4$ A，但因为断路器没有 10.4 A 的规格，所以应选择 QF 为 16 A/380 V，型号为 DZ15LE-16/390。

断路器 QF 的检查：将万用表打到欧姆挡 $R\times1$ 挡，然后将红表笔与黑表笔分别放在断路器相对应的每组触头的两端。合上 QF 后，分别测得三组电阻值都为 0，说明断路器是好的；如果测量结果是无穷大，则说明断路器有问题。反之，断开 QF 后，如果测量结果是无穷大，则说明断路器是好的。

（2）交流接触器 KM 的选择：KM 线圈的额定电压必须等于电路的线电压 380 V；额定电流 $I=1.3I_e$，所以 $I=10.4$ A。同样，因为接触器没有 10.4 A 的规格，所以应选择 KM 为 16 A/660 V，型号为 CJX1-16/22。

交流接触器 KM 的检查：将万用表打到欧姆挡 $R\times100$ 挡，然后把两表笔放置在 KM 线圈的两端，显示 KM 线圈电阻值(本型号约有 1700 Ω)，并做记录，以便通电前检查。然后将万用表打到欧姆挡 $R\times1$ 挡，红表笔与黑表笔分别放在 KM 相对应的每对主触头的两端，开始时，电阻显示为无穷大，触头按下去后，电阻值必须为 0，即导通；断开后，恢复为无穷大。再将两表笔分别放在对应的常开辅助触头上，开始时，电阻为无穷大，触头按下去后，电阻显示为 0，即导通；断开后，电阻恢复为无穷大。辅助常闭触头的检查与常开触头检查显示的阻值相反。

（3）热继电器 FR 的选择：热继电器的额定电流应大于电动机的额定电流，型号为 JR36-11.5/F。

热继电器 FR 的检查：将万用表打到欧姆挡 $R\times1$ 挡，然后将红色表笔与黑色表笔分别放在热继电器相对应的每对主触头的两端，显示为 0；将两表笔放置在常闭的辅助触头上，也应显示为 0。

（4）熔断器 FU 的选择：主回路的熔断器应根据熔体额定电流 $I=2I_e$ 来选择，即 $I=16$ A，所以应选用型号 RL1－15/15。由于控制回路的电流很小，因此选择额定电流 $I=2$ A 的熔断器，型号为 RT14－20/2。

熔断器 FU 的检查：将万用表打到欧姆挡 $R\times1$ 挡，然后将红表笔与黑表笔分别放在熔断器的两端，如果电阻值为 0，则说明熔断器是好的；如果是无穷大，则说明熔断器已经熔断了(开路)。

（5）按钮和指示灯的选择：控制回路的电流由于不超过 5 A，SB 为常闭按钮，SB_1 为常开按钮，其型号分别为 LA18－22/1 和 LA18－22/2。指示灯选用 ϕ22 直接式 380 V 红色的氖泡式。

按钮和指示灯检查：将万用表打到欧姆挡 $R\times1$ 挡，然后将红表笔与黑表笔分别放在 SB 的常闭触头两端，应显示为 0，按下 SB 后，电阻值应显示为无穷大，断开后又应变为 0；将红表笔与黑表笔分别放在 SB_1 的两端，开始时，电阻值应显示为无穷大，按下 SB_1 后，应变为 0，断开后又应变为无穷大；将万用表打到欧姆挡，表笔放置在指示灯两端，电阻值应显示为无穷大。

（6）导线的选择：线路额定电流为 8 A，主电路导线截面积为 2.5 mm^2，控制电路导线的截面积为 1.5 mm^2，均选择铜单芯塑料绝缘导线，并且黄色、绿色、红色、黑色、黄绿双色都有。

（7）三相异步电动机的检查：将万用表打到欧姆挡 $R\times1$ 挡，然后将红表笔与黑表笔分别放在每相绕组的两端，每相绕组都应有电阻值且基本相等，并做记录。再用摇表检测相与相之间的绝缘电阻，相与相之间、相与地之间的绝缘电阻必须在 0.5 MΩ 以上。

3）布局并固定元件

根据控制原理图画出布置连接图(如图 6－30 所示)，并按布置连接图固定好元件。

4）布线

布线要点：横平竖直，转弯成直角，少交叉，多根线并拢平行走。要求能够用最短的线连接出美观、正确的电路。

5）接线

接线要点：先接主电路，后接控制电路，先串后并，从左到右，从上到下，具体顺序如布置图所标序号。要求整齐，美观，接触紧密，绝缘良好，按颜色分相，无反圈接，不压绝缘层，露铜不超过 2 mm，每个端子连接导线不超过两根。

6）线路检查

线路检查分目测和仪表检查两种，用仪表检查出来的结果应与理论分析值相符。

（1）目测检查：从大体上观看，每个元件必有进出线，而且互相对应，看清每个元件有无漏接、串接、错接，并用手轻轻碰一下所连接的每一条导线是否牢固。

（2）用仪表检查。主电路的检查：将万用表打到欧姆挡 $R\times1$ 挡，断开 QF，把两表笔分别放在 QF 的下端 U 与 V 相处，电阻值应显示为无穷大，按下 KM 后，应显示电动机两个绕组的串联电阻值(设电动机为星形接法)，而且其他两相 UW 与 VW 都应与 UV 相的

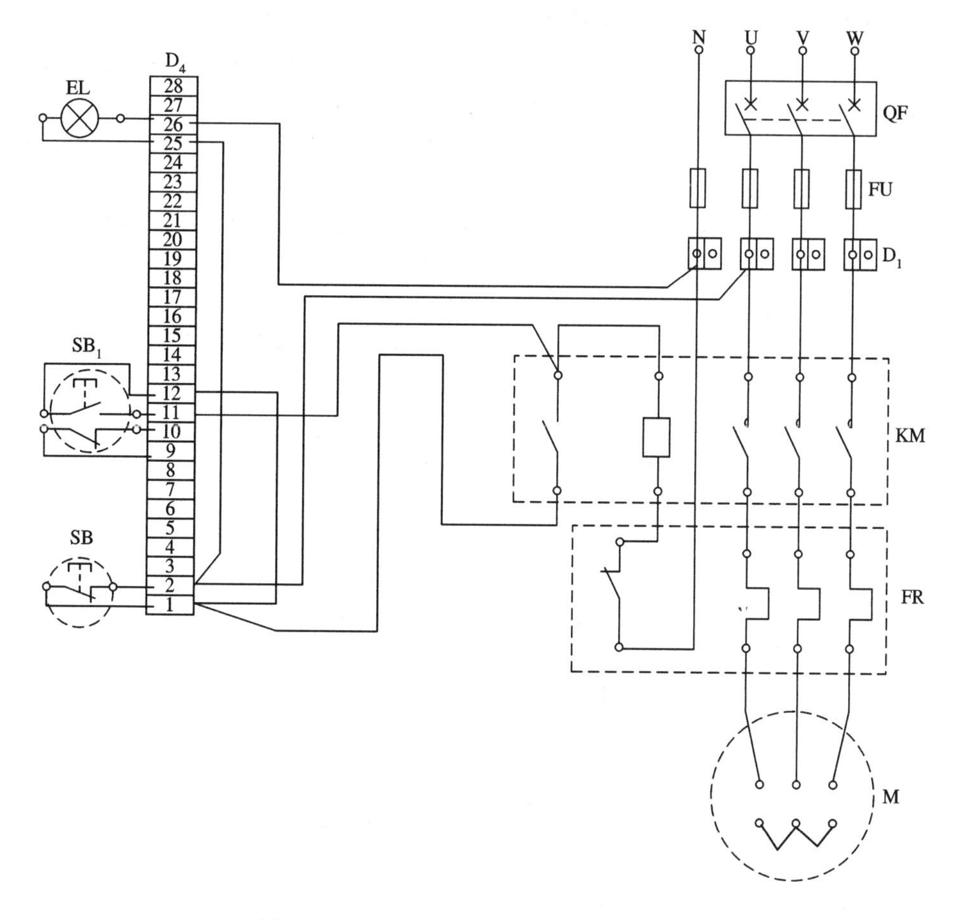

图 6－30　电动机单向运转控制布置连接图

电阻值基本相等，断开 KM 后电阻值都应显示为无穷大。控制电路的检查：将万用表打到欧姆挡 $R\times100$ 挡，然后将两表笔放在指示灯的两端，电阻值应显示为无穷大，按下 SB_1 或 KM，万用表应显示接触器线圈的电阻值，此时再按下 SB，万用表又应显示为无穷大。

(3) 绝缘电阻的检查：用 500 V 摇表测量线路的绝缘电阻(应不小于 0.22 MΩ)。

7) 整定热继电器

整定电流值应等于电动机的额定电流值。

8) 线路的运行与调试

经检查无误后，可在指导教师的监护下通电试运转，掌握操作方法，注意观察电器及电动机的动作、运转情况。

(1) 合上 QF，接通电源，则指示灯 EL 亮。

(2) 按下启动按钮 SB_1，接触器 KM 得电吸合，电动机连续运转。

(3) 按下停止按钮 SB，接触器 KM 失电断开，电动机停转。

(4) 断开 QF，电源指示灯 EL 灭。

9) 故障分析

在试运行中发现电路异常现象，应立即停电后作认真详细检查。常见故障如下：

(1) 合上 QF 后，指示灯不亮。故障原因：电源有问题(缺相)，查明处理；熔断器熔丝熔断，查出更换；接线有误，须仔细检查；指示灯本身坏，应更换。

(2) 合上 QF 后，烧熔丝或断路器跳闸。故障原因：指示灯被短接；KM 的线圈和 SB_1 同时被短接；主电路可能有短路(QF 到 KM 主触头这一段)。

(3) 合上 QF 后，指示灯亮，电动机马上运转。故障原因：SB_1 启动按钮被短接；SB_1 常开点错接成常闭点。

(4) 合上 QF 后，指示灯亮，但按 SB_1 时，烧熔丝或断路器跳闸。故障原因：KM 的线圈被短接；主电路可能有短路(KM 主触头以下部分)。

(5) 合上 QF 后，按 SB_1，KM 不动作，电动机也不转动。故障原因：SB 未闭合或接成常开点；FR 的辅助常闭点断开或错接成常开点；KM 线圈未接上，或线圈损坏而未形成回路；接线有误。

(6) 合上 QF 后，指示灯亮，按 SB_1，KM 接触器能吸合，但电动机不转动。故障原因：电动机星形连接的中性点未接好；电源缺相(有嗡嗡声)；接线错误。

(7) 合上 QF 后，指示灯亮，按 SB_1，电动机只能点动运转。故障原因：KM 的自锁触头未接好；KM 的自锁触头损坏。

5. 安全文明要求

(1) 通电试运转时应按电工安全要求操作，未经指导教师同意，不得通电。

(2) 要节约导线材料(尽量利用使用过的导线)。

(3) 操作时应保持工位整洁，完成全部操作后应马上把工位清理干净。

6.7 实训——电动机点动与连续运行控制电路装接

1. 实训目的

(1) 熟悉低压电气元件的接线及其好坏判断。

(2) 熟练分析单向点动与连续运行控制线路的动作原理。

(3) 熟练掌握按电气控制线路图装接线路的技能和工艺要求。

(4) 熟练掌握用万用表检查主电路、控制电路及根据检查结果或故障现象判断故障位置的方法。

2. 实训材料与工具

(1) 电工刀、尖嘴钳、钢丝钳、剥线钳、旋具各 1 把。

(2) 五种颜色(BV 或 BVV)、芯线截面积为 1.5 mm^2 和 2.5 mm^2 的单股塑料绝缘铜线若干。

(3) 电动机控制实训台 1 台。

(4) 三极自动开关 1 个、熔断器 4 个、交流接触器 2 个、三元件热继电器 1 个、按钮3 个。

(5) 接线端子 20 位。

(6) 功率为 4 kW 的三相异步电动机 Y－112－4 1 台。

(7) 万用表 1 只、钳表 1 只、500 V 摇表 1 只。

3. 实训前的准备

(1) 了解三相异步电动机点动与连续运行控制电路的应用；

(2) 熟练分析三相异步电动机点动与连续运行控制电路的工作原理及动作过程；

(3) 明确低压电器的功能、使用范围及接线工艺要求。

4. 实训内容

1) 分析控制原理

电动机点动控制是利用复合按钮和接触器辅助常开触头来控制电动机点动运转的。其控制简单、经济，维修方便，广泛用于起重、机床和检修的电动机线路。其控制线路如图 6-31 所示。

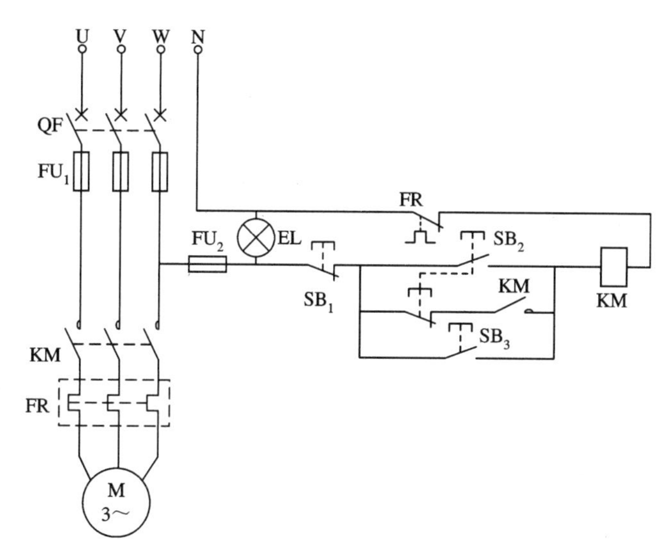

图 6-31　电动机点动与连续运行控制电路

(1) 电路送电。

合上空气开关 QF→电源指示灯亮

(2) 点动运行。

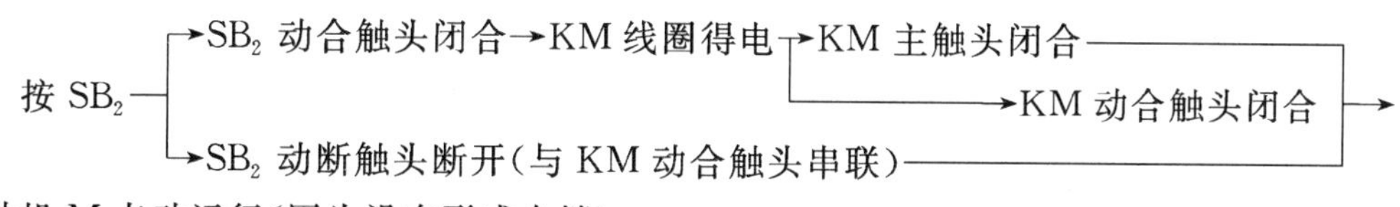

电动机 M 点动运行(因为没有形成自锁)

(3) 连续运行。

按 SB_3→KM 线圈得电—┬→KM 主触头闭合——┐→电动
　　　　　　　　　　　└→KM 动合触头闭合自锁(因 SB_2 动断触头已闭合)┘

机 M 连续运行

(4) 停止运行。

按 SB_1→KM 线圈断电—┬→KM 主触头断开——┐→电动机 M 停止运行
　　　　　　　　　　　└→KM 自锁触头断开——┘

(5) 电路停电。

断开空气开关 QF→电源指示灯灭

2）选择并检查元件

同 6.6 实训。

3）布局并固定元件

同 6.6 实训。

4）布线

同 6.6 实训。

5）接线

同 6.6 实训。

6）线路检查

（1）主电路的检查（同 6.6 实训）。

（2）控制电路的检查（万用表的挡位在 2 kΩ，表笔放在 EL 两端）：

① 此时读数应为无穷大，按下 SB_2，读数应为 KM 线圈的电阻值。

② 分别按 SB_3、KM，读数应为 KM 线圈的电阻值。

③ 按下 KM 的同时再轻按 SB_2，读数应由 KM 线圈的电阻值变为无穷大，再同时用力按 SB_2 时，读数又应由无穷大变为 KM 线圈电阻值。

（3）绝缘电阻的检查：用 500 V 摇表测量线路的绝缘电阻（应不小于 0.22 MΩ）。

7）通电试车

经上述检查正确后，在老师的监护下通电试车。

（1）合上电源开关 QF，指示灯亮。

（2）按 SB_2，电动机点动运行。

（3）按 SB_3，电动机连续运行。

（4）按 SB_1，电动机停止运行。

（5）断开电源开关 QF，指示灯灭。

8）故障分析

电动机没有点动，只有连续运行。故障原因：SB_2 的动断点被短接；SB_2 的动断点和动合点接成了两个按钮。

其他故障（根据 6.6 实训自行分析）。

5. 安全文明要求

（1）通电试运转时应按电工安全要求操作，未经指导教师同意，不得通电。

（2）要节约导线材料（尽量利用使用过的导线）。

（3）操作时应保持工位整洁，完成全部操作后应马上把工位清理干净。

6.8 实训——电动机顺序控制电路装接

1. 实训目的

（1）掌握电动机顺序控制的工作原理。

(2) 掌握电动机顺序控制的接线方法及工艺要求。

(3) 掌握电动机顺序控制线路的检查方法及通电运转过程。

(4) 掌握常用电工仪表的使用方法。

2. 实训材料与工具

(1) 电工刀、尖嘴钳、钢丝钳、剥线钳、旋具各 1 把。

(2) 五种颜色(BV 或 BVV)、芯线截面积为 1.5 mm^2 和 2.5 mm^2 的单股塑料绝缘铜线若干。

(3) 电动机控制实训台 1 台。

(4) 三极自动开关 1 个、熔断器 4 个、交流接触器 2 个、三元件热继电器 2 个、按钮3 个。

(5) 接线端子 20 位。

(6) 功率为 4 kW 的三相异步电动机 Y－112－4 1 台。

(7) 万用表 1 只、钳表 1 只、500V 摇表 1 只。

3. 实训前的准备

(1) 了解三相异步电动机顺序控制电路的应用;

(2) 熟练分析三相异步电动机顺序控制电路的工作原理及动作过程;

(3) 明确低压电器的功能、使用范围及接线工艺要求。

4. 实训内容

1) 分析控制原理

在装有多台电动机的生产机械上，各电动机所起的作用是不相同的，有时需要顺序启动，才能保证操作过程的合理性和工作的安全可靠。控制电动机顺序动作的控制方式叫顺序控制。顺序控制可分为手动顺序控制和自动顺序控制。下面介绍如何实现手动顺序控制，其控制线路如图 6－32 所示。

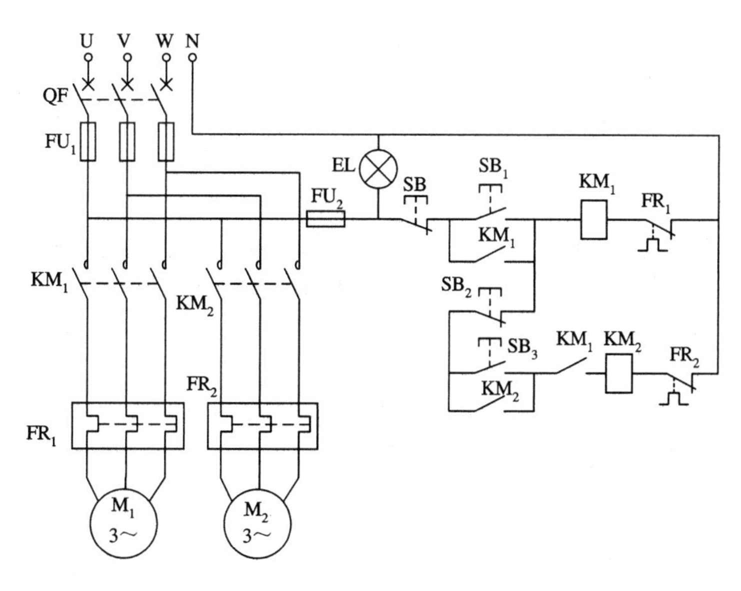

图 6－32　顺序控制电路原理图

(1) 电路送电。

合上空气开关 QF→指示灯 EL 亮

(2) 启动电动机 M_1。

按 SB_1→KM_1 线圈得电 ─┬→两个 KM_1 常开辅助触头闭合
　　　　　　　　　　　　 └→KM_1 主触头闭合→电动机 M_1 启动

(3) 启动电动机 M_2(顺序控制)。

当电动机 M_1 运行时按 SB_3→KM_2 线圈得电 ─┬→KM_2 主触头闭合→电动机 M_2 运行
　　　　　　　　　　　　　　　　　　　　　　　 └→KM_2 自锁触头闭合

(4) 停止运行。

按 SB_2→KM_2 线圈失电 ─┬→KM_2 主触头断开→电动机 M_2 停止
　　　　　　　　　　　　 └→KM_2 自锁触头断开

按 SB→KM_1、KM_2 线圈失电→KM_1、KM_2 主触头断开→电动机 M_1、M_2 停止

2) 选择并检查元件

同 6.6 实训。

3) 布局并固定元件

同 6.6 实训。

4) 布线

同 6.6 实训。

5) 接线

同 6.6 实训。

6) 线路检查

(1) 主电路的检查。将万用表置欧姆挡 $R\times1$ 挡或数字表的 200 Ω 挡(如无说明，则主电路检查时均置于该位置)，将表笔放在 QF 下端，按下 KM_1 或 KM_2，此时万用表的读数为电动机 1(电动机为 Y 形接法)或电动机 2(电动机为 Y 形接法)两绕组的串联电阻值。测三次(U－V，U－W，V－W)的电阻值应相等。

(2) 控制电路的检查。设交流接触器的线圈电阻为 300 Ω，将万用表置欧姆挡 $R\times10$ 或 $R\times100$ 挡或数字万用表的 2 kΩ 挡(如无说明，则控制电路检查时均置于该位置)。表笔放在 EL 两端，此时万用表的读数应为无穷大，按下 SB_1 或 KM_1，读数应为 KM_1 线圈的电阻值；同时按下 SB_1、SB_3、KM_1 或同时按下 KM_1、KM_2，读数应为 KM_1 和 KM_2 线圈的并联电阻值；同时按下 SB、SB_1、SB_3，读数应为“1”，即电阻值为无穷大。

(3) 绝缘电阻的检查：用 500 V 摇表测量线路的绝缘电阻(应不小于 0.22 MΩ)。

7) 整定热继电器

同 6.6 实训。

8) 线路的运行与调试

经检查无误后，可在指导教师的监护下通电试运转，掌握操作方法，注意观察 KM 及两电动机的启动顺序。

(1) 合上 QF，接通电源，则指示灯 EL 亮。

(2) 按一下启动按钮 SB_1，接触器 KM_1 线圈得电吸合，电动机 M_1 连续运转。

(3) 按下按钮 SB_3，接触器 KM_2 得电吸合，电动机 M_2 连续运转(实现顺控)。

(4) 按下按钮 SB_2，电动机 M_2 停止运转。

(5) 按下按钮 SB，KM_1 线圈失电断开，电动机 M_1 停止运转。

(6) 断开 QF。

9) 故障分析

根据 6.6 实训自行分析。

5. 安全文明要求

(1) 通电试运转时应按电工安全要求操作，未经指导教师同意，不得通电。

(2) 要节约导线材料(尽量利用使用过的导线)。

(3) 操作时应保持工位整洁，完成全部操作后应马上把工位清理干净。

6.9 实训——电动机正、反转接触器联锁控制电路装接

1. 实训目的

(1) 掌握电动机正、反转控制的工作原理。

(2) 掌握电动机正、反转控制的接线方法及工艺要求。

(3) 掌握电动机正、反转控制线路的检查方法及通电运转过程。

(4) 掌握常用电工仪表的使用方法。

2. 实训材料与工具

(1) 电工刀、尖嘴钳、钢丝钳、剥线钳、旋具各 1 把。

(2) 五种颜色(BV 或 BVV)、芯线截面为 1.5 mm^2 和 2.5 mm^2 的单股塑料绝缘铜线若干。

(3) 电动机控制实训台 1 台。

(4) 三极自动开关 1 个、熔断器 4 个、交流接触器 2 个、三元件热继电器 1 个、按钮 3 个。

(5) 接线端子 20 位。

(6) 功率为 4 kW 的三相异步电动机 Y - 112 - 4 1 台。

(7) 万用表 1 只、钳表 1 只、500 V 摇表 1 只。

3. 实训前的准备

(1) 了解三相异步电动机正、反转控制电路的应用；

(2) 熟练分析三相异步电动机正、反转控制电路的工作原理及动作过程；

(3) 明确低压电器的功能、使用范围及接线工艺要求。

4. 实训内容

1) 分析控制原理

异步电动机的旋转方向取决于磁场的旋转方向，而磁场的旋转方向又取决于三相电源的相序，所以电源的相序决定了电动机的旋转方向。任意改变电源的相序时，电动机的旋转方向也会随之改变。图 6 - 33 中主回路采用两个接触器，即正转接触器 KM_1 和反转接

触器 KM_2。当接触器 KM_1 的三对主触头接通时，三相电源的相序按 U→V→W 接入电动机。当接触器 KM_1 的三对主触头断开，接触器 KM_2 的三对主触头接通时，三相电源的相序按 W→V→U 接入电动机，电动机就向相反方向转动。电路要求接触器 KM_1 和接触器 KM_2 不能同时接通电源，否则它们的主触头将同时闭合，造成 U、W 两相电源短路。为此在 KM_1 和 KM_2 线圈各自支路中相互串联对方的一对辅助常闭触头，以保证接触器 KM_1 和 KM_2 不会同时接通电源，KM_1 和 KM_2 的这两对辅助常闭触头在线路中所起的作用称为联锁或互锁作用，这两对辅助常闭触头就叫联锁或互锁触头。这种接触器联锁控制线路简单，操作方便，工作安全可靠，广泛用于正、反转电动机的控制电路中。

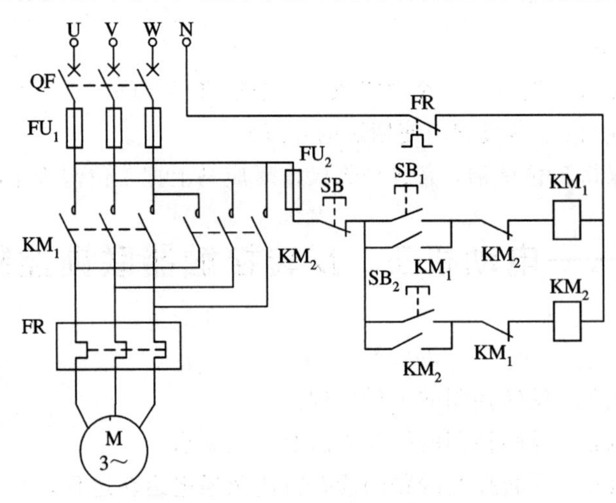

图 6－33　电动机正、反转接触器联锁控制电路

(1) 电路送电。

合上电源断路器→电路得电

(2) 正转控制。

正转：按 SB_1→KM_1 线圈得电
- →KM_1 主触头闭合→电动机正转
- →KM_1 自锁触头闭合自锁→保证电机连续运转
- →KM_1 辅助常闭触头断开→保证反转电路不能运行

停止：按 SB→KM_1 线圈断电
- →KM_1 主触头断开→电动机停转
- →KM_1 自锁触头断开
- →KM_1 辅助常闭触头闭合

(3) 反转控制。

反转：按 SB_2→KM_2 线圈得电
- →KM_2 主触头闭合→电动机反转
- →KM_2 自锁触头闭合自锁→保证电机连续运转
- →KM_2 辅助常闭触头断开→保证正转电路不能运行

停止：按 SB→KM_2 线圈断电
- →KM_2 主触头断开→电动机停转
- →KM_2 自锁触头断开
- →KM_2 辅助常闭触头闭合

2) 选择并检查元件

同 6.6 实训。

3）布局并固定元件

同 6.6 实训。

4）布线

同 6.6 实训。

5）接线

同 6.6 实训。

6）线路检查

（1）主电路的检查。将万用表置欧姆挡 $R\times1$ 挡或数字表的 200 Ω 挡，断开 QF，把两表笔分别放在 QF 的下端 U 与 V 相处，电阻值显示为无穷大，按下 KM_1 或 KM_2 后，应显示电动机两个绕组的串联电阻值（设电动机为星形接法），而且其他两相 UW 与 VW 都应与 UV 相的电阻值基本相等。断开 KM_1（或 KM_2）后电阻值都应显示为无穷大。

（2）控制电路的检查。设交流接触器的线圈电阻为 300 Ω，将万用表置欧姆挡 $R\times10$ 或 $R\times100$ 挡或数字万用表的 2 kΩ 挡。将表笔放在控制电路两端，此时万用表的读数应为无穷大，分别按下 SB_1 或 KM_1，读数应为 KM_1 线圈的电阻值，同时再按 SB，则读数应变为无穷大；分别按下 SB_2 或 KM_2，读数应为 KM_2 线圈的电阻值，同时再按 SB，则读数应变为无穷大；同时按 SB_1、SB_2，读数应为 KM_1 线圈电阻和 KM_2 线圈电阻的并联值；同时按 KM_1、KM_2，读数应变为无穷大。

（3）绝缘电阻的检查。用 500 V 摇表测量线路的绝缘电阻（应不小于 0.22 MΩ）。

7）整定热继电器

同 6.6 实训。

8）线路的运行与调试

经检查无误后，可在指导教师的监护下通电试运转，掌握操作方法，注意观察电器及电动机的动作和运转情况。

（1）合上 QF，接通电源。

（2）按一下启动按钮 SB_1，接触器 KM_1 线圈得电吸合，电动机连续正转。

（3）按一下停止按钮 SB，接触器 KM_1 失电断开，电动机停转。

（4）按一下启动按钮 SB_2，接触器 KM_2 线圈得电吸合，电动机连续反转。

（5）按一下停止按钮 SB，接触器 KM_2 失电断开，电动机停转。

（6）断开 QF。

9）故障分析

根据 6.6 实训自行分析。

5. 安全文明要求

（1）通电试运转时应按电工安全要求操作，未经指导教师同意，不得通电。

（2）要节约导线材料（尽量利用使用过的导线）。

（3）操作时应保持工位整洁，完成全部操作后应马上把工位清理干净。

思　考　题

6-1　测量电动机的绝缘电阻时，要测哪几组值？如何测量？

6-2　如何测量电气控制线路电动机的相电压、线电压、相电流、线电流和零序电流？测量值与电动机的接法有何关系？

6-3　控制电路的电源电压如何确定？接错会有什么后果？

6-4　配电板上装接电气控制线路在工艺上有何要求？

6-5　如何选用常用低压电器设备？

6-6　电气线路中，应如何进行停、送电操作？

6-7　总结装接线路的经验和技巧。

6-8　分析常用电气控制线路工作原理及装接方法。

6-9　如何对电动机实现直接正、反转控制？根据图6-28完成电路装接。

参考文献

[1]　张仁醒．电工基本技能实训[M]．北京：机械工业出版社，2005.
[2]　王荣海．电工技能与实训[M]．北京：电子工业出版社，2004.
[3]　石玉财，毛行标．电工实训[M]．北京：机械工业出版社，2004.
[4]　刘介才．工厂供电[M]．北京：机械工业出版社，1999.

参考文献